Wissenschaftliche Reisen mit Loki Schmidt

Wolfgang Wickler

Wissenschaftliche Reisen mit Loki Schmidt

Mit einem Vorwort von Helmut Schmidt

 Springer Spektrum

Wolfgang Wickler
MPI für Ornithologie
Seewiesen
Deutschland

ISBN   978-3-642-55364-6   ISBN 978-3-642-55365-3 (eBook)
DOI 10.1007/978-3-642-55365-3

Die Deutsche Nationalbibliothek verzeichnet diese Publikation in der Deutschen Nationalbibliografie; detaillierte bibliografische Daten sind im Internet über http://dnb.d-nb.de abrufbar.

Springer Spektrum
© Springer-Verlag Berlin Heidelberg 2014

Planung und Lektorat: Merlet Behncke-Braunbeck, Imme Techentin
Redaktion: Dr. Bärbel Häcker
Einbandentwurf: deblik, Berlin

Gedruckt auf säurefreiem und chlorfrei gebleichtem Papier

Springer Spektrum ist eine Marke von Springer DE. Springer DE ist Teil der Fachverlagsgruppe Springer Science+Business Media
www.springer-spektrum.de

Naturforscherin aus Leidenschaft

In jungen Jahren ist es meiner Frau aus finanziellen Gründen verwehrt gewesen, Biologie oder Botanik zu studieren, wie es von Kindesalter an ihr Wunsch gewesen war. Sie musste sich stattdessen auf ein pädagogisches Studium beschränken. Loki hat ihren Beruf als Lehrerin an einer Volksschule dann über zwanzig Jahre mit Begeisterung ausgeübt. Sie gab ihn auf, um die umfangreichen repräsentativen Aufgaben als Frau eines Bundesministers und späteren Bundeskanzlers wahrzunehmen. Sie war mir in dieser Zeit eine unverzichtbare Stütze und Hilfe, für die ich ihr aus tiefem Herzen dankbar bin.

Es ist eine bemerkenswerte Leistung, dass Loki trotz ihrer umfangreichen protokollarischen Pflichten in dieser Zeit die Kraft hatte, sich ihrem ausgeprägten biologischen Interesse zu widmen. Als Mitreisende bei Expeditionen der Max-Planck-Gesellschaft konnte sie, unter teils abenteuerlichen Bedingungen, ihrem botanischen Forschungsdrang nachgehen. Sie nahm an diesen Reisen nicht als Kanzlergattin, sondern als Privatperson teil und trug selbst die Kosten dafür.

Die erste Forschungsreise, initiiert und begleitet von Prof. Wickler, hatte Kenia zum Ziel. Es folgten drei weitere gemeinsame Exkursionen auf die Galapagosinseln, nach Malaysia und Nord-Borneo sowie zuletzt in einige Länder

Südamerikas. Ich bin Prof. Wickler dankbar dafür, dass er im vorliegenden Buch die wissenschaftliche Arbeit meiner Frau auf diesen Forschungsreisen anschaulich dokumentiert hat. Von ihren Expeditionen hat Loki nicht nur viele neue Eindrücke mitgebracht, sondern sie hat auch örtlich bis dahin unbestimmte Pflanzen und Tiere entdeckt.

Meine Frau ist bis zuletzt eine leidenschaftliche Botanikerin geblieben und hat sich für den Schutz vom Aussterben bedrohter Pflanzen engagiert; Letzteres übrigens lange bevor dieses Thema eine breite Öffentlichkeit fand. Die sowjetische Akademie der Wissenschaften hat Loki für ihre botanischen Forschungsarbeiten den Doktortitel ehrenhalber verliehen. Es erfüllt mich mit großem Stolz, dass meine Frau als Autodidaktin in ihrem Interessengebiet eine international anerkannte Fachstimme wurde.

Helmut Schmidt

Inhalt

1
Einleitung

Alles begann wie zufällig. Am 20. Juni 1975 hielt die Max-Planck-Gesellschaft ihre Jahreshauptversammlung in Hamburg. Unser Präsident, Reimar Lüst, begrüßte zu dieser Festversammlung als Vertreter der Bundesregierung erstmals Kanzler Helmut Schmidt. Dieser hob in seiner Rede zur Forschungspolitik die Bedeutung der Grundlagenforschung hervor. Nach dem offiziellen Teil traf man sich auf Einladung der Stadt zu einem Imbiss. Helmut Schmidt wurde begleitet von seiner Frau Hannelore, genannt Loki. Sie kam beim abschließenden Kaffee auch an den Tisch, an dem ich mit Kollegen über besondere Ansprüche der Freiland-Verhaltensforschung diskutierte. Diese waren nicht so sehr technischer Art; es war jedoch schwierig, geeignete Jungforscher zu finden, die sich für einen längeren Aufenthalt im normalen Lebensraum der Tiere begeistern ließen, statt im Labor zu arbeiten. Loki erwähnte, es sei ein alter Traum von ihr, einmal selbst in der Natur zu forschen. Halb im Scherz meinte ich, studentische und sonstige Hilfskräfte im Feld könnten wir immer gebrauchen, auch Botaniker. Loki kam nach einiger Zeit an den Tisch zurück und fragte, ob ich meine Aussage ernst meinte und sich das tatsächlich machen ließe. Sie würde gern einmal dabei sein und mitmachen – selbstverständlich unter der Bedingung, dass ihre Reise und ihren Aufenthalt nicht die

Max-Planck-Gesellschaft, sondern sie selbst finanzierte. Ein offenbar recht strebsamer junger Journalist hatte sich während ihrer kurzen Abwesenheit erkundigt, wer ihr den Kaffee bezahlt habe.

Loki und ich verzogen uns hinter die Bühne des Festsaals. Mangels Mobiliar setzten wir uns auf Treppenstufen mit etwas marodem Teppich, zwischen allerlei Beleuchtungskabel und entwarfen einen provisorischen Plan. Aus meiner scherzhaften Bemerkung wurde Ernst. Da für mich im kommenden Januar eine Forschungsreise nach Ostafrika anstand, wollte Loki gleich diese Gelegenheit beim Schopf ergreifen und mitkommen. Ihre Bedingung war: keinerlei politisches Aufsehen und keine Presse. Meine Bedingung war: ein minimaler Begleitertross.

Es wurde eine denkwürdige Reise nach Kenia. Damals ahnten wir noch nicht, dass daraus weitere gemeinsame Unternehmungen folgen würden. Wir reisten immer im Quartett: Loki und ein Personenschutzbeamter, meine Mitarbeiterin Dr. Uta Seibt und ich.

2
Kenia

Die Max-Planck-Gesellschaft wünschte damals rechtzeitig zu erfahren, wann ihre Wissenschaftler wochenlange Reisen nach Übersee planten, um die betreffenden Botschaften informieren zu können. Diesmal arrangierte das Kanzleramt die nötigen Vorbereitungen insgeheim mit der deutschen Botschaft in Nairobi. Mein Assistent Uli Reyer, später Professor in Zürich, analysierte damals am Nakuru-See Ökologie und Sozialverhalten tropischer Eisvögel. Zur Ökologie gehört auch Botanik. Für dieses Gebiet fühlte sich Loki – wie sich herausstellte, zu Recht – gerüstet. Schon ihr Vater war passionierter Freizeitbotaniker, und als Kind waren ihr, wie sie sagte, die 15 Bände der Flora von Deutschland das „liebste Bilderbuch".

Tagebuch: Ankunft in Kenia

Am 11. Januar 1976, pünktlich um 7.00 Uhr landet der Lufthansa-Jumbo mit Loki an Bord auf dem Jomo Kenyatta Flughafen. Uta und ich blicken aufs Rollfeld, wo Loki und ihr Sicherheitsbeamter von Botschafter Heimsoeth mit kleinem Gefolge empfangen werden. Uns führt ein Herr vom kenianischen Protokoll in den Roten Salon mit roten Plüschmöbeln und ebensolchem Plüschteppich. Auf dem Tisch steht für Loki Schreibzeug bereit, ein goldener Federhalter zum Eintrag ins Buch der Stadt. Loki wird begleitet von Günter Warnholz, ihrem langjährigen freundlichen Personenschutzbeamten. Nach unserer Begrüßung warten wir zusammen, bis die Pässe durchgelotst sind und das Gepäck sich eingefunden hat. Dann geht es zum Frühstück ins Haus des Botschafters.

Anschließend wartet vor dem Haus neben unserem Wagen ein neuer Landrover mit umfangreicher Zelt- und Safariausrüstung, von der wir fast die Hälfte als überflüssig aussortieren. Dann führen wir unsere „Hilfskräfte" zum „Afrika-Schnuppern" – beim besten Nachmittags-Fotolicht – in den Nairobi-Park, sieben Kilometer südlich der Stadt. Zur Ehre des Tages stehen in freier Wildbahn zahlreiche zoobekannte Großtiere und Vögel zur Schau, am Weg viele Perlhühner und Giraffen, Zebras kämpfen, eine Rhino-Mutter zeigt sich mit zwei Jungen, ein Trupp Paviane wartet etwas abseits. Und schließlich schwimmen die mythisch verfeindeten Ungeheuer Behemoth und Leviathan, jetzt Nilpferd und Krokodil, friedlich miteinander im Hippo-Pool. Doch so friedlich sind sie gar nicht. Immerhin töten in Afrika Flusspferde mehr Menschen als jeder andere Pflanzenfresser und Krokodile mehr als jeder andere Fleischfresser.

Abends geben Heimsoeths ein exzellentes Essen bei Kerzenlicht, das Silberbesteck trägt den schwarzen Adler am Griff, zwischen den wappentragenden Tellern liegen Spitzendeckchen. Aufgetragen wird von einem schwarzen Afrikaner in Livree und weißen Handschuhen. Demnächst wird es rustikaler zugehen.

Tagebuch: Naivasha-See

Früh am Morgen des 12. Januars starten wir von Nairobi aus. Der Name entstand aus *Engare Nyarobie* der Massai-Sprache und meint „Ort der kühlen Wasser". Trotz der tropischen Klimazone ist die Stadt wegen ihrer Höhenlage (1624 m über Normal-Null) für Europäer klimatisch angenehm. Auf dem Weg entlang der A104 nach Norden wird es immer wärmer, nicht nur mit zunehmender Sonne, sondern weil die Seen, die wir kurz besuchen werden, immer tiefer und schließlich am heißen, trockenen Boden des Grabens liegen.

An einem Wegstück am Escarpment, der Abbruchkante des Grabenbruchs hinunter, steht rechts an der Straße eine kleine Kapelle. Wie sie hierhin kam, ist rechts hinter dem Altar an der Wand zu lesen:

Sanctae Mariae Angelorum dicata – A. D. MCMXLIII – ITALIAN P. O. W.

Italienische Kriegsgefangene haben die Straße, auf der wir fahren, gebaut und schufen 1943 auch das Kirchlein. Sie widmeten es Maria, der Königin der Engel. Heute sieht man links hinab zum Boden des Grabenbruchs eine Satellitenstation. Sie instrumentalisiert die weite Steppenlandschaft für moderne Kommunikation, nicht jedoch mit den Engeln. Der Straße folgend bestimmt im Westen der bis zu 2780 m flach ansteigende Longonot-Vulkan das Landschaftsbild.

Nach einer Stunde sind wir am Naivasha-See, in 1880 m Höhe der höchstgelegene in der Seenkette und ausnahmsweise ein Süßwassersee. Sein Name kommt vom Massai-

Ausdruck „*nai posha*", „unruhiges Wasser". Alle folgenden Seen sind salzig durch Soda (Natriumcarbonat), ausgeschwemmt aus den Kraterhängen und aus der Vulkanlava im Boden.

Der Naivasha-See hat zurzeit recht wenig Wasser und bietet ein mir ungewohntes Bild: Im ufernahen Papierschilf-Dickicht (*Cyperus papyrus*) ragen die dunkelbraunen Rücken vieler Flusskrebse über die Wasseroberfläche. Es sind eingeführte Rote Amerikanische Sumpfkrebse (*Procambarus clarkii*), hübsch anzusehen mit ihren leuchtend rot bedornten Scheren. Sie warten auf die Dunkelheit. Dann gehen sie ans Ufer und fressen Gras und Sumpfpflanzen. Dieser Krebs ist auch in Europa eingeführt worden, weil er als Allesfresser mit vegetarischer Kost zufrieden und leicht in Mengen zu züchten ist. Die Masse macht's, obzwar er mit nur 12 cm Länge kleiner bleibt als der europäische Flusskrebs. Durch Sumpfkrebse, die aus Zuchtteichen entkommen sind, ist der Bestand unserer Flusskrebse daheim mittlerweile sogar gefährdet.

Der Naivasha-See hat sich verändert. Als ich zum ersten Mal vor zehn Jahren hier war, umgab den See ein dichter Bestand von 25 m hohen Feigenbäumen und Fieberakazien (*Acacia xanthophloëa*). Da konnte man sich Malariafieber holen, aber nicht von den Akazien, sondern von den *Anopheles*-Mücken, die dieselben feuchten Stellen bevorzugen. Feigenbäume ernähren mit ihren Früchten, die einzeln oder in Bündeln am Stamm stehen, alles mögliche Getier, das dort oben hinkommt, Vögel und Affen am Tag, Flughunde in der Nacht.

Es war ein Eldorado für Zoologen. Im Flachwasser gab es weite Papyrusbestände. In den Lagunen blühten blaue

Kap-Seerosen (*Nymphaea caerulea*). Im klaren Wasser waren schon vom Ufer aus Buntbarsche (*Tilapia zillii, Oreochromis leucosticus*) und Barben (*Barbus amphigramma*) zu sehen, allerdings auch der aus Nordamerika stammende Forellenbarsch (*Micropterus salmoides*), den die Fischer lieben, weil er fast einen Meter lang und zehn Kilogramm schwer wird. Am Seeufer saßen auf waagrechten Baumästen Schreiseeadler (*Haliaeetus vocifer*), unverwechselbar und malerisch, Kopf und Brust weiß, die Flügeldecken braunschwarz mit Kupferglanz. Die jauchzenden Duettschreie der Paare, die dabei den Kopf auf den Rücken werfen (übrigens auch im Flug), begannen schon früh am Morgen und ertönten tagsüber immer wieder, meist gerichtet an einen über sie fliegenden Artgenossen oder als Antwort auf ein Nachbarpaar. Das ganze Ufer entlang grenzte Revier an Revier, denn Fische und Blesshühner vom See boten reichliche und leicht erreichbare Nahrung. Wie der Adlerkenner Leslie Brown beschreibt, mussten selbst Altvögel, die Junge zu füttern hatten, höchstens zwei Stunden am Tag „arbeiten". Um 10 Uhr am Morgen war alles getan, und die restliche Zeit war frei für Soziales und Flugspiele. Freizeit ist im Tierreich selten, sie ist aber der Nährboden für spielerische Erfindungen.

Vor Jahren zählte Leslie Brown 70 Adlerpaare am Naivasha-See. Im Laufe der letzten Jahre nahm ihre Zahl ständig ab. Loki bekommt nur noch zwei Paare zu sehen und zu hören. Als ein Adler einen kleinen Ast zum Horst trägt und beim anderen Paar eine Begattung zu sehen ist, möchte Loki wissen, ob gerade Brutzeit sei. Ist es aber nicht. Die Adler haben keine bestimmte Brutzeit und bringen immer wieder mal einen Zweig in ihr riesiges Nest, das generationenlang benutzt wird. Außerdem begatten sich Schreiseeadler-Paare an jedem beliebigen Tag im Jahr. Das scheint, wie auch bei manchen anderen Tieren – den Menschen eingeschlossen –, für eine lebenslange Partnerbindung wichtig zu sein.

Als Nahrung hatten den hiesigen Adlern neben Fisch auch die schwarzen Kammblesshühner (*Fulica cristata*) mit ihren zwei auffälligen roten „Knöpfen" oben auf der weißen Stirn gedient. Wir sehen aber keine. Die Veränderungen am See begannen, als man 1970 (aus mir unbekanntem Grund) die Schwimmpflanze *Salvinia molesta* einführte, später auch noch die Wasserhyazinthe (*Eichhornia crassipes*). Beide bilden jetzt dichte schwimmende Matten und hindern die Sicht der Adler auf Fische. Unterwasserpflanzen, von denen zuvor die Blesshühner gelebt hatten, wurden vom eingeführten Sumpfkrebs vertilgt; der muss deshalb jetzt zum Fressen nachts an Land gehen. Immerhin können Touristen heute an einem Kiosk frisch zubereitete Krebse aus dem Naivasha-See erstehen.

Leider sind auch fast keine Kap-Seerosen mehr zu sehen und auch keine Purpurhühner (*Porphyrio madagascariensis*). Für die sind, oder vielmehr waren, die blühfertigen, aber noch untergetauchten großen Blütenknospen der Seerosen eine Delikatesse, mit der sie in einer unerwarteten Weise umgehen: Ein Purpurhuhn, das mit seinen riesigen rosaroten Füßen auf den schwimmenden Seerosenblättern läuft, schaut aufmerksam nach unten, pflückt dann, manchmal bis zu den Schultern ins Wasser reichend, mit dem Schnabel eine Knospe und zieht sie hoch, nimmt sie dann in einen Fuß, hält sie mit der Hinterzehe wie mit einem Daumen gegen die drei Vorderzehen, dreht sie geschickt mit dem Stielende nach oben, beißt die grünen Blatthüllen ab und frisst schließlich das helle Blüteninnere, nämlich die sehr eiweißhaltigen Staubgefäße und Fruchtblätter. Es ist die einzige Ralle, die das „Fressen aus der Faust" beherrscht, obwohl die langen Zehen dazu denkbar ungeeignet scheinen. Aus der Faust fressen sonst nur Papageien. Zwar halten auch Eulen und Tagraubvögel kleine Beute im Fuß, beugen aber dann den Schnabel zum Fuß und fressen zwischen den Zehen heraus. Dass Falken und Weihen das auch im Flug können, sahen wir später.

Bis 1967 gab es wenig Landwirtschaft am Ufer von Naivasha, aber dann kam der Blumenanbau für Europa. Zunächst eine Farm mit 300 Arbeitern für Nelken in bestellten Farben. Seither nehmen hier auf dem fruchtbaren Boden nicht nur die Blumenfelder, sondern auch die mit weißer Plane überzogenen Treibhäuser für Spraynelken, lila-weiße *Limonium* und neuerdings auch Rosen rasant zu. Ich bin schon oft hier gewesen und habe die bedenklichen Folgen – Billiglohn-Arbeiterslums, viele Chemikalien – erlebt, allerdings auch einige skurrile Naturschutzaktivitäten, zum Beispiel auf einer nahegelegenen riesigen *Pyrethrum*-Pflanzung. Aus den Blüten dieser Margeritenart wird ein natürliches Insektizid, eben das Pyrethrum, hergestellt als Ersatz für das gesundheitsschädliche DDT. Hier wurden jedoch die *Pyrethrum*-Pflanzen, um sie zu schützen, heftig mit DDT besprüht.

Tagebuch: Elmenteita-See

Etwas südlich vom Naivasha-See liegt die *Njorowa*-Schlucht zwischen zwei seit 200 Jahren erloschenen Vulkanen. Am Fuße des kleineren Vulkankegels donnert und faucht aus

Geysiren 200 °C heißer, schweflig riechender Dampf. Das schon aus einiger Entfernung vernehmbare Naturspektakel begründet den geläufigen Ortsnamen *Hell's Gate*, „Höllentor". Neben Antilopen und Pavianen werken vor einem hölzernen Unterstand zwei Kikuyu-Männer mit Metallstücken und Rohren. Sie sind die allerfrüheste Vorhut der Kenya Power Company, die hier 2000 m über dem Meer bis in 1683 m Tiefe das erste geothermische Kraftwerk Afrikas bohrt; es wurde 1981 in Betrieb genommen.

Dieses Tor zur Hölle zwischen ansteigenden Klippen war einst das Bett eines Sees, an dem sich zwischen 1,4 Mio. und 200.000 Jahren vor unserer Zeit Frühmenschen aufhielten. Attraktiv war für sie eine Obsidian-Formation in der abgekühlten Lava. Noch immer liegen zahlreiche Obsidiansplitter am Boden. Louis Leakey grub in den 1920er-Jahren etwa 30 km weiter nördlich die am Elmenteita-See gelegene prähistorische Stätte Kariandusi aus und fand dort besonders viele Obsidian-Werkzeuge, meist flache, messerscharfe Abschläge, die vermutlich zum Fleischschneiden gebraucht wurden.

Wir fahren weiter zum Elmenteita-See. Er liegt etwas über 1700 m hoch, ist vergleichsweise winzig, kaum tiefer als 1 m, hat keinen Abfluss und ist stark alkalisch. Es leben keine Fische in ihm, aber er bietet am Ufer und auf kleinen Inseln viel Platz für über 8000 Brutpaare vom Großen Flamingo (*Phoenicopterus roseus*) und 2000–8000 Brutpaare vom Rosapelikan (*Pelecanus onocrotalus*). Dorthin führt uns Leslie Brown. Er hat das Verhalten der Flamingos und ihre wechselnden Brutorte in den Fünfzigerjahren als Erster eingehend beobachtend untersucht. Beide Vogelarten können hier zwar ungestört brüten, finden aber ihre Nahrung im

13 km entfernten Nakuru-See. Um dorthin zu kommen, warten die bis 15 kg schweren Pelikane die warmen Aufwinde am Vormittag ab, die ihnen dann über die Hügelkette zwischen den beiden Seen hinweghelfen. Ihre Ankunft hatte ich oft am späten Vormittag am Nakuru-See beobachtet. Dorthin fahren wir als Nächstes.

Tagebuch: Nakuru-Einstimmung

In unserer Feldstation Baharini, einem flachen Steinhaus etwas abgelegen im Nakuru-Nationalpark, begrüßt uns John Hopcraft, jetzt gerade rußschwarz von einer Brandbekämpfung. Er ist hier geboren, aufgewachsen und bis heute auch zu Hause. Er ist ein Naturschutzidealist und will den See und seine Vogelwelt erhalten. Seine vom Vater ererbte Farm ließ er 1968 an die Regierung verkaufen, für 1/6 des von Farmern gebotenen Betrags. Noch hat er nicht alles Geld erhalten. Er arbeitet als Exekutivdirektor der Station, sorgt für das Gelände, baut an alten Häusern, beherbergt, beköstigt und führt Gäste, kauft Einrichtungen für ein Labor, bekommt aber nur sporadisch Gehalt. Vor einigen Jahren hat er mich eingeladen, mit meinen Mitarbeitern auf dem Gelände zu forschen.

Nun bezieht Loki hier Quartier. Ihr Zimmer misst knapp 12 Quadratmeter und enthält ein Bett, einen einfachen Schrank und einen Tisch mit Stuhl. Als Gastgeschenk überreicht sie dem Ehepaar Reyer zwei Pakete Toilettenpapier (rar in Kenia) und eine Flasche Gin (teuer in Kenia). Den Tipp dazu hatte wohl Botschafter Heimsoeth gegeben, der das Ehepaar Reyer vorsorglich besucht und praktische Details mit ihnen besprochen hatte. Hier gibt es kein Fernsehen und fast nur kenianische Nachrichten im Radio und in der Zeitung. Eine Telefonhütte hundert Meter vom Haus entfernt hat kein Licht. Um abends nach Bonn zu telefonieren, braucht es eine Taschenlampe und außerdem viel Geduld, weil man stundenlang auf einem Schemel hockend auf eine Verbindung wartet.

Für diese Spartanik hält der See reichliche Entschädigung bereit. Er liegt in 1759 m Meereshöhe, ist an allen Seiten von Hügeln umgeben, hat keinen Abfluss und wird maximal vier Meter tief. Zur Einstimmung verbringen wir einen Tag am Ufer in einem Beobachtungsunterstand und haben das ganze belebte Panorama vor uns ausgebreitet. Früh am Morgen verebben allmählich die Rufe der Kröten und Frösche. Vogelstimmen beginnen, seewärts die heiseren Rufe der Stelz- und Watvögel und das Schnattern von Enten, aus dem ufernahen Gebüsch mehr melodische Kleinvogelgesänge. In der Ferne ruft ein Hippo, ein anderes antwortet mit tiefem Knurren, Wasserböcke (*Kobus ellipsiprymnus*) platschen durch den seichten Sumpf, nebenan starrt ein wunderhübscher Malachit-Eisvogel (*Alcedo cristata*) bewegungslos aufs Wasser. Über uns hinweg fliegt soeben ein Schwarm von etwa einhundert weißen Kuhreihern (*Bubulcus ibis*).

Dicht neben uns wartet ein Purpurreiher (*Ardea purpurea*). Da, wo er steht, flattert es im Wasser. Hier münden vier Baharini-Süßwasserquellen, und deshalb kommen viele Vögel zum Baden hierher und waschen ihr Gefieder, statt im trüben soda-alkalischen See. (Sein Wasser hat einen pH-Wert von 10,5). Auf der Seefläche finden wir mit dem Fernglas Zwergtaucher, Seeschwalben, Kormorane, Reiher, kleine Stelzvögel und Enten. Drüben am westlichen Ufer, wo der gelbstämmige Akazienwald in flachen, mattgrün bewachsenen Sandstrand übergeht, scheinen in der Sonne weiße Sodaablagerungen und dahinter ufernah die pinkfarbenen Flächen dichtstehender Flamingos.

Die vielen Hunderttausend bis über eine Million Flamingos haben Nakuru berühmt gemacht. Weitaus am häufigsten ist der Kleine oder Zwerg-Flamingo (*Phoeniconaias minor*), kenntlich am kräftig rosaroten Gefieder und am karminroten Schnabel. Dazwischen stehen kleine Gruppen des größeren Rosaflamingos (*Phoenicopterus major*), der ein blasseres Körpergefieder und eine schwarze Schnabelspitze hat. Schon früh am Morgen sind die Flamingos scharenweise im Flachwasser verteilt. Sichtbar sind fast nur ihre Rücken über einem Gewirr von Stelzbeinen: Die Köpfe sind aufs Wasser gesenkt und filtern mit hakenförmigen Schnäbeln Nahrung heraus. Wenn sie uns nah genug kommen, kann man im Fernglas sehen, wie das geht, nämlich ganz anders als etwa bei den Gelbschnabelenten (*Anas undulata*), die direkt vor uns im Wasser schnabulieren. Die liegen mit dem Körper auf dem Wasser, brauchen nur den Kopf nach vorn zu strecken und können fressen, was an der Oberfläche treibt. Sie schnattern dazu mit dem Unterschnabel Wasser in den ruhig gehaltenen Oberschnabel und drücken es seitlich wieder hinaus; Lamellen an den Schnabelkanten halten dabei fressbare Partikel fest. Flamingos machen es im Prinzip genauso, stehen aber auf langen Beinen hoch überm Wasser. Wenn sie den Kopf hinunterbeugen, taucht zuerst der Oberschnabel ins Wasser und muss nun gegen den ruhig darüber gehaltenen Unterschnabel schnattern. Ober- und Unterschnabel haben ihre Aufgaben getauscht, weil Flamingos kopfab fressen. Sie vollbringen das sehr ausdauernd.

Durch das Feld der gebückt fressenden Kleinen Flamingos marschiert zuweilen eine dichte Gruppe hoch aufgerichteter Großer Flamingos. Sie blicken wie in einem balettartigen Tanz alle in dieselbe Richtung, wenden die Köpfe streng gleichzeitig hin und her, nicken, rufen wie große Gänse und öffnen und schließen ruckartig die Flügel. Das ist ihre sogenannte Gemeinschafts-„Balz". Es ist jedoch keine Balz im üblichen Sinne. Aufgeführt wird die Zeremonie unabhängig vom Brüten zu allen Jahreszeiten. Sie dient auch nicht dazu, Kopulationen einzuleiten. Vielmehr machen bei diesem Ritual jung und alt, verpaarte und unverpaarte Männchen und Weibchen mit. Und obwohl die monogame Paarpartnerschaft der Flamingos über 50 Jahre hält, nehmen am Gruppenritual die Partner eines Paares auch einzeln oder getrennt in verschiedenen Grüppchen teil. Wie Adelheid Studer-Thiersch von unserem Institut herausfand, lernen dabei die Individuen ganzer Gruppen einander kennen und festigen damit einen Zusammenhalt, der auch dazu führt, dass sie alle synchron an einem gemeinsamen Ort brüten. Unter solchermaßen gleich gestimmten Nachbarn entstehen weniger Störungen, was wiederum geringere Verluste an Eiern und Jungen zur Folge hat. Außerdem finden nach einer Brutablösung die Eltern anhand der bekannten Nachbarn leicht zu ihrem eigenen Nest zurück. Hier in Naivasha sieht man sie jedoch nicht brüten. Die Großen brüten zuweilen am Elmenteita-See, die Kleinen vor allem auf den sodasalzigen Schlammflächen des Natron-Sees, zeitweilig auch am Magadi-See in Tanzania.

An vielen Stellen am Seeufer stehen Marabus (*Leptoptilos crumeniferus*) scheinbar friedlich und wie in Gedanken versunken, die meisten auf blass-weißen Stelzen, denn sie entleeren das für Vögel charakteristische weiße, halbflüssige Kot-Urin-Gemisch zur Kühlung auf die Beine. Vor fünf Jahren habe ich gesehen, wie Marabus ganz tief fliegend eine Schar von Flamingos aufstörten, die erschreckt und zum Flug startend auseinanderliefen. Ein Marabu packte den Kopf eines Flamingos und drückte ihn ins flache Wasser, immer wieder, bis das Opfer mit zerdrücktem Schädel zu zappeln aufhörte. Marabus sind hier der Hauptfeind der Flamingos.

Die Nakuru-Nahrungskette

Alle Flamingos seihen kleinste Lebewesen aus dem Wasser, der Große Flamingo in erster Linie Krebschen, Würmer und Insektenlarven, der Kleine Flamingo fast ausschließlich das in Sodaseen weit verbreitete Cyanobakterium *Arthrospira fusiformis*. Es bildet Knäuel aus eng spiralig gewundenen Fäden, war lange Zeit als *Spirulina*-Blaualge bekannt, besitzt aber, anders als Algen, in seinen Zellen keinen Zellkern. Das Cyanobakterium enthält Canthaxanthin, färbt damit die Flamingofedern rot und tüncht mit den Flamingos auch das Landschaftsbild. Es ist aber auch die Hauptnahrung für einen weiteren Seebewohner, den kleinen Buntbarsch (*Alcolapia grahami*), der aus dem ebenfalls sodasalzigen Magadisee stammt. Zur Bekämpfung der Moskitos, die im Nationalpark stören, wurde er mehrmals (1953, 1959, 1962) hier eingesetzt und vermehrte sich alsbald gewaltig. Erst seit dieser Zeit finden sich am See auch fischfressende Vögel ein.

Diese Situation bot nun ideale Gelegenheit für eine komplette Ökosystemanalyse, die unser Freund Ekkehard Vareschi 1972 begonnen und soeben abgeschlossen hat.

Arthrospira ist der Hauptenergielieferant für ein ganzes Ökosystem, nicht nur für die Millionen Kleiner Flamingos. Auch die Buntbarsche leben jetzt fast ausschließlich von *Arthrospira*; von diesen, erwachsen etwa 6 cm großen Fischen wiederum leben die Pelikane, die vom Elmenteita herüberkommen. Ökologisch weniger bedeutsam sind weitere fischfressende Vögel und andere Planktonorganismen.

Die Pelikane sind ein auffälliges Glied am Ende dieser Nahrungskette. Sie fischen nämlich nicht nur einzeln, sondern, als hiesige Besonderheit, meistens in kooperierenden Flottillen. Dazu schwimmen mehrere von ihnen Seite an Seite, formen möglichst einen halben oder vollen Kreis und tauchen dann alle synchron den Kopf mit offenem Schnabel ins Wasser und scheuchen sich so gegenseitig Fische zu. Wer Beute im leuchtend gelben Kehlsack hat, hebt den Kopf und verschluckt sie. Man sieht einzelne Tiere ständig von einer Gruppe zur anderen wechseln, als wenn sie verglichen, ob sie anderswo oder gar allein erfolgreicher wären. Tatsächlich fängt jeder Pelikan bei etwa jedem fünften Versuch einen Fisch.

So führt hier eine einzigartige Nahrungskette vom Cyanobakterium, der Hauptnahrungsquelle für das ganze Ökosystem im See, bis zum Wirbeltier. Die Millionen Flamingos verzehren täglich etwa 180.000 kg Cyanobakterien, und alle fischfressenden Vögel, die großen Reiher, Kormorane und Pelikane und die kleineren Möwen, Seeschwalben, Taucher und Eisvögel, verzehren täglich etwa 5000 der kleinen Buntbarsche. Luftgetrocknete *Arthrospira*-Massenkulturen aus Binnenseen und Teichanlagen werden übrigens im Tschad, in Indien, Mexiko und anderen tropischen Ländern seit Jahrhunderten auch für die menschliche Ernährung genutzt, als wichtige pflanzliche Eiweißquelle mit gesundheitsfördernden Inhaltsstoffen.

Tagebuch: Rivalen als Helfer

An einem der nächsten Tage besuchen wir nicht weit vor unserer Haustür an der Nordspitze des Sees die dort im offenen Akazienwald anwesenden Wasserböcke (*Kobus ellipsiprymnus*), langhaarige Antilopen, die wassernahes Grasland lieben. Sie bilden hier in Nakuru eine abnorm dichte Population, die ein eigenartiges Sozialphänomen begünstigt. Hier werden nämlich, statt Schwerter zu Pflugscharen, Rivalen zu Helfern umfunktioniert. Das jedenfalls erwies sich aus einer Untersuchung, die Peter Wirtz in meinem Institut geplant und in den Jahren 1977 und 1978 hier durchgeführt hat. Ich schildere seinen Befund, obwohl wir zurzeit nur die Grundsituation sehen, ohne Schlüsse daraus ziehen zu können. Die Tiere sind, wie immer, im Gelände ungleich verteilt. Die hornlosen Geißen, manche mit Nachwuchs, grasen einzeln oder zu mehreren auf offenen Flächen oder ruhen am Sumpfrand unter Bäumen. Die meisten Böcke stehen nahe beieinander, nur einige wenige besonders kräftige halten ein Revier besetzt, in dem es gute Futterplätze gibt und aus dem sie alle Rivalen vertreiben. In manchen Revieren stehen allerdings zwei Böcke. Warum, das brachten Langzeitbeobachtungen zutage.

Paarungswillige Weibchen gibt es das ganze Jahr hindurch. Sie suchen einen starken Revierbesitzer auf, mit dem sie sich ungestört von Konkurrenten paaren können, und gehen dann wieder ihrer Wege. In Nakuru stehen 90 %

aller Böcke in Junggesellengruppen. Wegen der hohen Bevölkerungs-, also auch Rivalendichte, haben hier aber selbst die stärksten Männchen kaum eine Chance, während eines Weibchenbesuchs ungestört zu bleiben. Deshalb erlauben sie einem (selten noch einem weiteren) schwächeren Männchen, sich auf dem Paarungsplatz aufzuhalten und Rivalen vertreiben zu helfen – jedenfalls als Hauptaufgabe. Als Gegenleistung dafür ist diesem ab und zu auch eine Begattung gestattet. Ein solches Helfermännchen macht damit zunächst das Beste aus einem miesen Job. Hinzu kommt aber, dass, wenn die Kraftreserven des Platzherrn nach 12 bis 18 Monaten zur Neige gehen, das Helfermännchen die größten Aussichten hat, diesen als neuen Platzherrn zu beerben. Ansonsten wird nur etwa einer von fünf erwachsenen Böcken auch Revierbesitzer. Besonders gute Umweltbedingungen und entsprechend dichte Besiedlung können also eine „Markt-Situation" schaffen, die ein Kooperieren des Revierinhabers mit einem Männchen aus dem Junggesellentrupp begünstigt. Diese Männchen konkurrieren untereinander um den „Posten" beim Arenainhaber. Nach den Marktgesetzen müssen sie einander „unterbieten", und der Arenainhaber bekommt einen Kumpan, der ihm beim Kämpfen hilft und sich vorerst mit seltenen Kopulationen zufriedengibt – wenig ist eben besser als gar nichts.

Rund um den See

Ein Teil des Nakuru-Sees wurde 1961, der ganze See schließlich 1968 zum Nationalpark erklärt, und 1973 wurde mit Finanzhilfe des WWF auch das nahegelegene Gebiet um den See herum zum Park hinzugeschlagen und von Präsident Mzee Jomo Kenyatta feierlich eröffnet. Zwei Toilettenhäuschen, eins für „President", eins für „People", standen noch 1975 am Seeufer.

Im Gebiet des Sees leben 400 Vogelarten. Geradezu aufdringlich erscheinen am Haus die verschiedenen Glanzstare, alle mit oberseits blau-grün-schwarz metallisch schillerndem Gefieder, manche unterseits kontrastierend weiß und rotbraun gefärbt. Der Dreifarbenglanzstar (*Lamprospreo superbus*) gehört zu den schönsten Vögeln Ostafrikas, auf der Schönheitsskala gefolgt vom Prachtglanzstar (*Lamprotornis splendidus*). Immer wieder trafen wir den Blau-Ohr-Glanzstar (*Lamprotornis chalybaeus*), oben blaugrün, unten dunkelblau schimmernd, mit gelbem Auge, und den ganz ähnlich aussehenden, etwas längerschwänzigen Purpur-Glanzstar (*Lamprotornis purpureus*) mit weißlichem Auge. Um weitere Nicht-Wasservögel rund um den See aufzuspüren, nehmen wir uns einen „Urlaubs"-Sonntag. Wir halten uns dabei an einen Informationsleitfaden, den John Dittami für den Wildlife Club of Kenya zusammengestellt hat, als er hier an verschiedenen Vogelarten für unser Institut untersuchte, wie weit stimmliche Verständigung zwischen Paarpartnern die am Äquator fehlende jahreszeitliche Brütsynchronisation ersetzen kann.

Der See war seit 1930 viermal ausgetrocknet. Er hat mehrere saisonale Zuflüsse, aber keinen Abfluss und ist deshalb leicht salzig. Im Südosten führt ihm der Nderit Wasser zu, das von den Hängen des erloschenen Eburru-Vulkans kommt. Ziemlich genau im Süden mündet der Makalia, dort umgeben von einem Wald aus Euphorbien und darüber stehenden Ölbäumen (*Olea*). Im Westen mündet der

Lamuriak vor dem See in einen Sumpf, und südlich der Stadt Nakuru, fast gegenüber von den Baharini-Quellen, mündet der Njoro, zwar der größte der Zuflüsse, aber dennoch etwa acht Monate im Jahr trocken. Am Nordufer ist das ebenfalls sumpfige Gelände bedeckt von meterhohen Seggen (*Cyperus laevigatus*) und Rohrkolben (*Typha*). Hier kommt Süßwasser aus den vier Baharini-Quellen. Zuweilen erreicht das Ostufer südlich von den Quellen ablaufendes Süßwasser von den Lion Hills. Schon die alte Karawanenstraße, die von der Küste zum Victoria-See führte, hatte bei den Baharini Springs eine Raststelle. Ein zusätzlicher, aber jetzt besorgniserregend unreiner Wasserzulauf im Norden stammt aus der 200 m oberhalb gelegenen Stadt Nakuru. Das von ihr benötigte Wasser wird aus Bohrlöchern und benachbarten Wasserläufen hochgepumpt und dann zu einem großen Teil in den See abgeführt.

Tagebuch: Nakuru-See

Am Westufer an der Einmündung des Njoro-Flüsschens stehen hohe Baumskelette im salzigen Wasser, vor langer Zeit abgestorbene Überreste eines Waldes. Sie sind dicht besetzt mit Kormoranen (*Phalacrocorax carbo*), die nach jedem längeren Fischzug die Flügel zum Trocknen ausbreiten müssen. Ihre nahe beieinander liegenden Nester bedingen eine ständige Vielfalt an Rufen, Begrüßungs- und Beschwichtigungsgehabe. Wir sehen in der Tageshitze, wie Eltern ihre Nestjungen mit Wasser tränken, das sie aus ihrem Schnabel in den der Jungen träufeln.

Es ist ganz windstill heute. Während wir die zahllosen Fliegen, Käfer und anderen Kleintiere in dem von Flamingofedern rötlich gefärbten Spülsaum bestaunen, hören wir aus dem See ein leises Zirpsingen. Es scheint unter einer draußen verankerten hölzernen Plattform zu beginnen. Später erfahren wir, dass es sich um den Werbegesang kleiner Wasserwanzen handelt. Einige solche Tiere fangen wir, als wir mit einem Kescher durchs Wasser fahren. Sie sehen aus wie unsere *Corixa*-Wanzen, schwimmen im Wasser ohne Luftblase am Bauch, aber mit silbrig glänzenden (also Luft haltenden) Flügeln rückenabwärts, eher wie unsere *Notonecta*-Rückenschwimmer. Es gelingt uns nicht, sie zu identifizieren, und auch das Tonband wird uns nicht weiterhelfen, denn es gibt keine Bestimmungsschlüssel für diese Tiergesänge. Deutlich vernehmbare Chorgesänge sind bekannt von der nur wenige Millimeter großen australischen Ruderwanze *Micronecta cobcordia*. Deren Männchen produzieren die recht hohen Töne, indem sie die Vorderbeine am Gesicht reiben.

Die Botanik begeistert Loki. Im flachen Ufersand wächst, oft mit den Wurzeln im Wasser, ein sodatolerantes Gras (*Sporobolus spicatus*) mit nadelscharfen Blattspitzen. Weiter weg vom Ufer wird es ersetzt durch Rothafer-Gras (*Themeda triandra*). Noch höher am Ufer findet sich dichtes Gebüsch. Es besteht aus Croton-Sträuchern (*Croton dichogamus*), leicht zu erkennen an den orangefarbenen bis roten älteren Blättern, während die jungen unterseits silbrig schimmern. Daneben stehen Mulelechwa Kampferbüsche (*Tarchonanthus camphoratus*) mit weißen Blüten und grauen Blättern, die zerrieben unter den Achseln ein hautschonendes Deodorant abgeben. Aus dem Harz dieses Strauches kann man Kampfer gewinnen für Medizinpräparate, aber auch zur Abwehr von Motten und Bienenmilben.

Loki macht uns auf einige weitere, aus der Ethnomedizin bekannte nützliche Pflanzen aufmerksam. An dem von Feuer verschonten Hang wächst in dichter Gruppe *Aloe vera*, angeblich seit alters her das Non-Plus-Ultra unter den Heilpflanzen. Die fleischigen, als Rosette aufrecht stehenden, am Rand mit steifen Zähnen versehenen Blätter liefern einen Saft, der vor allem zur Hautpflege benutzt wird, aber „dem ganzen Körper gut tut". Bei den Büschen wächst ein Körbchenblütler (*Psiadia arabica*), der gegen Mageninfektionen hilfreich sein soll, sowie die margeritenartig gelb blühende *Aspilia africana*, aus deren Blättern ein Extrakt zur Wundbehandlung gewonnen wird, der in manchen Gegenden wegen seiner kontrazeptiven Wirkung auch als Verhütungsmittel gilt.

Irgendwo wollen wir uns niederlassen und nur horchen. Wir scheuchen von ein paar günstig niedrigen Baumresten am Boden einen ganzen Familien-Clan von Russ-Schmätzern (*Myrmecocichla aethiops*) auf, bestehend aus Eltern und Jungen mitsamt älteren Jungen, die bei der Brutpflege helfen. Im Auffliegen zeigen sie ihre weißen Flügelflecken im schwarzen Gefieder. Als Mitglied des Board of Governors des Nakuru Wildlife Trust kenne ich von früheren Besuchen schon ihre verschiedenen Singweisen. In der Morgendämmerung antworten benachbarte Männchen einander mit drosselähnlichem Sologesang. Später kommen die anderen Gruppenmitglieder dazu und duettieren, ohne einander „ins Wort zu fallen". Hin und wieder im Laufe des Tages kommen sie außerdem alle irgendwo zusammen und singen laut im Chor. Die Ruß-Schmätzer nisten und schlafen hier gewöhnlich im Eingang von Erdferkel-Höhlen. Erdferkel (*Orycteropus afer*) sind am Nakuru-See zwar zahlreich, aber garantiert nicht zu beobachten. Sie leben einzeln, streifen nächtlich umher, auf der Suche nach Termiten, die sie mit langer Zunge auflecken, nachdem ihre scharfen Grabklauen den harten Termitenbau aufgerissen haben. Ihre Tagesration beträgt 1–2 kg Termiten. Im Englischen werden sie oft *ant bear* genannt und bei uns in Naturfilmen zu Ameisenbär eingedeutscht. Aber mit den dicht behaarten und zahnlosen Ameisenbären Südamerikas haben die fast haarlosen Erdferkel überhaupt nichts zu tun.

An Stelle der weggeflogenen Ruß-Schmätzer versammeln sich jetzt dicht über dem Boden Braundrosslinge (*Turdoides jardineii*) aus der Vegetation und stimmen ihr lautes Krächz-Kakeln an. Sie vollführen dabei tanzartige Bewegungen, zeigen ihre hellen Augen, putzen sich selbst und einander im Gefieder, schlagen mit den Flügeln und verschwinden wieder in verschiedene Richtungen. Alles wirkt betont eifrig. Sie haben ein sehr komplexes Sozialleben, füttern ihre Jungen gemeinsam und benutzen die auffällige Sozialzeremonie zur Bekräftigung des Gruppenzusammenhalts. Nahrung suchen sie meist am Boden. Während sie damit beschäftigt sind, sitzt einer von ihnen an erhöhter freier Stelle und hält Wache. Alle fünf Sekunden äußert er einen kurzen Laut, wohl um den anderen mitzuteilen, dass er auf dem Posten ist. Damit auch er fressen kann, wird er nach wenigen Minuten von einem anderen Wächter abgelöst.

Als die Drosslinge weitergezogen sind, wird es still. Irgendwo ruft ein Weißbrauen-Coucal (*Centropus superciliosus*). Man nennt ihn auch Flaschenvogel, denn seine schnelle Folge glucksender Laute mit steigender Tonhöhe erinnert an Wasser, das aus einer Flasche gluckert. Dann sehen wir ihn, oder sie, denn vielleicht ist es ein Weibchen auf Partnersuche. Bei diesem Vogel sind die üblichen Geschlechterrollen vertauscht: Sie baut Nest und balzt, er brütet und zieht die Jungen auf. Ein Paradies-Fliegenschnäpper (*Terpsiphone viridis*) mit langem rotem Schwanz landet kurz auf einem Ast über uns. Von ferne klingen Glockenrufe vom Orgelwürger (*Laniarius ferrugineus*) herüber. Mehrere Bülbüls (*Pynonotus barbatus*), wohl der gewöhnlichste Vogel Ostafrikas, antworten einander mit drei- bis viersilbigen Flötenrufen, die mitunter an dialektal gesprochene Worte erinnern. Ein Weißbrauenrötel (*Cossypha heuglini*) wiederholt mehrfach, die Lautstärke steigernd, seine Reihe klarer Flötentöne; angeblich ist das der schönste Gesang aller afrikanischen Vögel. Ein Kinnfleck-Schnäpper (*Batis molitor*) hüpft von Zweig zu Zweig und singt einen Dreiklang: einen hohen, einen tieferen, dann einen mittelhohen Ton, wie von einem Menschen gepfiffen. Dieses Dreiklang-Motiv ist typisch für Nakuru. In der Serengeti produziert dieser Vogel einen anderen Dialekt, eine lange Serie von Tönen in abfallender Tonhöhe. Ein kleiner brauner Vogel mit sehr langem Schwanz hängt in merkwürdiger Stellung, die Füße neben den Ohren, fast senkrecht an einem Zweig: ein Braunflügel-Mausvogel (*Colius striatus*). In Gegenden, wo es längere Kälteperioden gibt, können diese Vögel zu mehreren in dichtem Klumpen in eine Art Kälteschlaf (Torpor) fallen. Näher am See sitzt ein amselgroßer schwarzer Vogel stumm am Außenrand einer Baumkrone auf einem Ast, macht von da aus kurze kurvige Ausflüge und kehrt wieder an dieselbe Stelle zurück. Es ist ein Drongo (*Dicrurus adsimilis*), der von seinem Ansitz nach vorüberfliegenden Insekten jagt.

Unser Weg führt uns als Nächstes an ein Sumpfgrasgelände, die Endstation des Lamuriak-Rivers mitten am Westufer. Hier sind viele europäische Küstenzugvögel versammelt. Knapp drei Kilometer weiter ragen Brocken von Basaltgestein aus dem Boden bis an den See. Sie leiten rechter hand zu einer steilen Felswand, einem Teil des westlichen Randes vom großen Grabenbruch. Über uns kurven Schwalben und Segler. Die Wand ist stellenweise weiß bekleckert mit Kotfahnen der Klippschliefer, die wir aber nicht sehen; sie hocken wohl in den Felsspalten, weil ihr Todfeind, ein Kaffernadler (*Aquila verreauxii*), auf einem nahen Baum wartet. Verschiedene Schmätzer und Fliegenschnäpper lassen uns nicht an sie herankommen, auch ein Wanderfalke (*Falco peregrinus*) fliegt vor uns weg. Im Gesträuch begegnen wir mehreren Dikdik-Pärchen (*Rhynchotragus kirkii*). Diese Kleinst-Antilope lebt in dauerhaften Paaren. An der Grenze zu den Nachbarn wird jeweils ein Haufen von Kotkügelchen gepflanzt, und zwar gemeinsam von beiden Paarpartnern. Die Kügelchen vom Bock sind größer und meist etwas dunkler als die der Geiß.

Am Südende des Sees zwischen Makalia und Nderit treffen wir Schlammflächen, dahinter landeinwärts Sumpf und schließlich das bekannte Rothafer-Grasland. Wir stören etliche Kronenkraniche (*Balearica pavonia*) bei ihrem Tanz, der aus Verbeugungen, Hüpfsprüngen, Pirouetten, Flügelschlägen und Kreislaufen mit plötzlichem Stopps besteht. Es wirkt wie ein Ritualkampf der Geschlechter, sozusagen ein Flamenco im Vogelreich. Dann wieder stehen sie still herum. Ein Coqui-Frankolin-Hahn (*Francolinus coqui*) – brauner Kopf, dunkelbraune Flügel, gesperberter Rumpf – antwortet „qui-kit" auf einen unsichtbaren Nachbarn. Zwei Rotten Helmperlhühner (*Numida meleagris*) rennen zeternd vor uns davon. Hingegen weicht uns ein kleiner brauner Hirtenregenpfeifer (*Charadrius pecuarius*) kaum aus, ebensowenig eine Dreiergruppe der schwarz-weiß gezeichneten Waffenkiebitze (*Vanellus armatus*). Deren Nest ist ein sorgfältig gebautes Gebilde, ein Häufchen aus Gras und Hölzchen, geschmückt mit kleinen Steinen oder ähnlichen Objekten; wir finden es aber nicht. In einiger Entfernung schreitet ein Sekretär (*Sagittarius serpentarius*) langsam dahin. Sein Name bezieht sich auf die langen, seitlich vom Hinterkopf abstehenden schwarzen Federn, getragen wie Federhalter hinterm Ohr. Er frisst, was sich am Boden bewegt, von Termiten bis zu Schlangen und kleinen Schildkröten. Große Beute erschlägt er zuvor mit einem kräftigen Fußtritt. Im Zoo verfährt er mit rohen Eiern ebenso, allerdings kontraproduktiv.

Im hohen Seggengras turnen Samtwida-Männchen (*Euplectes capensis*), schwarz mit gelbem Rumpf und kurzem Schwanz, neben einigen unscheinbar braunen Weibchen. Dazwischen prangen Hahnenschweifwida-Männchen (*Euplectes progne*) in Schwarz mit roten Schultern und einem mächtigen, halbmeter langen, schwarzen Schwanz. Der ist ihnen zwar beim Auffliegen hinderlich, besonders im Regen, ist aber andererseits unentbehrlich bei der Werbung um Weibchen. Das hat Malte Andersson in einem Freilandexperiment überprüft. Er schnitt einigen Revierbesitzern ein Stück von den Schwanzfedern ab und verlängerte damit die Schwänze anderer. Die Männchen mit den unnatürlich überlangen Schwänzen erhielten übernormal viele Weibchen-Besuche, die mit den verkürzten Schwänzen keine mehr.

Oberhalb der Seggengras-Fläche stehen am Hang hohe Kandelaber-Euphorbien sowie Ostafrikanische Olivenbäume (*Olea hochstetteri*), aus deren Blättern antibakteriell wirkende Extrakte gewonnen werden. Zwanzig Meter höher am Hang grenzt der Wald an das einheitlich gegitterte Kronendach von Fieberakazien, das für kleine Büsche und große Kräuter darunter genügend Sonnenlicht durchlässt. Das dichte Buschwerk mit Lianen beherbergt über 30 Vogelarten, doch nur einige bekommen wir zu sehen. Mehrere Tamburintäubchen (*Turtur tympanistria*) sausen unglaublich geschickt und pfeilschnell durchs Dickicht. Daraus erschallen die glockenartig klingenden Duettrufe des Flötenwürgers (*Laniarius ferrugineus*). Ein großer, graublauer Turako (*Corythaeola cristata*), mit schwarzen Schwanzenden und schwarzer Kopfhaube, klettert hoch oben in einer Baumkrone und läuft auf den Ästen entlang. Ab und zu leuchtet in einem Sonnenfleck sein gelber Schnabel mit roter Spitze auf. An einem Aststück unter ihm knuspert ein Pärchen Goldbug-Papageien (*Poicephalus meyeri*) – nicht sehr auffällig: Kopf und Oberseite grau, Bauch grün, gelbe Flügelbuge.

Und dann ruft irgendwo ein Vogel meinen Namen, „ouick-lärrr – ouick-lärrr". Die scheinbare Begrüßung stammt von einem Großen Honiganzeiger (*Indicator indicator*). Dieser Vogel ist berühmt, denn im Norden Kenias führt er Honig suchende Männer zu Bienennestern. Das hat Uli Reyer dann zusammen mit Hussein Isack, einem Doktoranden vom Nomadenstamm der Boran, im Detail untersucht. Die Männer müssen normalerweise in unbekanntem Gelände bis zu neun Stunden nach einem Bienennest suchen, aber nur halb so lange mit einem Honiganzeiger. Deshalb versuchen sie mit einem in die geballten Fäuste geblasenen Pfeifton einen solchen Vogel aufmerksam zu machen. Wenn er kommt, fliegt er solange niedrig zwischen den ihm folgenden Männern und einem Bienennest hin und her, bis sie es entdecken und dann ausräuchern. Der Vogel profitiert von Bienenmaden und dem Wabenwachs, das er verdauen kann.

Tagebuch: Lokis Arbeit

Lokis Hauptaktivitätszeit, in Bonn zwischen spätem Vormittag und zwei bis drei Uhr nachts, wird hier nun vom Tageslicht diktiert. Mühelos wird sie zur Frühaufsteherin, steht sogar meist als Erste vor 6.30 Uhr auf und bereitet neben der Morgenzigarette fürsorglich schon mal Kaffee für alle zu. Ihre Arbeit in einem 50 mal 200 m großen Süßwasserbereich am See beginnt um 7.00 Uhr; Fortsetzung nach zwei Stunden Mittagspause bis 18.00 Uhr. Um 21.00 Uhr geht es todmüde ins Bett, gerade dann, wenn in Bonn der Abend erst anfängt.

Uli Reyer untersucht vor allem das Familiensystem des Graufischers (*Ceryle rudis*). An Seen mit klarem Wasser und ruhiger Oberfläche zieht jedes Elternpaar seine Jungen allein auf. Aber wo trübes Wasser und Wellengang die Sicht auf Beutefische behindern, helfen Jungmännchen den Altvögeln, Futter für die Brut herbeizuschaffen. Helfen sie den eigenen Eltern, geben sie größere Beute ab und schlucken die kleinen Fischchen selbst; helfen sie bei Fremden, machen sie es umgekehrt (ähnlich wie die Erbsen sammelnden Tauben im Märchen von Aschenputtel).

Im Gebiet dieser Eisvögel hilft Loki beim Fangen und Beringen sowie beim Kartieren der Reviere mit Kompass

Abb. 2.1 Pflanzenbestimmen mit Wolfgang Wickler im Feldlabor in Baharini 1976 © U. Seibt

und Maßband. Hauptsächlich aber geht es für sie um eine Vegetationskartierung und die Bestandsaufnahme, das Sammeln und Bestimmen der Pflanzen, ihrer Dichte und Wuchshöhe (Abb. 2.1).

Von zweifelhaften Arten presst sie zwei Exemplare und zeichnet sie in der ihr eigenen genauen Weise für eine spätere Identifizierung. Günter Warnholz, in kurzer Hose, aber stets mit irgendwo versteckter Waffe, hält derweil Ausschau, nicht nach verdächtigen Personen, sondern nach Büffeln oder Flusspferden. Des Weiteren darf er als „Mess-Diener" eine Messlatte zur Wuchshöhenbestimmung der Pflanzen halten.

Loki beweist hervorragende botanische Kenntnisse und dazu alle erforderlichen menschlichen Eigenschaften für das unausweichliche Zusammenleben auf engem Raum.

Abb. 2.2   Kingfisher-Research, Ausfahrt zum Nachbarsee: „Ist alles drin?" (1976) © Wolfgang Wickler

Ihre englischen Sprachkenntnisse helfen bei der Teilnahme an unseren internationalen Planungssitzungen. Und sie zeigt eine erstaunliche Kondition. Immerhin ist sie mit 56 Jahren die weitaus älteste unter uns. In einem Bericht schreibt Uli Reyer: Lokis Kleidung widersprach in jeder Hinsicht dem, was Bonns Schickeria unter „Safari-Look" für Afrika-Reisen versteht. Sie trug Jeans, eigentlich längst abgelegte Blusen und Gummistiefel. „Dornengestrüpp zerriss uns die Kleidung und zerkratzte die Haut; Wasser und Schlamm waren manchmal so tief, dass sie von oben in die Gummistiefel liefen. In den frühen Morgenstunden war es empfindlich kühl, gegen Mittag war man in Schweiß gebadet (Abb. 2.2).

Es war eine anstrengende Arbeit unter schwierigen Bedingungen. Aber Loki genoss dieses Leben." Allen, besonders ihr selbst, hat die Zusammenarbeit Spaß gemacht. Mit der Familie Reyer hielt sie noch jahrelang engeren Kontakt.

Tagebuch: Baringo-See

Nun kann die Frau des Kanzlers aber nicht einfach sang- und klanglos vier Wochen aus der Öffentlichkeit verschwinden. Um Spekulationen vorzubeugen, verlautbaren das Kanzleramt und die Deutsche Welle nach etwa 14 Tagen, Frau Schmidt sei zu botanischen Forschungen am Nakuru-See. Von der Botschaft gibt es *no comment*. Daraufhin melden sich interessierte Journalisten bei Josef Mburugu, damals Direktor des Nakuru-Parks. Der weiß von der prominenten Besucherin, aber auch, dass sie ohne Reporterbegleitung arbeiten will, und sagt den Journalisten, sie sei auf Safari. Was auch stimmt, denn wir sind unterwegs zum Baringo-See, 140 km nach Norden.

Wir fahren durch Baumwollfelder und Sisalplantagen. Hinter Euphorbienhecken längs der Straße hängen bei Mogotio an Stangen meterlange Bündel von weißen Sisalfasern, die aus den jährlich nachwachsenden Blättern der Agave ausgeklopft und gewaschen wurden und jetzt in der Sonne trocknen. Die aus Mexiko stammende Sisalagave blüht nur einmal in ihrem letzten (oft zwölften) Lebensjahr mit einem fünf bis sechs Meter hohen Blütenschaft aus der Mitte der großen Blattrosette; danach starten am Grund neue Seitenrosetten. An mehreren umgeknickten Blütenstämmen fotografieren wir die in Reihen angeordneten gelblich-grünen Blüten. In den Achseln ihrer Tragblätter sind Brutknospen schon zu neuen Pflänzchen ausgekeimt; ein paar sammeln wir fürs Herbarium.

Bei Marigat überqueren wir mehrere kleine völlig trockene Flussbetten. Ziegen, die hier im vorigen Jahr nach spärlichem Grün suchten, sind keine zu sehen. Schwarzrotes Basaltgestein formt eine wilde Hügellandschaft. Darin steht hier und da eine Wüstenrose, *Adenium obesum*, fast ohne Blätter an den weichen, saftigen Zweigen, aber voller oleanderartig leuchtender rosafarbener Blüten. Der giftige Milchsaft aus dem verdickten Stamm wird von einheimischen Völkern als Pfeilgift auf der Jagd nach Großwild benutzt; es tötet die Tiere relativ schnell und lässt die getroffenen nicht mehr weit entkommen. Ein paar Kilometer danach steht etwas abseits ein Wasserflaschenbäumchen, *Adenia keramanthus*. Sein kurzer graugrüner Stamm dient wie bei der Wüstenrose und den Euphorbien als Feuchtigkeitsspeicher. Andere Bäume und Sträucher wirken zurzeit wie abgestorben.

Am Ortsschild „Kampi ya Samaki", 15 km hinter Marigat, biegen wir nach rechts von der Straße ab. Es ist ein kleines Fischerdorf mitten in einer Wüste aus Geröll und roter Erde. Ziegen, die hier schon alles völlig kahl gefressen haben, werden in großer Herde vom Dorfrand weg ins Land getrieben, vielleicht zum Wasser, das sie und die Hirten nur alle drei Tage aufsuchen können. „Kampi ya Samaki" bedeutet „Fishing Camp". Zwischen den Hütten aus rotem Lehm mit schwarzgrauem Schilfdach liegen denn auch Haufen von frischen Fischen. Frauen breiten sie in flacher Schicht zum Trocknen auf der Erde aus und drehen sie von Zeit zu Zeit um. Fertig getrocknete Fische hängen in Bündeln an Hausecken oder Baumresten. Über die von den gröbsten Steinen befreite Dorfstraße fahren wir weiter zu Roberts Camp. Hier werden wir im Heron House von Mrs. Roberts wohnen.

Nach der Fahrt durch die ausgedörrte staubige Landschaft wirkt schon ein Blick nach Osten über das weite bräunliche Wasser zum Laikipia Escarpment erfrischend. Auch dieser See hat keinen Ablauf und verliert Wasser nur durch Verdunstung, ist aber dennoch nur wenig alkalisch und hat einen entsprechend reichen Bestand, vor allem an Cichliden, Welsen und Barben. Der See mit ein paar Inseln liegt am Grund des Grabenbruchs, etwa 1000 m tiefer als Nakuru. Dementsprechend heißer ist es, auch nachts. In der Tageshitze entwickeln sich hier an der Grenze zu Nordkenias Wüste gewöhnlich heftige Winde und damit auf der 22 km langen und halb so breiten Wasserfläche gefährliche Wellen. Es ist deshalb nicht ratsam, nach 15 Uhr auf dem See zu sein.

Es gibt aber an Land genug zu sehen und zu hören: Krokodile und Nilpferdköpfe im Wasser, am Wasserrand mehrere Schattenvögel, auch Hammerkopf genannt (*Scopus umbretta*). Einige ihrer riesigen Kugelnester hatten wir schon kurz vor dem See im Akazienwald gesehen, vielleicht vom selben Paar. Hammerkopfpärchen scheinen bauwütig zu sein oder haben das gemeinsame Nestbauen zum Paarbindungsritual gemacht. Jedenfalls bauen sie sich jedes Jahr zwei oder drei Nester, ohne sie alle zu benutzen. In unbewohnte Nester ziehen dann Bienenvölker oder andere Vögel ein, häufig Schleiereulen. Die auffälligen Gebilde aus Zweigen, Stöcken, Schilf, Gras, zuweilen „verziert" mit Lumpen, Lederresten, kleinen Knochen und anderem Abfall, haben seitlich unten einen Eingang und sind so groß und stabil, dass man bequem darauf sitzen könnte. Die Hammerköpfe vor uns starren aufmerksam ins Wasser und picken nach fressbaren Wasserbewohnern. Zwischendurch pflegen sie das Gefieder mit dem gezähnten Mittelzehennagel, der als Kamm dient. Über uns rastet ein Pärchen des großen, elegant grau gezeichneten Bindenlärmvogels (*Crinifer zonurus*) und hält die leuchtend gelben Schnäbel in die Sonne. Eine Schar Baumhopfe (*Phoeniculus purpureus*) trifft sich, lässt das übliche Begrüßungs-Gekakel hören und eilt weiter. Ein Schlangenwürger (*Eurocephalus anguitimens*) stürzt sich mehrmals von seinem Ansitz ins Gras, erwischt aber nicht, was er erspäht hatte. Ein Graumantelwürger (*Lanius excubitorius*) bringt in Schnabel und Füßen ein totes Hühnerküken (eventuell von Frau Roberts) zum Nachbarbaum, hält es mit dem Fuß fest und rupft es. Ein wahrlich rabenschwarzer Borstenrabe (*Rhinocorax rhipidurus*) scheint interessiert am Paarungsspiel eines Mahali-Weber-Männchens (*Plocepasser mahali*), das gebückt von Zweig zu Zweig um ein ebenso gebückt ruhig sitzendes Weibchen herumhüpft und ab und zu singt. In der gebückten Haltung werden der dunkle Scheitel und die weißen Augenbrauenstreifen besonders deutlich. Beide Vögel richten sich zwischendurch immer wieder kurz auf und putzen sich auch. Sie hebt ab und zu den Schwanz. Schließlich zupft er sie mehrmals am „Hosenbein" und springt dann auf zur Kopula. Der Rabe fliegt ab. Der Gesang des Mahali-Webers hier erschien mir aus irgendeinem Grund merkwürdig. Später habe ich mich diesem Gesang ausführlicher gewidmet, und er wurde das Promotionsthema meiner vorletzten Doktorandin, allerdings in einer ganz anderen Gegend, in Simbabwe.

Am späteren Nachmittag setze ich mich mit Loki direkt am Seeufer ins Gras. Vor uns in der Mitte des Sees liegt die große Ol-Kokwe-Insel, rechts davor die winzige Parmalok („Teddybär"). Wir warten geduldig, ob wir einen der hier zahlreichen *Protopterus* zu sehen bekommen, die afrikanische Variante der Lungenfische. Sie atmen schon mit Lungen, sind aber äußerlich in etwa noch so, wie vor 400 Mio. Jahren neben ihnen die Urform der Landwirbeltiere eine rasche Höherentwicklung begonnen hat. Zu sehen bekommen wir im seichten Wasser nur zwei Rücken dieser lebenden Fossilien, hören jedoch zwischen Wasserpflanzen öfter ihr charakteristisch schmatzendes Atemholen an der Oberfläche. Viele Gewässer, in denen Lungenfische leben, fallen regelmäßig trocken (doch nicht so der über 30 m tiefe Baringo-See). Dann vergraben sich die Lungenfische zum Übersommern im Untergrund und atmen währenddes durch ein kleines Loch im hart gewordenen Schlamm. Vermutlich sah einst so der entscheidende Schritt aus, der den fischartigen ursprünglichen Wirbeltieren zum Landleben verhalf: Sie verließen nicht das Wasser und stiegen neugierig aufs Trockene, sondern mussten überleben, wenn sie auf dem Trockenen zurückblieben, weil das Wasser sie verließ. Mit immer längeren Zwischenzeiten, bis wieder Wasser kam, ging die Evolution schließlich für diejenigen voran, die nicht mehr auf die Rückkehr des Wassers warteten, sondern auch ohne es aktiv blieben.

Gleich nach Sonnenuntergang jagen über dem Schilfgürtel und den kleinen offenen Wasserflächen viele Nachtschwalben (*Caprimulgus clarus*), keine Schwalben, wie der deutsche Name nahelegt, sondern Verwandte der Segler und Kolibris. Dann bewirtet uns Betty Roberts mit gebratenen Fischfilets, von Tilapia, wie es heißt. Dieser Name ist und bleibt weltweit einheitlich im Handel üblich, obwohl die Fischsystematiker, um mit der enormen Diversifikation der afrikanischen Buntbarsche Schritt zu halten, den Gattungsnamen in *Oreochromis* geändert haben. Wir lassen uns also *Oreochromis-niloticus*-Filets schmecken.

Nachts fliegen blinkende Leuchtkäfer ums Haus und es grunzen Hippos auf den Grasflächen. Am frühesten Morgen weckt uns der Vogelchor, aus dem ich aus alter Gewohnheit die Duette vom Weißscheitelrötel (*Cossypha niveicapilla*) und vom Drongo (*Dicrurus adsimils*) heraushöre. Am Seeufer stehen zwei Goliathreiher (*Ardea goliath*). Auf einer felsigen Insel im See haben diese weltgrößten Reiher eine stattliche Brutkolonie. Löffler schwenken löffelnd ihre langen Schnäbel im Wasser hin und her, im Gras stehen Kronenkraniche. Neben dem Hauseingang trägt ein kleiner Oscherbaum (*Calotropis procera*) viele kleine Blüten, innen weiß, mit violetten Spitzen an den fünf Blütenblättern. Er hat auch schon bollerartige grüne Früchte. In deren weicher Hülle hängt an spinnwebdünnen Fäden eine Kammer voller Samen, jeder mit einem Büschel langer, seidig glänzender Fäden versehen, die wie bei unseren Pusteblumen als Flugorgane dienen. Die Pflanze, auch Sodomsapfel genannt, gehört unverkennbar zu den Seidenpflanzen (*Asclepias*), mit deren Gift wir uns ein Jahrzehnt später intensiv werden zu befassen haben, im Zusammenhang mit dem Verhalten sogenannter pharmakophager *Phymateus*-Heuschrecken, die beim Fressen das Gift aufnehmen, speichern und sich damit für Insektenfresser ungenießbar machen.

Tagebuch: Schlangenfarm

Wir fahren zurück nach Kampi Ya Samaki und gleich nebenan zur Schlangenfarm von Jonathan Leakey, dem ältesten Sohn von Mary und Louis Leakey. Er hat in der Olduvai-Schlucht in Tanzania mit seinen paläo-anthropologisch berühmten Eltern nach Überresten des *Homo habilis* gesucht und als Zwanzigjähriger den zweiten Fund gemacht, den 1,75 Mio. Jahre alten Unterkiefer eines Kindes; es wurde „Jonny's child" genannt. Als Jonathan selbst noch ein Kind war, war er bereits vernarrt in Schlangen und hat schließlich hier am Baringo-See eine Schlangenfarm eröffnet, weil, wie er sagt, es in der Familie schon genügend Anthropologen gibt. Er sammelt Schlangengift für medizinische Zwecke und verkauft Schlangen in alle Welt, hat aber auch – was mich bedenklich macht – etliche der winzigen, nur neun Zentimeter langen afrikanischen Stummelschwanz-Chamäleons (*Rieppeleon brevicaudatus*). Außerdem Hunderte von Spaltenschildkröten (*Malacochersus tornieri*), die er vom Mt. Kenia holt. Sie leben in Dornbuschsavannen in den landschaftstypischen isolierten Felsenhügeln, den sogenannten Kopjes. Mit ihren scharfen Krallen können sie gut klettern und flüchten bei Gefahr in enge Gesteinsspalten, wo sie sich durch Aufblähen der Lunge so fest verankern können, dass sie sich kaum herausziehen lassen. Ihr sehr flacher Panzer, kein Schutz gegen Feinde, bleibt nämlich so dünn und biegsam, dass sich sogar die Atembewegungen abzeichnen.

In seiner reichen Schlangensammlung zeigt uns Jonathan selbstverständlich die längste Giftschlange Afrikas, die Schwarze Mamba (*Dendroaspis polylepis*), die hell-dunkel-braun gefleckte Gabunviper (*Bitis gabonica*), die bescheidener bräunlich gebänderte Puffotter (*Bitis arietans*), die riesige Felsenpython (*Python sebae*) und eine Waldkobra oder Schwarzweiße (aber eher schwarz-gelb geringelte) Hutschlange (*Naja melanoleuca*), die ich noch nie gesehen habe. In einer Sandarena führt er uns einen heftigen Kampf zwischen einer Puffotter und einer blitzschnell angreifenden Schwarzen Mamba vor.

Bogoria-See

Weiter ging die Fahrt nun zum Bogoria-See, früher Lake Hannington genannt. Er ist eines der vielen Beispiele, wie adamsüchtige Afrikareisende im 19. Jahrhundert, wie der erste Mensch im Paradies, allem einen Namen verpassten – in überheblicher Verkennung der naheliegenden Tatsache, dass schon vor ihnen hier Menschen lebten und vermutlich Bergen und Seen eigene Namen zugewiesen hatten. Schließlich waren ja die Urahnen der vermeintlichen „Entdecker" aus Afrika gekommen. Den Bogoria-See „entdeckt" hatte James Hannington, ein anglikanischer Missionar, der 1884 als Bischof von Ostäquatorialafrika eingesetzt, bereits im Jahr darauf von König Mwanga II. von Buganda (im heutigen Uganda) ermordet und dann Namenspatron des Sees wurde. Wenige Jahre später, als Graf Samuel Teleki von Szek und sein Begleiter Leutnant Ludwig von Höhnel das nördliche Ostafrika durchwanderten, stießen auch sie auf zwei Seen. Einen benannten sie Rudolf-See, nach Erzherzog Rudolf, dem Kronprinzen von Österreich, Sohn von „Sissi" und Franz-Joseph I. Heute heißt das Gewässer nach dem dort heimischen Volk Turkana-See. Den kleinen, östlich davon gelegenen See tauften die europäischen „Entdecker" Stefanie-See, zu Ehren der Prinzessin Stephanie von Belgien, der Witwe von Rudolf, der mit ihr nicht glücklich war und sich mit seiner 17-jährigen Geliebten, Baronin Vetsera, erschoss. Heute heißt der kleine See amharisch Chew Bahir. Samuel Baker hatte 1864 ein von ihm gefundenes Gewässer nach dem Prinzen von Wales „Edward-See" getauft, und bereits 1858 ernannte John Hanning Speke den großen See, der schon Ukerewe-See hieß und den das am Nordufer lebende Volk der Baganda als Nalubaale, „Wohnung des Geistes", ansah, zum Victoria-See, zu Ehren

der britischen Königin. Viele dieser aufgesetzten Kolonial-
namen sind inzwischen durch einheimische Bezeichnungen
ersetzt. Die vom bekannten Afrikareisenden Henry Morton
Stanley 1881 gegründete und nach seinem Gönner Leopold
II. von Belgien Leopoldville genannte Stadt am Südufer des
Kongo heißt seit 1966 Kinshasa. Die 1883 von Europäern
gegründete und Stanley zu Ehren Stanleyville genannte Stadt
wurde, ebenfalls 1966, umbenannt in Kisangeni; sie liegt
auch nicht länger an den Stanley-, sondern an den Boyoma-
Fällen des Kongo im ehemaligen Kongo, heute Zaïre. Namen
haben ihre Geschichte.

Der Weg zu unserem nächsten See führt erst durch tod-
trockene Umgebung und dann unerwartet durch eine saftig
grüne Sumpfzone mit Papyrus. Auf den Blättern sitzen viele
Stielaugenfliegen. Im nur leicht salzigen Wasser tummeln
sich kleine Karpfenfische, wahrscheinlich Junge *Barbus neu-
mayeri*. Dieses Fischchen wird nur etwa 10 Zentimeter groß
und nutzt in sauerstoffarmem Sumpfwasser die ganz dünne,
mit Luftsauerstoff angereicherte Oberflächen-Grenzschicht
des Wassers, atmet aber noch mit vergrößerten Kiemen.
Das ist eine Vorstufe zum echten Luftschlucken mancher
Welse und anderer Fische, die den Sauerstoff aus der ge-
schluckten Luft durch die Darmwand aufnehmen, und
ist eine Vor-Vorstufe zur Atmung der Lungenfische, deren
Lunge aus einer Darm-Aussackung entstand.

Tagebuch: Bogoria-See

Auf einem wenig wegsamen Serpentinen-Fahrweg nähern
wir uns langsam von Norden dem Bogoria-See. Er gehört
zu einem Nationalpark. Aber am Eingang ist niemand. Ein

Posten hier lohnt wohl nicht, denn Besucher kommen üblicherweise von Nairobi oder Nakuru durch einen anderen Eingang. So umfahren wir das Tor auf einem zwar offiziellen, aber fürchterlich tief-staubigen, für normale PKWs unpassierbaren Weg. Dann vermissen wir ein Walky-Talky. Um es zu suchen, fahren wir durch den Staub wieder hinaus – überflüssigerweise, denn das Gerät liegt auf der Motorhaube im Reserverad. Nach nochmaligem Staubbad erreichen wir schließlich unser Ziel.

Der alkalische Bogoria-See ist doppelt so salzig wie Meerwasser, in der Mitte mehr als fünf Meter tief, maximal vier Kilometer breit, aber viermal so lang; er wird in dieser Nord-Süd-Richtung durch verengende Bodenerhebungen in drei Becken unterteilt. Er liegt am Grund einer Bodenfalte, nur 960 m über Meereshöhe und hat keinen oberirdischen Abfluss. Gespeist wird er von Quellen in der Tiefe und vom Rand durch 200 alkalische heiße Quellen und einige wenige Süßwasserzuflüsse. Sein weitgehend kahles Westufer könnte man, vor allem an der Einmündung des Gurasine-Rivers, als Kulisse für eine Hexenküche verwenden. (Abb. 2.3)

Überall steigen Dampfsäulen auf, spucken kleine und größere Geysire Gischt und Fontänen in die Luft, in tiefen Töpfen blubbert kochendes Wasser. Der ganze Untergrund ist geothermal vulkanisch aktiv. Um die Mittagszeit von der Sonne maximal aufgeheizt, verschwimmen in der flimmernden Luft sowohl der 600 m hohe Ngendelel-Bergzug als auch davor die verstreut herumstehenden Gazellen und Zebras, auch einige dunkle Flecke, vermutlich Büffel.

Scharen von Zwergflamingos suchen im flachen Wasser Nahrung, wieder das Cyanobakterium *Arthrospira fusifor-*

Abb. 2.3 Bei den Geysiren auf heißem Boden am Lake Bogoria (1976) © Wolfgang Wickler

mis, das bis in ein Meter Tiefe in Massen wächst, aus denen Wind und Wellen stellenweise flamingofreundlich einen schleimigen Teppich formen. Einige Flamingos schwimmen denn auch im tiefen Wasser, mit hochgewölbtem Hals, um den Kopf stirnabwärts zum Seihen auf die Wasseroberfläche zu senken. Auf Schottersteinen und Schlamm bilden zusammengedriftete Flamingofedern einen farbigen Ufersaum, neben einigen toten und fast skelettierten Flamingos, weißem Vogelkot und grünbraunen Pflanzenteilen. Das alles scheint zahlreiche Käfer anzulocken, vor allem die hitzeliebenden und stets eiligen räuberischen Sandläufkäfer (*Lophyra boreodilatata*) sowie die im Sand schwer zu fangenden Zophosis-Schwarzkäfer.

Das Wasser im See ist in der Tiefe sehr, darüber weniger salzig, überall 24 bis 31 °C warm und scheint eine Brutküche für Mücken zu sein, denn zahlreiche Schwarzhalstaucher (*Podiceps nigricollis*) suchen im Wasser nach Larven. Kapenten (*Anas capensis*) weiden die schlüpfenden Puppen und eben geschlüpften Imagines an der Oberfläche ab, und Segler, Schwalben und Uferschwalben jagen überm Wasser nach den fliegenden Insekten.

Aus den Geysiren spritzen kleine und hohe Wasserfontänen so heiß, dass man den Dampf im Gesicht kaum aushält. Daneben kocht aus tiefen Schloten kristallklares blaues Wasser. Darin schaukeln von ganz unten rasch wachsende Blasen herauf. Auch an diesen „Kochtöpfen" ist Vorsicht für alle höheren Lebewesen geboten, denn das Wasser ist extrem heiß: In einer der Abflussrinnen vor uns liegen gekocht ein Flamingo, daneben eine Eidechse und eine große *baboon spider*, eine afrikanische Vogelspinne (*Pterinochilus*).

In den heißen Rinnsalen fallen verschiedenfarbige Zonen auf: weiß, gelb, gelbgrün, orange, rotbraun, dunkelgrün. Farbgeber sind Mikroorganismen, moderne Vertreter des Lebens aus der Anfangszeit der Evolution und alte Bekannte aus der Anfangszeit meiner beruflichen Entwicklung. Sie rufen in mir Erinnerungen an meine leidenschaftliche Mikroskopierphase als Schüler in Osnabrück und Student bei Professor Strugger in Münster wach. Man nannte damals diese urtümlichen Kleinstlebewesen aus sehr einfach gebauten Zellen ohne Zellkern noch Blaualgen, obwohl es keine Algen und die meisten auch nicht blau sind. In dem extremen Lebensraum hier bilden sie an Grund und Rändern den mit fallender Temperatur malerisch farbig abgestuften Bewuchs. Ich muss sie mit ihren wissenschaftlichen Namen angeben, denn deutsche Namen haben sie nicht. Der Bereich von über 100 bis 75 °C ist von flächig oder in

Fäden wachsenden Archaebakterien und schleimigen Bakterien weiß. Darauf folgen temperaturabwärts verschiedene Cyanobakterien in Fäden und Matten, die in der Strömung flottieren können: Bis etwa 60 °C gelbe *Phormidium* (ein Flamingofutter) oder gelbgrüne *Synechococcus*; zwischen 60 und 40 °C grüne bis orangefarbene *Oscillatoria* und *Pseudanabaena*; unter 40 °C in zähen Matten grünbraune *Calothrix*, zwischen deren Fäden sich schon Kieselalgen (z. B. *Navicula*) aufhalten; noch weiter abwärts auf der Temperaturskala folgen Grünalgen. Unsere Botanikerin ist begeistert.

Am Außenrand der heißen Quellen und ihrer Rinnsale sowie dort, wo ständig Wasser aus den Fontänen herabplatscht, finden diese Mikroorganismen einen weniger günstigen Lebensraum. Hier hinterlässt abkühlendes und verdunstendes Wasser Kalk- und Silikatkrusten. Feinste Kristalle, die sich überall in Spritzwasserzonen absetzen, bilden einen weißlichen Kieselsinter, der als durchsichtige oder grau-bläuliche Schicht den ganzen Biofilm aus lebenden, später toten Mikroben überzieht. An manchen Stellen gab es zwischendurch spritzwasserlose Neubesiedlungsphasen, und es sind kleine Türmchen aus geschichteten Krusten, „Mini-Stromatolithen", gewachsen. In Großformat sind solche Strukturen aus der Urzeit der Erde vor mehr als drei Milliarden Jahren erhalten.

Am Nachmittag bauen wir unsere Zelte nahe dem Südende des Sees zwischen Eichen und einigen großen Feigenbäumen auf. Hier wachsen Kapernbäumchen (*Capparis sepiaria*), aber Kapern ernten wir keine. Direkt neben unserem Zelt wächst ein Zahnbürstenstrauch (*Salvadora persica*). Oft habe ich Afrikaner gesehen, die auf der Straße im

Gehen mit so einem Zweigstück, dessen Ende bürstenartig ausgefranst zurechtgekaut ist, ihre Zähne putzen. Wie Afrikaner zur Wahl gerade dieses Strauches gekommen sind, ist unbekannt. Pflanzenchemiker haben nachgewiesen, dass sein Holz keimhemmende Substanzen und einen hohen Fluoridanteil enthält. Ein hoher Baum trägt ein großes Schreiseeadlernest. Genau vor einem Jahr habe ich hier ein Paar gesehen und andere auf sein Rufen antworten hören. Jetzt aber sehen wir die Vögel nicht. Sie heißen zwar im Englischen *fish eagle*, schlagen aber hier am Bogoria-See, der keine Fische hat, Wassergeflügel, vorwiegend Flamingos. Sie holen sich nach Leslie Browns Beobachtungen jeden zweiten oder dritten Tag einen, oft unter zwei Jahre alten, noch grau-weißen Jungvogel, der in der rosafarbenen Masse leichter anzuzielen ist.

Herr Warnholz, auf Exkursionen ihr Landrover-Chauffeur, legt sich mit seinem Ein-Mann-Zelt quer vor Lokis Zelteingang. In der Nacht bleibt es windstill und im Zelt trotz seiner Gazeflächen unangenehm schwül. Die Morgentoilette zelebrieren wir textilfrei in einer Naturbadewanne aus Lavakies, die ein kleiner Zufluss zum See angenehm passend temperiert durchströmt. Untermalt vom ungeordneten Kakel-Chor einer Rotohrbartvogel-Familie (*Trachyphonus erythrocephalus*) beäugen uns aus einer Akazie aufmerksam Paviane und im Vorbeiziehen ein Trupp Meerkatzen.

Gegen neun Uhr erschallen hinter unseren Zelten laute trompetenartige Töne. Am Rande des Wäldchens entlang zieht eine Afrikanerprozession, angeführt von einem Kuhhornbläser und sechs- bis achtjährigen Knaben in grüner Schulkleidung. Ihnen folgen etwa 15-Jährige in übergestülpten Säcken. Sie tragen auf der Schulter einen Stock mit angehängter Kalebasse, singen eintönig rhythmisch. Um ihre Knöchel gebundene Glöckchen erzeugen mit jedem Schritt Schellenklänge. Ein zweiter Kuhhornbläser geht hinterher. Alle ziehen davon in den Wald. Aber gleich darauf kommen die größeren allein wieder zum Vorschein, laufen singend Kreise und Achterschlingen in der Sonne und verschwinden dann endgültig. Vermutlich gehört das zu einer Einweihungsfeier in einem Buschcamp.

Unter strahlend blauem Himmel bieten rosafarbene Wolken fliegender Flamingos über den heißen Quellen und Fumarolen einen wundervollen Blick. Wie um das Schauspiel zu krönen, macht hoch in der Luft ein rufendes Schreiseeadler-Paar auf sich aufmerksam. Zunächst kreist er über ihr, senkt sich dann zu ihr, sie legt sich auf den Rücken und streckt ihm die Füße entgegen; die ergreift er mit den seinen, und dann hält sich das Paar an den Füßen und kreist gemeinsam radschlagend vom Himmel. Auch dieses spektakuläre Flugmanöver, wie schon die erwähnten Rufduette und Kopulationen, vollführen Adlerpaare unabhängig vom Brutgeschäft das ganze Jahr über.

Tagebuch: Abschied vom Land voll Milch und Honig

Dann geht es zurück nach Nakuru. Ich möchte mich wegen weiterer Forschungen mit John Hopcraft unterhalten und fahre mit ihm querfeldein durch eine kahle, aber atemberaubend schöne Landschaft. Als er den Wagen geschickt und bedächtig eine grobsteinige Geröllhalde hinunterlenkt, habe ich freien Blick nach vorn auf die rötliche Dornbuschsteppe, die mir so sehr gefällt. Drei Kinder treiben ihre Ziegen vor sich her und winken uns zu. In mehreren dürren Bäumen liegen hohle Stammstücke als Behausungen für wilde Bienenvölker. Wieder und wieder fallen graubraune Wanderheuschrecken auf die Motorhaube und hupfen von da weiter. Es war ein solches Land, in das einst Mose das auserwählte Volk geführt hat. Es bietet Nahrung, die ohne Zubereitung genossen werden kann, vor allem Ziegenmilch und Bienenhonig. Da es Jahwe war, der dem auserwählten Volk den Weg wies, stellen wir uns unter einem biblischen „Land, das von Milch und Honig fließt", eine wesentlich paradiesischere Gegend vor. Aber damals saßen in den fruchtbaren, wasserreichen Tälern die Philister, wie heute hier die weißen Siedler. Die Israeliten mussten zunächst mit der Trockensteppe vorlieb nehmen, wie hier heute die afrikanischen Hirtenvölker. Auch Johannes der Täufer ernährte sich ja von Heuschrecken und wildem Honig. Jäger und Sammler waren auch die ersten Menschen, die auf der Suche nach Nahrung durch Kenia wanderten. Sie wurden von später einwandernden Stämmen verdrängt oder assimiliert. Eine Kikuyu-Legende erzählt von Pygmäen, die in Wäldern lebten, als die Kikuyu langsam einwanderten. Die Ndorobo, ein kleiner Stamm, jagt noch heute mit Pfeil und Bogen und sammelt in traditioneller Weise Honig; sehr wahrscheinlich sind sie Nachkommen dieser frühen Menschen.

In Nakuru angekommen, sind mehrere Tonbänder mit Vogeldialekten und Duettgesängen unsere Ausbeute. Loki hat ihre Pflanzensammlung durch *Kanahia laniflora* bereichert, ein weiteres Schwalbenwurzgewächs mit glykosidhaltigen Wurzeln und Samen. Der flach wachsende, weiß blühende Strauch stand regelmäßig in trockenen Flussbetten.

Am vorletzten Tag in Nakuru fahren wir durch die Stadt zur Bahnstation, die hier nahe am See und am Fuß des erloschenen Menengai-Kraters um 1900 für die Ugandaeisenbahn erbaut wurde, die vom Indischen Ozean her kam. Der Masai-Name *Nakurro*, „Ort der Staubteufel", erhielt da wohl eine zweite Bedeutung. Am Gefängnis vorbei überqueren wir die Bahngleise und klettern hinauf zum Menengai-Krater. Seine Flanken sind mit Gras und niedrigen Kräutern und Büschen, die hinabführenden tiefen Rinnen dicht mit Bäumen bewachsen. Knapp vor dem Gipfel öffnet sich in einer Rinne eine recht große Hallenhöhle mit weichem, sandigem Boden. Tief drinnen in den Kuppeln und Kolken an der Decke hängen Gruppen von Flughunden. Sie sind selbst im Licht unserer starken Stablampe kaum von der dunklen Wandung zu unterscheiden. Aber ihre Augen leuchten am Höhlenhimmel auf wie paarig geordnete Sterne.

Der Kraterrand liegt 2278 m hoch und bietet einen eindrücklichen Blick sowohl in die Umgebung wie auch auf den 11 km entfernt gegenüberliegenden Kraterrand und 450 tief in den Krater selbst. Hier oben hören wir Tauben, Honiganzeiger und Orgelwürger rufen. Wir picknicken neben meterhohen *Protea kilimandscharica*. Der Massai-Name „Menengai" bedeutet „Ort der Leichen" und bezieht sich auf einen Sieg der Naivasha-Massai über die Laikipia-Massai, die über den Berghang hinabgedrängt wurden.

Unterdes scheinen die frustrierten Reporter in Kenia herumgesucht zu haben und kommen jetzt noch einmal nach Nakuru, gerade als wir nach Nairobi zurückfahren wollen und Loki sich von Herrn Mburugu verabschiedet. Sie muss auf der Stelle viele Fragen beantworten und für Fotos stillehalten.

In Nairobi besuchen wir im Museum den Botaniker Dr. J. B. Gillett, der von Lokis Zeichnungen und Aufzeichnungen begeistert ist. Mit dabei ist auch ein netter älterer Herr, Peter Bally, der seit 45 Jahren am Museum ist, jetzt privatisiert und aus der „alten Zeit" von vor 23 Jahren erzählt, als Elefanten noch keine Baobabs anfraßen. Das haben sie sich erst in neuerer Zeit angewöhnt. Sie meiden aber bis heute den 20 m hoch im Akazienbuschland häufigen falschen Mahagoni-Baum (*Melia volkensii*), der jedoch bei Giraffen beliebt ist. Ebenso bei Pflanzenchemikern, denn Extrakte aus den Samen wirken als Insektengifte, die das Larvenwachstum von Heuschrecken und Stechmücken hemmen.

Vom Museum fahren wir ins InterContinental-Hotel zu einem Abschlussessen. Als wir wieder das Hotel verlassen, ist trotz helllichten Tags die linke hintere Tür am Landrover aufgebrochen. Das Badezeug von Loki und eine Jacke von Herrn Warnholz sind verschwunden, ebenso ein Teil der Sammlung mit einigen Pflanzenbeschreibungen, nicht jedoch eine offen liegende Kamera – wir haben offenbar die Diebe gestört. Wenig entzückt fährt Loki weiter zu Heimsoeths. Wie die Zeitung meldet, gibt sie am nächsten Tag „um 17 Uhr Ortszeit in der deutschen Botschaft zum Abschied eine Pressekonferenz und fliegt nach Mitternacht mit Kapitän Pantleon am Steuer im Non-Stop-Flug (LH 541) nach Frankfurt zurück". Sie verpasst ein Nachspiel.

Apropos Sicherheit

Die Kenianische Security hatte beschlossen, während des Aufenthalts von Frau Schmidt nachts am Haus in Nakuru einen bewaffneten Polizisten zu postieren. Er sollte zu Anbruch der Dunkelheit kommen und morgens wieder abziehen: „Ganz unauffällig!" Daran hielt er sich; er tauchte nämlich nach der ersten Nacht nicht wieder auf. Passiert ist ihr trotzdem nie etwas, aber zu allerletzt doch noch.

Tagebuch: Verschwundenes Auto

Nach Lokis Abschied besucht uns am Abend Hendrik Hoeck aus der Serengeti, der dort als mein Doktorand an Klippschliefern gearbeitet hat. Seinen Landrover mit der amtlichen Aufschrift „Serengeti Research Institute" parkt Hendrik ebenfalls vor dem InterContinental-Hotel. Wir gehen chinesisch essen, kommen gegen 22 Uhr zurück, und der Landrover ist weg. Der eigens angestellte Watchman ebenso wie der Security-Officer vom Hotel beteuern eher zag- als glaubhaft, nichts bemerkt zu haben. Die Polizei wird benachrichtigt und bittet Hendrik zur Wache. Ein Protokoll wird aufgenommen, die Streifenwagen in der Stadt werden benachrichtigt, und Hendrik soll heimgehen; er werde im Erfolgsfall sofort benachrichtigt.

Doch Hendrik ist in Kolumbien aufgewachsen und kennt sich aus. Er nimmt sich eins der vor dem Hotel wartenden Taxis und verspricht dem Fahrer 200 Shilling, wenn er sein Auto irgendwo wiederfindet. Hendrik hat nämlich den Tank mit einem Schloss gesichert und weiß, dass die Tankanzeige kaputt auf Null steht; also wird sich niemand getrauen, weit damit zu fahren. Sie streifen durch verdächtige, düstere Gegenden – und da steht der Landrover ARD 783 tatsächlich in einer Straße, auch hier beaufsichtigt von einem Wachmann, der angibt, der Wagen sei um 19 Uhr bei ihm abgestellt worden. Hendrik springt rein, startet, zwei dunkle Gestalten nähern sich, bleiben erschrocken stehen, und Hendrik braust los. Er überholt unterwegs mehrere Polizeistreifenwagen, die ihn unbehelligt lassen, und meldet seinen Wiederfund bei der Polizeiwache. Er wird empört angeschrieen, er hätte den Wagen stehen lassen und von der nächsten Telefonzelle die Polizei benachrichtigen müssen; wie leicht hätte er auf der Straße von Streifenwagen angeschossen werden können. Er darf den Wagen erst am nächsten Morgen nach erneutem Protokoll wieder mitnehmen. Stolz ruft uns Hendrik nachts um ein Uhr an: „Einem Kolumbianer stiehlt man nicht so leicht sein Auto!" Von nun an nimmt er in der Stadt den Verteilerkopf vom Motor und legt auf den Sitz einen Kasten, versehen mit Luftlöchern und der Aufschrift *„Poisonous Snakes"*.

Die Presse

Bereits vor 2000 Jahren waren Reporter unterwegs, damals am Jordan, zu Johannes dem Täufer: „Wir müssen denen, die uns gesandt haben, Auskunft geben. Was sagst du über dich selbst?" (Joh. 1,21). Was sie damals erfuhren, kann man bis heute in der Bibel lesen und glauben. Ebenso mussten Reporter 1976 der deutschen Öffentlichkeit Auskunft darüber geben, was die Frau des Bundeskanzlers in den vier Wochen ihrer Abwesenheit von der politischen Bildfläche gemacht hat. Mindestens 79 Zeitungen brachten kleine oder größere Artikel über die Hobbyforscherin Loki Schmidt. Manche Zeitung nahm das zum Anlass, noch mehr über das Leben der Frau, Mutter und Kanzlergattin zu berichten, die sich sonst sehr bescheiden im Hintergrund hielt.

Von den zahlreichen Presseberichten profitierte auch die Max-Planck-Gesellschaft, wie mir unser Präsident Lüst wohlwollend versicherte, der während aller unserer Loki-Reisen im Amt war. Schließlich sind Forschung und Wissenschaft auf Repräsentanz und Anteilnahme in der Öffentlichkeit angewiesen. Angeblich genügt es schon, überhaupt namentlich genannt zu werden, unabhängig von den Einzelheiten. Gerade diese interessierten uns aber. Wir fanden das, was moderne Reporter vom Nakuru-See berichteten, nicht ganz so über jeden Zweifel erhaben wie das ihrer biblischen Vorgänger vom Jordan.

Absichtlich hatten wir jedem Reporter gesagt, dass Frau Schmidt als Privatperson an dem Unternehmen teilnahm, dass sie Zelt und Wagen selbst gemietet und die ganze Reise, einschließlich Zelt, Bestimmungsliteratur, Pflanzenpresse und Verpflegung, selbst finanziert habe. Aber 61 der von uns gesammelten Presseartikel haben das verschwiegen und ungewollt den Eindruck erweckt, sie sei von unserem Institut bezahlt worden. Prompt wollten Leser wissen: „Warum und aus welchen Haushaltsmitteln wurde einer einfachen Volksschullehrerin eine Blumenreise finanziert?" Der Bund der Steuerzahler fragte, wenn schon Professor Wickler die Kanzlersgattin für vier Wochen als Hilfskraft in eine Expedition nach Ostafrika einspannt: Wer bezahlt das? Gottfried Borngräber aus Nordenhaus insistierte bei unserer Verwaltung: Wie hoch war der Forschungsauftrag dotiert? Welche Qualifikation hat Frau Schmidt nachgewiesen? Warum ging der Auftrag nicht an eine junge, strebsame Botanikerin, die nicht so viel in der Welt herumkommt? Hätte Frau Schmidt den Auftrag auch bekommen, wenn sie nicht Gattin des Bundeskanzlers gewesen wäre? Jemand forderte den Bundesrechnungshof auf, zu prüfen, ob für die Frau des Bundeskanzlers besondere Wohnräume angemietet wurden. Alle konnten beruhigt werden. Tatsächlich war der ganze Finanzierungsplan mit der Eigenfinanzierung von Frau Schmidt zunächst innerhalb der Max-Planck-Gesellschaft und dann auch vom Bundesrechnungshof überprüft worden. Als Frau Doris Kaiser aus Stuhr mir schrieb, sie möchte auch mal eingeladen werden, habe ich nicht abgelehnt, sondern ihr die Bedingungen genannt, die auch für Loki galten; daraufhin kam keine Antwort mehr.

Verständlicherweise fehlt es vielen Vermittlern an Zeit, jedoch leider mitunter auch an Sorgfalt. Oft ging es vor allem um packende Schlagzeilen. Eine Illustrierte wünschte wenigstens authentische Fotos; Frau Schmidt in einem Sumpf kriechend und in gefährlicher Situation, „möglichst Farbbilder, die was hergeben; Texte schreiben unsere Herren". Erfunden wurde eine „primitive Strohhütte: einen Monat lang die Welt, in der sich Loki Schmidt bewegte" mit (getürktem) Exklusivfoto. In Kenia fand die Arbeit von Frau Schmidt eine ungewöhnlich gute Presse. *The Standard* berichtete korrekt und dreispaltig und nannte Loki „Eine Dame mit Verstand und beeindruckender Persönlichkeit". Für die Wissenschaft bedeutsam sind drei für das Nakuru-Gebiet neue Pflanzenarten, die Frau Schmidt gefunden hat. Außerdem ist sie verdientermaßen Koautorin einer unserer Institutspublikationen.

3
Galápagos

Nach den beiderseits sehr guten Erfahrungen auf der Keniareise bot Loki an, uns wieder auf einer Wissenschaftsreise zu begleiten. Einmal im Jahr wünschte sie sich Forschungsurlaub vom Bonner Dienstalltag, wo sie, umgeben von Glas und Sicherheit, sich oft wie unter einer Käseglocke eingefriedet fühlte. Wir schätzten ihre leidenschaftliche Mitarbeit, und so schlug ich ihr vor, Anfang 1977 mit nach Galápagos zu kommen.

Schon am 29. Januar 1977 schrieb *Die Welt*: „Jetzt bricht Wickler zu einer neuen Expedition auf, und wieder soll ihn Loki begleiten". Sie sollte nicht, sie wollte. Auch das Hamburger Abendblatt hatte davon Wind bekommen und erklärte seinen Lesern, dass auf Galápagos die Darwin-Finken leben: „Diese Vogelart gab dem Anthropologen Erasmus Darwin (1731–1802) den Anstoß zu seiner Evolutionstheorie". Solche Journalistenweisheit fand Loki unterhaltsam. Erasmus Darwin kannte nämlich diese Finken gar nicht. Er war der Großvater von Charles Darwin und bereits dreißig Jahre tot, als sein Enkel nach Galápagos kam. Keiner von beiden war Anthropologe. Und für Charles' Evolutionstheorie waren die Darwin-Finken dann auch nicht der zündende Funke.

Loki begleitete uns also im Februar 1977 zu einem Besuch der Galápagosinseln. Sie wusste: „Soviel war mir klar – die Galápagostour würde anstrengender als Kenia werden". Aber vielleicht auch spannender. Schließlich ist dieser Archipel erst in relativ junger Zeit als ein Freilandlabor zur Beobachtung evolutiver Vorgänge berühmt geworden, ein Paradies der Evolutionsforschung.

Inselgeschichte

Der Archipel liegt auf der nördlichen Kante der Nazca-Platte, die sich langsam nach Osten auf die Südamerikanische Platte zubewegt, jährlich etwa neun Zentimeter. Die Südamerikanische Platte bewegt sich jährlich etwa fünf Zentimeter westwärts. Beide Platten stoßen auf dem Äquator, 1000 km vor der Küste Südamerikas, in einer Art Zeitlupen-Kollision aufeinander. Vor drei Millionen Jahren hoben sich dabei vierzehn größere und über 100 kleinere bis winzige Spitzen unterseeischer Vulkane aus dem Pazifischen Ozean und formten auf 7800 km^2 verteilte Inseln. Viele tragen noch ihre Geburtsvulkane, einige davon sind bis heute aktiv. Auf eine solche Vulkaninsel stieß am 10. März 1535, vom Unwetter verdriftet, der damalige Bischof von Panama, Tomás de Berlanga, der verzweifelt nach Trinkwasser für die Heimfahrt suchte. Der spanische Pirat Iego de Rivadeneira nannte den unvermutet weit draußen im Ozean liegenden Archipel *Islas Encantadas* („Verzauberte Inseln"), weil die umgebenden starken Strömungen den Eindruck vermittelten, sie änderten immer wieder ihre Lage. Abraham Ortelius, ein flämischer Kartograf, gab ihnen schließlich

1574 den heutigen Namen, abgeleitet vom hochgewölbten Panzer der Riesenschildkröten (spanisch *galápago* = Wulst-sattel). Im Jahre 1709 kam der Schotte Alexander Selkirk kurz zu den Inseln, nachdem er vier Jahre und vier Monate einsam als Schiffbrüchiger auf der Insel Juan Fernandez zu-gebracht hatte, bis er schließlich vom Piratenkapitän Woo-des Rogers gerettet worden war. Daniel Defoe hat Selkirks Schicksal zum Buch „Robinson Crusoe" verarbeitet.

Das weitere Schicksal der Galápagosinseln bestimmten Piraten und ab 1800 Walfänger, die hier im 17. und 18. Jahrhundert Stützpunkte hatten. Beide Berufsgruppen nutzten, was da lebte, als Proviant und Reisevorrat. Im September und Oktober 1835 war Charles Darwin hier und besuchte vier der Inseln. Darwin hatte, bevor er die fünf-jährige Reise mit der Beagle antrat, einen Anlauf zum ordi-nierten Landgeistlichen der Church of England genommen und das Studium der Theologie mit einem Examen abge-schlossen. Zwar mockierte er sich über seinen anglikani-schen Kollegen William Whewell, weil der fest davon über-zeugt war, „die Länge des Tages sei auf das Schlafbedürfnis des Menschen zugeschnitten"; aber auch er verstand die Natur selbstverständlich als Schöpfung Gottes zum Besten des Menschen. Entsprechend wunderte er sich über diese tropischen Inseln „so völlig nutzlos für den Menschen oder die größeren Tiere". Zunächst wollte er nicht glauben, was der Vize-Gouverneur Lawson ihm erzählte, nämlich dass man zu jeder der hier lebenden Galápagosschildkröten angeben könne, zu welcher Insel sie gehört, weil sie ganz verschieden aussähen. Bald aber begann er sich doch über merkwürdige Unterschiede der hier anzutreffenden Pflan-zen, Vögel und Reptilien zu wundern: „Ich hätte mir nicht träumen lassen, dass Inseln, die nur 50 oder 60 Meilen voneinander entfernt und oft in Sichtweite voneinander liegen, alle aus genau demselben Gestein, unter genau gleichem Klima und ungefähr gleich hoch, so verschiedene Bewohner haben … Ein höchst bemerkenswertes Faktum in der Verbreitung von Organismen". Was hinter diesem höchst bemerkenswerten Faktum steckt, nämlich die Entstehung neuer Arten im Laufe der Evolution durch geografische Trennung und natürliche Auslese (*The Origin of Species by Means of Natural Selection*), wurde ihm erst allmählich in England klar. Dann, 1859, hob er mit seiner Evolutionstheorie das damals gültige (und von einigen Unbelehrbaren bis heute verteidigte) Weltbild aus den Angeln.

Für dieses Unternehmen spielten jedoch die nach ihm benannten und berühmten Darwin-Finken nicht die Hauptrolle. Er hatte zwar Finkenbälge gesammelt, aber nicht nach Fundorten sortiert. Nur die Spottdrosseln, die er auf den vier Inseln geschossen hatte, hatte er getrennt gehalten und bemerkte: „Jede Varietät ist auf ihrer eigenen Insel konstant". Die über die Inseln verteilten Varietäten von Pflanzen, Vögeln und Schildkröten fand er merkwürdig und meinte zunächst, es handle sich um unerhebliche Anomalien. Deshalb gingen auf der Weiterreise die Panzer von den dreißig zum Verzehr mitgenommen Schildkröten über Bord. Erst 1837, als der Ornithologe John Gould die gesammelten Finkenbälge in dreizehn verschiedene Arten mit unterschiedlichen Schnabelformen eingeteilt hatte, notierte Darwin in seinem Tagebuch, es müsse sich wohl so etwas wie Evolution an diesen Vögeln, und warum dann nicht an allen Lebewesen, abgespielt haben.

Als äußerst wichtig für Darwin erwies sich seine enge Freundschaft mit dem Botanikprofessor Reverend John

Stevens Henslow, an dessen Botanikexkursionen und Freitagabenddiskussionen über Naturgeschichte er in Cambridge schon vor der Reise regelmäßig teilgenommen hatte. Henslow war es auch, der seinen Lieblingsschüler Darwin an Robert FitzRoy, den Kapitän der Beagle, vermittelte.

Henslow lehrte viele naturbegeisterte Studenten das systematische Sammeln und Ordnen von Lebewesen aller Art. Der von ihm angelegte Botanische Garten der Universität Cambridge ist bis heute nach pflanzensystematischen Gesichtspunkten unterteilt. Wie Darwin brachten auch manche seiner Schüler ihre Sammlungen zu Henslow nach Cambridge. Besonders reichhaltige Sammlungen kamen von der Mittelmeerinsel Madeira, die damals als Lungenkurort hoch im Kurs stand. Thomas Vernon Wollaston zum Beispiel fand unter den Käfern Madeiras viele endemische (d. h. nur hier vorkommende) Arten, die flugunfähig sind, fand aber keine der großen auf dem Festland besonders flugtüchtigen Arten. Wie Badegäste an allen Küsten bis heute feststellen können, werden fliegende Käfer in vielen Teilen der Welt häufig ins Meer geweht und gehen zugrunde (wenn sie nicht von mitleidigen Kindern am Strand gerettet werden). Die Erklärung liegt nahe, dass Käfer mit verkümmerten Flügeln auf kleinen Inseln den Vorteil haben, nicht vom Sturm aufs Meer geblasen zu werden, sondern sich ungehindert fortpflanzen zu können. Umweltfaktoren spielen also für die Angepasstheit der Lebewesen eine Rolle. Charles James Fox Bunbury, ein leidenschaftlicher Botaniker, verglich die Pflanzen Madeiras mit denen auf dem Kontinent und fand auch hier eigenständige Weiterentwicklungen auf der Insel. Obwohl Darwin nie auf Madeira war – die Beagle konnte wegen eines Unwetters dort nicht anlegen – stammten schließlich die meisten biologischen Belege, mit denen er seine Theorie untermauerte, von Lebewesen auf Madeira. In seiner Korrespondenz zwischen 1855 und 1861 häufen sich die Madeirathemen. Mein ehemaliger Doktorand Thomas Dellinger, der selbst auf Galápagos gearbeitet hat und jetzt als Professor an der Universität Madeira lehrt, machte aus Anlass des Darwin-Jahres 2009 diese Evolutionsverbindung zwischen Madeira und Galápagos ausfindig.

Beim Vergleich der Lebewelten verschiedener Inselgruppen bemerkte Darwin, dass zwar die Kapverdischen und die Galápagosinseln einander in Beschaffenheit und Klima sehr ähnlich, aber in ihrer Fauna und Flora sehr verschieden sind. Diese ähnelten den Formen des jeweils nächstgelegenen Kontinents, waren aber nicht mit ihnen identisch. Die Lebewesen, die sich im Galápagosarchipel angesiedelt haben, kamen vom südamerikanischen Festland, manche als Wanderer, sofern sie fliegen oder schwimmen konnten, die anderen als Natur-Schiffbrüchige. Letztere vor allem gründeten, von ihrer Herkunftsheimat abgeschnitten, eigenständige Populationen, die sich unbeeinflusst von ihren Stammverwandten zu neuen Arten entwickelten. Ekuador hat bereits 1934 diese im Wortsinn eigen-artigen Organismen vorbildlich unter Schutz gestellt. Aber im Zweiten Weltkrieg diente zum Beispiel die Insel Baltra als militärischer Stützpunkt und wurde von der Besatzung zwischen 1948 und 1954 aus Langeweile leergeschossen. Auch vom reichen Bestand an Landleguanen, den William Beebe 1923 dort angetroffen hatte, blieb kein Tier übrig. Glücklicherweise waren einige wenige Landleguane 1932 zur kleinen Nachbarinsel Seymour gebracht worden, und von dort konnte diese Art neuerlich nach Baltra repatriiert werden.

Irenäus Eibl-Eibesfeldt, mein Freund und Kollege am Institut in Seewiesen, begleitete schließlich 1953 den Abenteurer Hans Hass auf dessen großer Fahrt mit der Xarifa in die Karibik auch zu den Galápagosinseln, war fasziniert von allem, was er in diesem natürlichen Ökosystem sah und setzte sich geschickt und zäh für dessen Erhaltung ein. In einer Denkschrift unterbreitete er 1955 der UNESCO und der IUCN seine Vorschläge, die ganze Inselgruppe zur Erhaltung der bedrohten Fauna und Flora zum Schutzgebiet zu erklären und dort eine biologische Station einzurichten. Im Auftrag der UNESCO bereiste er 1957 erneut den Archipel, und 1959 wurde die Charles-Darwin-Forschungsstation (CDRS) gegründet, nahe dem Dorf Puerto Ayora an der Academy Bay auf der Insel Santa Cruz. An der Station finanzierte die Max-Planck-Gesellschaft von 1962 bis 1968 für die Forschung einen Arbeitsplatz. Da andere Institute daran nur geringes Interesse bekundeten, lehnte die Deutsche Forschungsgemeinschaft eine Mitfinanzierung ab. Mir schien jedoch Galápagos für die Freilandanalyse von Verhaltensanpassungen ideal geeignet. Ich sollte deshalb für die Max-Planck-Gesellschaft herausfinden, ob sich das Anmieten eines festen Arbeitsplatzes für längerfristige Arbeiten wenigstens meines Instituts rechtfertigen ließe. Das war der Hauptzweck der Reise im Jahr 1977; Loki Schmidt mit von der Partie zu haben, konnte auch biopolitisch nur von Vorteil sein.

Tagebuch: Quito, Bogota

Am 4. Februar sind Uta und ich mit Loki auf dem Flughafen von Bogota verabredet. Wir kommen von Mexiko, nach Vorträgen an der dortigen Universität, sind allerdings knapp eine Stunde verspätet. Weil Bogota wegen Nebel zunächst nicht anfliegbar ist, müssen wir außerplanmäßig in Olaya Herrera, dem Flughafen von Medelin, zwischenlanden. Der Anflug durch ein langes, enges Tal, tief zwischen hohen Bergen, ist sehr kurvig und – na sagen wir mal – spannend. Die Tragflächen scheinen in Sturmböen vogelähnlich zu schlagen und mit ihren Außenenden mitunter fast eine steile Bergwand zu streifen. Medelin ist eine Orchideenzüchterstadt. Vor dem Flughafengebäude stehen denn auch üppige Orchideen in Tonschalen. Falsche Pfefferbäume hängen voller Tillandsien, bunte Schmetterlinge umflattern Blüten und eine Bronzetafel. Die verkündet denen, die gut gelandet sind, dass hier kürzlich in einer sturmgeschüttelten Bruchlandung eine ganze Fußballmannschaft ums Leben gekommen ist. Nachts ist dieser gefährliche Flughafen geschlossen.

Endlich in Bogota angekommen, fischt uns Lokis begleitender Personenschutzbeamter, diesmal Ernst Otto Heuer, aus dem Gewimmel und führt uns in den VIP-Warteraum zum Treffen mit dem Botschafter von Kolumbien. Nach kurzer Höflichkeit fliegen wir weiter und sind mittags in Quito. Wieder ein großer Bahnhof mit Filmkameras und Blumen. Botschafter Rolf Nagel samt Frau und Botschaftspersonal empfangen uns. Gepäck und Pässe schleust der örtliche Lufthansavertreter durch, und dann werden wir zum Interconti-Hotel gefahren, das wunderbar an einem Berghang liegt. Herr Heuer, Kriminalhauptkommissar, Karate- und Judomeister, seit 26 Jahren bei Schmidts, entpuppt sich als sehr angenehmer, interessierter Begleiter. Wir bleiben jetzt nur für einen Tag in Quito; ausführlicher werden wir die Stadt auf dem Rückweg besuchen.

Im Garten des Interconti-Hotels schwirren Kolibris umher, stehen im Flug still, eilen weiter, schnappen Insekten aus der Luft und halten vor Blüten an. Ein sehr langschwänziges *Lesbia*-Männchen verjagt alle Interessenten von „seinen" Blütenständen, aber einem Weibchen, mit dem er erst kopuliert, wird der Blütenzugang gestattet. Solche Form von weiblicher „Prostitution", auch außerhalb der Brutsaison, ist besonders vom Granatkolibri (*Eulampis jugularis*) auf den Kleinen Antillen bekannt. Voraussetzung für diese Taktik ist eine begrenzte Ansammlung von attraktiven Blüten, die ein Männchen erfolgreich und mit erträglichen Kosten gegen einzeln ankommende Interessenten verteidigen kann. Kolibris – übrigens auch nektarfressende Zuckervögel und Nektarvögel – im zeitweiligen Besitz einer Nahrungsressource können deren Ertrag und die anfallenden Verteidigungskosten recht genau abschätzen. In Ostafrika zum Beispiel haben wir den dort häufigen Sichel-Nektarvögeln (*Nectarinia reichenowi*) in ihren *Leonotis*-Gärten zugesehen. Diese meterhohe Pflanze hat etagenweise angeordnet kugelförmige Blütenquirle, an denen meist nur je ein „Breitengrad"-Ring orangefarbener Blüten offen zum Besuch einlädt. Gibt es mehr davon, als der Vogel ausnutzen kann, erspart er sich die Verteidigung; gibt es zu wenige, sucht er sich eine andere *Leonotis*-Stelle.

In Quito besuchen wir auf dem 3000 m hohen Panesilio („das Brötchen") den großen Metallengel, der über der Stadt wacht. Er ist die Nachbildung eines Engels am Altar der hiesigen Franziskuskirche und in Teilen aus Spanien herbeigeschafft. Auf seiner Hinterseite sind zwei offene Klappen zu sehen; sie wirken wie Stigmen, die Atemöffnungen großer Insekten (atmen Engel durch Tracheen?). Nachmittags auf der Fahrt zum Äquatordenkmal sehen wir, wie trocken das Land ist. Selbst oben an den Hängen, wo kleine Bäche abwärts fließen, ist das besonders nahrhafte

Alfaalfa-Gras (*Phleum pratense*) dürr und wird gerade mit kräftiger Rauchentwicklung abgebrannt, um nachwachsendem Junggras Platz zu schaffen.

Genau auf dem Äquator, neben dem Pichincha-Vulkan, der das letzte Mal im 16. Jahrhundert ausgebrochen ist, liegt das kleine Dorf St. Antonius di Pichincha. Die aneinandergereihten Häuser und die Straße samt Lampen und Pflaster stammen noch aus Quitos Gründungsjahr 1534. Alles muss deshalb unverändert bleiben. Die Häuser müssen auf Anordnung des Bürgermeisters außen weiß sein, die Fensterrahmen und Türen blau – eine spanische Sitte gegen nächtliche böse Geister oder, wie im ganzen Mittelmeerraum, gegen den bösen Blick. Rings um das Dorf blühen Lantana und wachsen Eukalyptuswälder, angebaut für Bauholz. Aus Sisal fertigen die Einwohner Säcke, Seile, Püppchen und Sandalen.

Eine alte Frau führt uns durch eine Kerzenmacherei. Schmale, 30 cm lange Kerzen sind rings mit riesigen bunten Flügelblumen geschmückt. Das uralte Haus enthält unten fünf Kabinen; sie bilden das öffentliche Warmbad (ein Bad für 35 Pfennige), beheizt durch nebenan überm Holzfeuer liegende Wasserfässer. Das Haus ist seit 400 Jahren von 16 Generationen derselben Familie bewohnt. In einem anderen alten Indiohaus zeigt man uns den großen Dreibett-Schlafraum mit Herz-Jesu-Bild an der Wand und einer Singer-Nähmaschine mit Tretantrieb. Nebenan in der schwarzgeräucherten Küche tummeln sich Meerschweinchen (Zuchtformen von *Cavia porcellus*). Von diesem Frischfleischvorrat werden uns einige als Delikatesse aufgetischt, von Nase bis Schwanz längs halbiert und fein gebraten. Draußen beginnt ein Hupkonzert, weil unsere Wagen die schmale Dorfstraße versperren. Aber die Herren von der Polizei und der ekuadorianischen Sicherheit erlauben nicht, etwas zu unternehmen, bis wir wieder abfahren. Abends beim Botschafter Nagel sehen wir zur Einstimmung Heinz Sielmanns Galápagosfilm in spanischer Fassung.

Tagebuch: Santa Cruz

Von Quito nach Guayaquil fliegt uns die TAME über eine großartige Berglandschaft. Der Cotopaxi zeigt sich mit Schnee. In Guayaquil begrüßt und hilft uns beim Flugzeugwechsel der deutsche Konsul Lisken. Dann endlich landen wir, 950 km vom Festland entfernt, auf dem winzigen Flughafen der kleinen Insel Baltra. Gleich neben der Landebahn begegnen uns der kleine braune Grundfink (*Geospiza fuliginosa*), einer der Darwin-Finken, und Noddi Seeschwalben (*Anous stolidus*), schwarzbraun mit weißgrauer Kopfkappe. Ein flaches Fährboot setzt uns über den schmalen Wasserstreifen, der Baltra von der Stationsinsel Santa Cruz trennt. Dann bringt uns ein offener Landrover zur Charles Darwin Station. Offiziell sind wir zu viert, unerwartet jedoch zu fünft. Denn es stellt sich heraus, dass ein deutscher Journalist mitgeflogen ist, der – was in Kenia ja nicht klappte – über Lokis neue Abenteuerreise direkt aus nächster Nähe zu berichten beabsichtigt.

Wir beziehen Räume im einfachen Gästehaus der Station; Regenwasser ist zum Trinken reserviert, in der Dusche gegenüber ist es leicht brackig. Eine Orientierungsrunde durch die Insel soll einen botanischen Überblick bieten. Loki interessiert sich für den verschiedenen Pflanzenbewuchs der Inseln und für die Vegetationszonierung auf jeder Insel, von der Lavaküste bis ins Innere und gegebenenfalls aufs Vulkanbergland. Und sie möchte wissen, welche Gewächse welchen Tieren Nahrung bieten. Zwei Buben führen uns ins Gelände und warnen uns gleich zu Beginn vor dem Manchinelbaum (*Hippomane mancinella*), einem bis 10 m hohen Wolfsmilchgewächs. Die oberflächliche Ähnlichkeit seiner kleinen, grünen Früchte und Blätter mit denen eines Apfelbaums erklärt den spanischen Namen „*Manzanilla de la muerte*" (Äpfelchen des Todes), denn es ist einer der giftigsten Bäume der Welt; schon eine Berührung erzeugt Blasen auf der Haut.

Ein Fliegenschnäpper (*Myiarchus magnirostris*) begleitet uns ein Weilchen, landet auch mal kurz auf einer Schulter, als gelte es, die berühmte Inselzahmheit zu demonstrieren. Unübersehbar und sofort beeindruckend sind die Opuntienkakteen. Dieser Feigenkaktus (*Opuntia echios*) ist eines der Wahrzeichen von Galápagos. Auf getrennten Inseln verkörpern sechs Arten verschiedene Wuchsformen. Die mit Dornpolstern besetzten ovalflächig verbreiterten, grünen Sprossteile besorgen die Photosynthese. Auf Inseln ohne Schildkröten können sie flach kriechen oder aufrecht direkt auf dem Boden stehen. Hier auf Santa Cruz, wie auf Baltra, ragen die grünen Teller der Variation *gigantea* auf dicken Stämmen hoch zum Himmel, vermutlich zum Schutz vor Riesenschildkröten und Landleguanen. Vor uns auf fast kahlem Boden stehen die dickstämmigen Opuntienbäume wie Gruppen von Denkmälern. Sie wachsen langsam, die fast zehn Meter hohen sind vielleicht hundertjährig, haben aber unter der dünn abschilfernden rötlichen Borke kein echtes Holz, sondern ein dick längsfaseriges Lamellengeflecht, mit dem sie Regenwasser aufsaugen. Wir beobachten Darwin-

Finken, die ihre Schnäbel dort hineindrücken – lutschen sie Wasser heraus? Aus einer gelben Opuntienblüte startet eine große schwarze Holzbiene (*Xylocopa darwinii*) und prallt genau gegen meinen Kopf – wohl nicht aus Zahmheit. Es war ein Weibchen; die zugehörigen Männchen sind gelb. Diese Biene ist hier die einzige nicht-soziale Bienenart. Ebenso auffällig wie die Opuntien sind an der Küste von Puerto Ayora die über sechs Meter hoch ragenden, zum Teil verzweigten und kräftig bedornten Galápagos-Säulenkakteen (*Jasminocereus thouarsii*). Ihre walzenförmigenen, tief längs gefurchten Stammstücke ähneln überdimensionalen Gurken.

Ab 200 m hügelaufwärts geraten wir in feuchten *Scalesia*-Wald (*Scalesia pedunculata*). Das Geäst der über zehn Meter hohen, luftigen Baumkronen ist besetzt mit einem dicken Bewuchs von Moosen, Farnen, Bartflechten (*Usnea mexicana*), Tillandsien (*Tillandsia insularis*) und anderen Bromelien, mit Misteln (*Phoradendron henslovii*), *Epidendrum*-Orchideen und Zwergpfeffer-Formen (*Peperomia*), die wegen ihrer verschiedenfarbigen Blätter als Hauspflanze beliebt sind. An den Stämmen hinauf windet sich die endemische Passionsblume (*Passiflora conlinvauxii*). Am Boden gedeiht eine der zwei endemischen Galápagos-Tomaten (*Solanum galapagense*), die am besten keimen, wenn ihre Samen eine Passage durch den Verdauungstrakt von Spottdrosseln oder Schildkröten absolviert haben.

Der fruchtbare Boden der *Scalesia*-Zone wird von der Siedlung Bellavista aus landwirtschaftlich genutzt. Wir kommen durch eine Kaffeeplantage mit beschattenden Guaven (*Psidium*), Zedrelen (*Cedrela odorata*) und Trompetenbäumen (*Datura arborea*) voller weißer Blüten. Dichte Bestände von Chinarindenbäumen (*Cinchona pubescens*), die 1946 eingeführt wurden, um aus der Rinde das Antimalariamittel Chinin zu gewinnen – was nie geschah –, bilden eine Gefahr für die einheimische Flora und müssen nun mühsam wieder ausgerottet werden. Als Viehfutter eingeführt worden ist das hohe afrikanische Napiergras (*Pennisetum purpureum*), auch Elefantengras genannt, das immer weiter überhandnimmt. Eine Verwandte des Weihnachssterns (*Euphorbia cyathophora*), die in den Trockenzonen wuchert, wurde zur Zierde herbeigeschafft, ebenso für Hecken die Bergbrombeere (*Rubus niveus*), die jetzt scheußliche Dickichte bildet. Schon Darwin hatte bemerkt, dass auf Inseln manche eingeführten Gewächse besser als die einheimischen gedeihen und daraus geschlossen, dass Gott nicht jede Pflanze an ihren gedeihlichsten Ort gesetzt haben kann. Wir treffen ein handfestes Beispiel dafür in Form von Massen des als Zierpflanze importierten Wandelröschens (*Lantana camara*). Der deutsche Name beschreibt, dass ihre doldenartigen Blütenköpfchen mit dem Alter die Farbe ändern. Vögel fressen die Früchte, verbreiten die Samen und unterstützen so die aggresive Ausbreitung auf Kosten der einheimischen *Lantana peduncularis*. Umgekehrt scheint die Siedler die hier heimische Katzenklaue (*Zanthoxylum fagara*) besonders gestört zu haben, deren winzige, scharfe Dornen an Ästen, Zweigen und Blattansätzen sich überall festhaken. Aus den beschriebenen ehemals dichten Beständen finden wir nur noch wenige Vertreter.

In etwa 500 m Höhe kommen wir in den Bereich der fast undurchdringlichen, mehrere Meter hohen *Miconia*-Gebüsche (*Miconia robinsoniana*), bewachsen von braunen *Frullania*-Lebermoosen. Dazwischen wachsen die hohen Stämme der einheimischen Guave (*Psidium galapageium*),

Baumfarne (*Cyathea weatherbyana*) und Galápagos-Baumwolle (*Gossypium darwinii*). Loki ist in ihrem Element.

Wir schauen kurz zu, wie ein an Kopf, Brust und Unterseite scharlachrotes, an Rücken, Flügeln, Bürzel, Schwanz und Augenmaske braunschwarzes Rubintyrann-Männchen (*Pyrocephalus rubinus*) sein Junges füttert und sehen einen ersten Spechtfinken (*Camarhynchus pallidus*) kopfabwärts an einem Zweig turnen. Noch höher gelangen wir durch knie- bis hüfthohen Bewuchs in die Zone der Seggen (*Cyperus anderssonii*) und Farne. Am Grund von Farnwedeln sitzen kleine *Bulimulus*-Gehäuseschnecken. Oben in einem Adlerfarn (*Pteridium arachnoideum*) hat, seinen lateinischen Artnamen illustrierend, eine gelb gefleckte Dornspinne (*Gasteracantha servillei*) ihr Fangnetz gebaut. Stellen, auf denen gelb asterartig die endemische *Jaegeria gracilis* blüht, wechseln sich mit Flächen voller *Sphagnum*-Moos ab. In einem Schlammtümpel ruhen zwei Riesenschildkröten (*Geochelone porteri*) mit vielen Fliegen auf den Panzern. Eine noch größere entdecken wir auf dem Rückweg im Gebüsch erst, als sie sich fauchend in ihren Panzer zurückzieht. Auf ihrer Kriechspur liegen große hinterlassene Kotwülste.

Tagebuch: Start durch den Archipel

Zurück auf der Station bereiten wir unsere Fahrt zu anderen Inseln vor. Der mitgereiste Journalist hält unser Schiff, die Christo Rei I., im Auge, und Loki ist bei der Aussicht, dass wir nun auf dem Schiff ohne Ausweichmöglichkeit ständig belagert werden, den Tränen nahe. Doch die Christo Rei I.

liegt zwar gut vor Anker, hat aber angeblich einen kleinen Maschinenschaden. Flugs wird daraufhin die Christo Rei II. organisiert, ein nicht mehr ganz taufrisches, aber seetüchtiges Fischerboot. Mit dem lassen wir heimlich nachts um 2.00 Uhr den Hafen von Puerto Ayora samt Journalismus hinter uns.

Von nun an sind wir 14 Tage von Insel zu Insel unterwegs. Unser Kapitän, der Marinero, zugleich Schiffsjunge und Koch, weiß nicht genau, wen er an Bord hat. Für ihn sind Uta und ich ein Paar, und Herr Heuer gilt als Lokis Bräutigam. Unten im Schiffchen, wo es eng, stickig und schaukelig ist, gibt's zwei Räumlichkeiten: Die eine kombiniert Maschinenraum mit „Lieber-nicht-hinguck-Küche" – es schwimmt schon mal eine unserer zahleichen Schaben im Kakao. Doch soeben gefangene Fische und Langusten (*Panulirus*) kann der Käptn-Koch ausgezeichnet schmackhaft zubereiten. Er kocht auf einer Herdplatte auf dem Dieselmotor. Im Aufenthaltsraum nebenan steht in der Mitte ein großer Tisch, unter dem Vorräte verstaut sind. Entlang den Wänden halten jeweils zwei parallele Stahlrohre ein Segeltuch mit aufgelegter Matratze. Loki schläft in einer solchen Hängematte im engen Raum unter Deck. Uta und ich übernachten lieber im leichten Schlafsack auf Deck.

Wir sind am Äquator: Die Sonne geht um sechs Uhr unter und um sechs Uhr wieder auf. Zum Waschen dient seifenunfreundliches Meerwasser. Die Toilette ist ein Plumpsklo in den Ozean. Tagsüber halten wir uns unter einem Sonnensegel auf, das aber nur das grelle Licht von oben wegfängt, nicht das vom Wasser reflektierte. Loki, in T-Shirts, Jeans und knöchelhohen Leinenturnschuhen, spielt, wenn es nichts Aufregendes zu sehen gibt, mit Heuer Schach, so wie sie es daheim gern abends mit ihrem Mann macht. Ab und zu denkt sie auch an den gefoppten jungen Journalisten. „Der kriegt jetzt bestimmt zu Hause Ärger." Als Trost hat sie ihm dann nach unserer Rückkehr ein ausführliches Freiluftinterview zwischen Lavablöcken gegeben.

Española

Um unseren Galápagosplänen Substanz zu geben, hatte einer meiner Mitarbeiter, Fritz Trillmich (heute Professor in Bielefeld), mit seiner Frau Inka schon ein Jahr zuvor begonnen, das Sozialverhalten von Seelöwen (*Zalophus wollebaeki*) und Seebären (*Arctocephalus galapagoensis*) zu analysieren, was auf Galápagos besonders gut durchführbar ist, weil hier, anders als anderswo, die Tiere ortstreu sind und stets an dieselben Strandabschnitte zurückkehren. Da sie vor dem Menschen nicht fliehen, kann man sie individuell markieren und ihre Tätigkeiten über Monate und Jahre dokumentieren, kann ihnen Miniatur-Radiosender und elektronische Datenschreiber aufs Fell kleben, später wieder abnehmen und daraus die aufgezeichneten Zeiten auf See, ihre Schwimmgeschwindigkeiten und Tauchtiefen ablesen. Diese Geräte hatte Markus Horning, ein besonders pfiffiger Doktorand, zum Teil selbst gebastelt.

Tagebuch: Española

Zehn Stunden nach unserer heimlichen Abfahrt von Santa Cruz kommen wir bei Trillmichs auf Española an. Diese südlichste Insel des Archipels ist keine Vulkaninsel, sondern ein aus der See hochgedrückter, 14,3 km langer und 7,6 km breiter Lavastrom. Wir zelten direkt über der Flutlinie auf einem Sandplatz im Gebüsch, nah am Meer, bequem fürs morgendliche Bad und Zähneputzen. Wir stellen noch ein schräges Schattenzeltdach auf, denn die Insel bietet Schattenplätze nur sonnenstandsabhängig dicht an steilen Hängen, kaum unter dem niedrigen Buschwerk oder den kahlen, weißgrauen, wie dürre Skelette wirkenden Palo-Santo Bäumen (*Bursera graveolens*). Begeistert sind wir von der Furchtlosigkeit der Tiere. Sie haben kaum eine Fluchtdistanz. Gleich der erste Galápagos-Bussard (*Buteo galapagoensis*) ist streichelzahm. Zwei Cayenne-Nachtreiher (*Nycticorax violaceus*) schauen nicht uns zu, sondern andächtig ins Wasser. Nicht aus Zahmheit läuft uns ein zwanzig Zentimeter langer schwarzbraun glänzender Hundertfuß (*Scolopendra galapagoensis*) über die Füße. Unser Dachschatten lockt prompt recht aufdringliche Gäste an, Galapagos-Tauben (*Zenaïda galapagoensis*) und die hier endemischen Spottdrosseln, *Mimus macdonaldi*, die überall herumstöbern, Schachteln aufpicken und zu zerfasern versuchen, was einigermaßen schnabelgerecht ist. Nachts robben Seelöwenmütter mit ihren Kindern über die Zeltschnüre, schnaufen, legen sich außen an die Zeltwand und rufen „böööö" in die Gazefenster, die in der Schwüle als Lüftung wichtig sind und vor den sehr zahlreichen und stechlustigen Moskitos schützen.

Loki hat vom Botschafter einen breitkrempigen Sombrero geschenkt bekommen und trägt in der glühenden Tageshitze Jeans und langärmelige Baumwollblusen – ganz zünftige Botanikerin. Der kalte Humboldt-Strom macht zwar das Klima trotz Äquatornähe erträglich, aber in der Sonne wird es doch 50–60 °C heiß. Es ist die warme Jahreszeit, die ungefähr von Oktober bis Juni dauert.

Fritz führt uns in sein Freilandgebiet. Rechts und links von einem für Touristen gekennzeichneten schmalen Lavakies-Fußweg liegen viele Meerechsen. Im Unterschied zu anderen Inseln sind die Männchen hier viel bunter, haben kräftiges Rot auf den Flanken und einen grünen Rückenkamm. Auf Santa Cruz sind sie fast ganz schwarz, am Kopf etwas weißlich, auf dem Lavaboden so gut getarnt, dass man fast auf sie tritt. Ein Fußweg leitet uns an den Rand von Punta Suarez, einer tiefer liegenden Geröllfläche mit einer engen Felsspalte, aus der bei einlaufender großer Welle das Wasser fein zerstäubt hochfaucht – eine Erinnerung an die Geysire am Bogoria-See in Kenia. Die Sprühnebelschwaden über diesem Blasloch treibt der Wind immer in die gleiche Richtung an eine Klippenkante. Man schützt tunlichst Uhren, Kamera und Tonbandgerät. An einrahmenden Lavaklippen brüten linkerhand Blaufuß-Tölpel (*Sula nebouxii*) ohne Nest, rechts die an ihrem roten Augenring kenntlichen Schwalbenschwanzmöwen (*Creagrus furcatus*), die sich, begünstigt durch ihre riesigen Augen, nachts von der Meeresoberfläche kleine Fische und Kalmare (Calamari in Küchensprache) holen.

Aus einem Tümpel neben dem Blasloch bellt ein Seelöwenmann, einer von den vielen, die Fritz hier individuell markiert hat. Vor uns im Geröll liegen Jungtiere und warten auf die Rückkehr ihrer Mütter, mitunter eine Woche lang. Gegen Abend, als die Mütter kommen, eilen die Jungen ihnen entgegen. Ein wildes Rufen hebt an; jede Mutter erkennt ihr Kind an der Stimme, ebenso jedes Kind seine Mutter. Fritz kann das mit Tonbandaufnahmen vorführen. Ein besonders eifrig rufendes Kleinkind hat endlich seine Mutter gefunden und beginnt sein stundenlanges Trinken. Wenn es die Zitze wechselt, wird die frei gewordene noch feuchte sofort von Fliegen besetzt. Jede Mutter nimmt nur ihr eigenes Kind zu sich und beißt oder schleudert fremde weg. Dennoch versuchen es vereinsamte Kinder immer wieder, meist vergeblich. Eins, das schon vor zwei Tagen sehr schwach war, blökend umherirrte und dessen Schulterblätter spitz hervorragten, ist heute tot. Es wiegt nur halb so viel, wie es seinem Alter gemäß sollte. Das muss nicht daran liegen, dass die Mutter verunglückt ist. Wird eine säugende Seelöwenmutter erneut schwanger, dann bringt sie nach einem Jahr wieder ein Junges zur Welt, das nun der Rivalität des älteren ausgesetzt ist, das, obwohl es schon selbst zu jagen begonnen hat, erst im Alter von zwei oder drei Jahren völlig entwöhnt ist. Häufig wird das jüngste vom älteren verdrängt und geht zugrunde. In guten Jahren kann eine kräftige Mutter zwei Kinder aufziehen, aber ein offener Konflikt zwischen ihnen bleibt. Als ein Kleinkind eben an seiner Mutter zu trinken beginnt, sehen wir ein älteres herankommen. Die Mutter ruft laut und schnappt nach ihm, das ältere ruft auch und versucht mit seinem offenen Maul mit gespreizten Vibrissen an und in das Maul der Mutter zu stoßen; das kennen wir als beschwichtigende Grußgeste. Aber die Mutter dreht sich weiterhin weg und lässt das Junge nicht an sich heran. Das laute Rufen beider holt schließlich einen Bullen aus dem Wasser. Unter Bellen und heftigem Maul-zu-Maul-Beschwichtigen legt er sich auf die Mutter, das ältere Junge entfernt sich, und das Kleinkind kann trinken.

Auf einer kurzen Schnorcheltour zeigt uns Fritz eine hübsche wellengeschützte Stelle für Unterwasserbeobachtung. Da schwimmen prächtige edel blaugraue Kaiserfische mit weißem Nackenkeil und gelber Schwanzflosse (*Holacanthus passer*), Trupps großer Doktorfische (*Prionurus laticla-*

vius) mit grauem Körper, leuchtend gelber Schwanzflosse, schwarz-weißen Streifen senkrecht übers Gesicht; an der Schwanzwurzel sitzen jederseits drei scharfe Skalpelle, die bei Rivalenkämpfen eingesetzt werden. Am Boden liegen Rochen. Unter manchen Steinen streckt der riesige lackschwarze Schlangenstern (*Ophiocoma aethiops*) einen Arm hervor, es gibt weiße Seeigel (*Tripneustes depressus*) und grüne (*Lytechinus semituberculatus*), nach denen ein Austernfischer (*Haemantopus palliatus*) jagt – man weiß gar nicht, wohin man zuerst blicken soll. Dann entdecke ich an einer Felskante junge Lippfische (*Thalassoma lucasanum*), oberseits dunkelbraun mit gelber Streifung darunter, und in ihrer Nähe dünn rundliche, ganz ähnlich gefärbte, fingerlange Fischchen. Das sind Säbelzahn-Blenniiden (*Plagiotremus azaleus*), alte Bekannte, deren räuberisches Verhalten ich vor Jahren in unseren Meerwasseraquarien untersucht habe. Hier sehe ich es nun wieder. Sie warten darauf, dass zu den Lippfischen Putzkunden kommen. Die überfallen und verfolgen sie dann und beißen ihnen Stücke aus Haut und Flossen. Wenn sie ihren Unterkiefer herabklappen, werden zwei lange Säbelzähne sichtbar, die ihnen den Namen geben, aber nur im Kampf mit ihresgleichen eingesetzt werden; Stücke von ihren Opfern zwicken sie mit scharfen Schneidezähnen ab.

Tagebuch: Gardner

Den 8. Februar beginnen wir mit einem Ausflug zum winzigen Eiland Gardner nordöstlich vor Española. An der von Española abgewandten Steilküste sehen wir Höhlen voller

Seelöwen; einer von ihnen bewegt sich nur mühsam und hat den Körper voller Pocken.

Die Insel beherbergt eine Kolonie von Binden-Fregattvögeln (*Fregata minor*). Einige Männchen tragen rote Längsfalten auf der Brust, noch Spuren von ihrem Kehlsack. Fregattvögel sind in mehrerer Hinsicht bemerkenswert. Sie sind zwar hervorragend geschickte Flieger; ihre Flugmuskeln machen das halbe Körpergewicht aus. Aber ihr Gefieder ist nicht wasserfest, und von der Wasseroberfläche können sie nicht starten. Baden vollbringen sie in der Luft: Sie füllen sich im Tiefflug den Schnabel mit Wasser, steigen hoch und sausen mit gesträubtem Gefieder und halb geschlossenen Flügeln im Sturzflug durch ihr Duschwasser. Wenn wir ihnen vom Schiff aus Fischabfall-Happen in die Luft werfen, fangen sie sie auf, so geschickt wie die Möwen am Starnberger See. Sie sind auf diese Weise des Nahrungserwerbs angewiesen, denn mit dem langen, vorn hakig gebogenen Schnabel können sie höchstens Fische, Quallen, Tintenfische oder anderes Treibgut von der Wasseroberfläche aufnehmen. Den Hauptteil ihrer Nahrung gewinnen sie dadurch, dass sie andere vom Fischen heimfliegende Seevögel, vor allem Tölpel, so heftig attackieren, dass diese ihren Fang hervorwürgen und fallen lassen; diesen fängt dann der Fregattvogel noch in der Luft, frisst ihn entweder selber oder bringt ihn seinen Jungen. Ihren ständigen Überfällen auf andere Seevögel verdanken sie den „Fregatt"-Titel.

Schon als Student hatte ich mit Verwunderung gesehen, wie umständlich manche Vögel sich am Kopf kratzen, indem sie nämlich einen Flügel senken und das Bein über den Flügel zum Kopf führen. „Hintenherum" sagt man dazu, während andere Vögel viel praktischer „vorneherum" kratzen, das heißt, den Fuß direkt nach vorn zum Kof heben. Besonders kurios beginnen junge Neuntöter und Gartengrasmücken mit dem bequemen Vorneherum-Kratzen und ersetzen es später durch die unbequeme Alternative. Wo und warum welche Form auftritt, ist unbekannt. Mir stieß das Problem bei den Fregattvögeln wieder auf, denn die kratzen sich im Flug direkt vorneherum, aber hintenherum wenn sie irgendwo sitzen.

Eine weitere Besonderheit dieser Vögel ist ihre hohe Jugendsterblichkeit, nicht durch Feinde, sondern durch erwachsene Artgenossen, die in fremden Nestern Eier zerstören und Jungvögel töten. Es waren unverpaarte Männchen, die Bryan Nelson 1968 dabei ertappte, und für die macht es, so vermute ich, sogar Sinn. Den „Mörder" treibt wahrscheinlich nicht blinde Zerstörungswut, sondern eine alternative Fortpflanzungstaktik. Das ergibt eine einfache Überschlagsrechnung anhand der von Nelson erhobenen Lebensdaten dieser Vögel.

Ein normaler männlicher Fregattvogel verbringt zwei Monate mit Nestbau und Anlocken eines Weibchens. Dazu bläst er den großen feuerroten Kehlsack auf und bewegt unter lautem Schnarren den Schnabel auf ihm hin und her. Bleibt ein Weibchen, so legt es ein einziges Ei, das dann 55 Tage bebrütet wird, wobei sich beide Eltern im 10-Tage-Turnus ablösen. Das geschlüpfte Junge wird, wieder abwechselnd von beiden Eltern, sechs Monate lang bis zum Flüggewerden und darüber hinaus noch weitere sechs Monate bis zur Selbständigkeit gefüttert. Ein erfolgreicher Brutzyklus dauert also 15 bis 18 Monate, und am Ende haben die Eltern in eineinhalb Jahren ein einziges Jungtier aufgezogen. Ein männlicher Fregattvogel kann jedoch als

Alternative das Ei einer Nachbarin zerstören, während ihr Partner auf See ist. Während sie ein Ersatz-Ei vorbereitet, wird sie wieder paarungsbereit. Gelingt es dem Eizerstörer rechtzeitig, die Nachbarin zu begatten, dann kann er eigenen Nachwuchs erwarten. Günstigenfalls braucht er diesen Nachwuchs nicht einmal zu füttern, falls der „rechtmäßige" Partner der Nachbarin auf den Eiwechsel nicht reagiert. Als Nächstes könnte der Eizerstörer versuchen, sich ein eigenes Weibchen anzulocken und normal zu brüten. Gelingt ihm das, hätte er immerhin ein zusätzliches Kind. Vielleicht setzt er aber auch weiter auf die Zerstörertaktik. Er könnte sogar radikal auf Nestbau und Balz verzichten und nur Eizerstörer plus Zeuger spielen. Eine Mutation, die das bewirkt, hätte mit wenig Aufwand übernormal viele Nachkommen. Allerdings wüchse mit zunehmender Häufigkeit dieser Taktik auch die Wahrscheinlichkeit, dass ein vom Eizerstörer besamtes Ei einem nächsten Eizerstörer zum Opfer fiele. Dann bremst diese Mutation ihre eigene Ausbreitung. Sie könnte sich gegebenenfalls als Fortpflanzungsvariante neben dem Normalbrüten halten, könnte aber auch überhandnehmen und den Fortbestand der Population ruinieren. Was auf den ersten Blick als klarer Verstoß gegen das vielbeschworene Prinzip der Arterhaltung erscheint – von dem wir freilich wissen, dass es von Philosophen erfunden und nirgends in der Natur verwirklicht ist –, halte ich für ein Beispiel dafür, dass Organismen darauf programmiert sind, jeweils die eigenen Gene möglichst zahlreich in die folgenden Generationen zu bringen. Unter natürlicher Selektion zählt stets der individuelle Fortpflanzungserfolg, egal wie er zustande kommt.

Neben den Fregattvögeln hat ein kleiner *Geospiza conirostris* (*fuliginosa*?)-Grundfink sein Kugelnest gebaut, oben geschlossen mit seitlichem Eingang. Außen ist es mit wolligen Flocken von einem Hibiscusgewächs geschmückt. Drinnen liegen fünf daumennagelgroße Eier, weißlich mit orange-braunen Flecken, die meisten am stumpfen Pol. Loki entdeckt, dass die Finken kleine, wie Knospen aussehende Früchte von einem Wunderblumengewächs fressen, *Boerhavia erecta*, das bisher für Gardner nicht nachgewiesen war. Vor uns fliegt eine Galápagos-Taube auf. In ihrem Nest unter einem vorspringenden Stein liegen zwei kugelige Eier. Sofort kommt ein Trupp Spottdrosseln heran. Sie lieben Vogeleier. Wir sehen sie auch an einem einsamen Tölpel-Ei. Sie stemmen sich mit dem Schnabel ab und versuchen, das Ei mit den Füßen über eine Steinkante zu stürzen. Glückt das, so fressen sie den flüssigen Inhalt aus dem zerborstenen Ei. Es ist klar, dass Eier hier gut bewacht werden müssen.

Zurück nach Española gehen wir in der Gardner Bucht an Land. Jetzt, zwischen Oktober und Februar, ist Paarungszeit und Hauptnistzeit der weltweit in allen tropischen und subtropischen Meeren vorkommenden Suppenschildkröte (*Chelonia mydas agassisii*), auch als Grüne Meeresschildkröte bekannt. Die Tiere werden 40 bis 50 Jahre alt, erreichen die Geschlechtsreife mit 10 bis 15 Jahren, und ab dann stemmen sich die weiblichen Tiere regelmäßig zur Eiablage den Strand hinauf, vergraben pro Gelege ungefähr 100 Eier von Tischtennisballgröße und wiederholen das mehrere Male innerhalb einiger Wochen. Die Eier benötigen etwa zwei bis drei Monate zur Entwicklung. Dabei bedingt die Temperatur während des Erbrütens die Festlegung des Geschlechts: Während bei 28 °C nur Männchen schlüpfen, sind es bei 32 °C nur Weibchen. Im traumhaft weißen Strandsand deutlich zu sehen sind die Laufspuren (*las bachas*) der Weibchen, hin zu den Nestplätzen und zurück zum Meer, gerade so wie ich es vor sechs Jahren an der Küste Kenias bei Jumba la Mtwana gesehen habe.

Tagebuch: Punta Cevallos

Unser Schiffchen bringt uns weiter zur Seevogelkolonie an der Steilküste bei Punta Cevallos. An der Landestelle wimmelt es von fingerlangen Schwärmer-Raupen, schwarz-gelb gezeichnet und mit einem roten Dorn am Hinterende. Daneben gibt es grüne, oberseits heller als unten, ebenfalls mit rotem Dorn. Sie laufen bis ans Wasser und werden dort verspeist von den überall häufigen Klippenkrabben (*Grapsus grapsus*). Die haben als Erwachsene prächtig gelbliche Panzer und rote Beine, die Jungen sind tarnend dunkel gefärbt. An einer Stelle, die bei Flut leicht erreichbar ist, liegen viele Schädel und Knochen von Seelöwen, die der Pockenepidemie zum Opfer gefallen und hier gestorben sind. Das Leichenfeld erinnert mich daran, dass Seelöwenzähne an Touristen verkauft werden und Seelöwengenitalien (Penis mit Hoden) auf dem asiatischen Aphrodisiaka-Markt begehrt sind.

Im Gelände sind noch Reste der Landebahn zu einer Radarstation des US-Militärs aus dem Zweiten Weltkrieg zu sehen. Zwischen niedrigem Bewuchs sitzen, auf größeren Steinen in Flächen aus grobem Korallenkies, Lava-Eidechsen, von denen jede Insel eine eigene Art aufweist. Hier ist es *Microlophus delanonis*. Das Verhalten dieser Echsen wurde von Dagmar Werner untersucht, und die hatte mir auf der Station ihr Manuskript zur Durchsicht in die Hand gedrückt. Jetzt sehen wir eine Weile den Tieren interessiert zu. Die dunkelgrauen Männchen sind größer (ohne Schwanz 12 cm) und schwerer als ihre Weibchen. Beim Weibchen ist der Kopf einfarbig rot, beim Männchen lebhaft schwarz, hellblau und gelb gezeichnet. Die Tiere, die wir sehen, sitzen entweder auf ihrem Aussichtsplatz, um Beute zu erspähen und ihr Revier zu überwachen, oder laufen sehr hochbeinig mit erhobenem Schwanz: weil's am Boden so heiß ist oder als Imponierverhalten? Männchenreviere umfassen 250 m², Weibchenreviere 40 m². Etwa die Hälfte eines Reviers ragt in bebuschte Zonen als Zuflucht vor der Tageshitze. Außerhalb ihres verteidigten Reviers werden Männchen blass, im Kampf dagegen besonders stark gefärbt. Besucht werden sie von paarungsbereiten Weibchen. Die legen etwa 10 Tage später ihre Eier in warmen Sand. Eine dafür geeignete Stelle kann manchmal 800 m weit entfernt sein, und dann braucht das Weibchen einen Tag, um dorthin zu kommen und ist erst nach vier Tagen wieder im eigenen Revier. Dass die Weibchen zurückfinden, ist ein Beweis für ihr gutes Orientierungsvermögen.

Solange junge *Tropidurus* klein genug sind, fallen viele von ihnen erwachsenen Artgenossen, auch den eigenen Eltern, zum Opfer. Ein besonderer Feind für sie, wie auch für die Weibchen, wenn sie unterwegs sind, sind die Spottdrosseln. Die jagen in Gruppen, wie wir es in Afrika an Hornraben beobachtet haben, wenn sie Schlangen erbeuten: Eine zieht das Opfer am Schwanz, eine hackt auf ein Bein, eine andere pickt immer wieder auf den Kopf, bis das

Opfer verletzt oder erschöpft ist und gemeinsam verspeist werden kann.

Vor der Steilwand fliegen weiße Tropikvögel (*Phaëton aethereus*); ihr korallenroter Schnabel leuchtet in der Sonne, und ihre halbkörperlange Schwanzfahne schaukelt im Hangwind. Nazcatölpel (*Sula granti*) brüten oder haben schon einzelne kleine bis fast ausgewachsene Junge. Die Brüter hocken leicht aufgerichtet und lassen so Luft zum Kühlen an ihre großen, vor ihnen im Schatten liegenden Füße. Alle haben um den Nestplatz sämtliche kleinen Steinchen, die in Schnabelreichweite lagen, neben sich angehäuft und eine breite saubere Zone rings um sich geschaffen. Die meisten orientieren sich im Sitzen immer mit dem Rücken zur Sonne, und um sich zu entleeren, heben sie nur das Hinterteil und spritzen den Kot weg, zusammen mit der weißen Harnsäure, die bei Vögeln den Urin ersetzt. So sind am Boden in der sauberen Sandzone rings um den Sitzplatz weiße, den Sonnenstand nachzeichnende „Sonnenuhr"-Striche entstanden.

Merkwürdig ist, dass man in den Nestern entweder zwei Eier oder aber nur ein einzelnes Küken sieht. Nachdem Dave Anderson von der Wake Forest University 25 Jahre lang das Schicksal mehrerer Tausend individuell markierter Vögel dokumentiert hat, weiß man warum. Sie kommen nach etwa fünf Jugendwanderjahren immer wieder zu ihrer Geburtskolonie zurück. Dann legt die Mutter ein Ei, ein paar Tage danach ein zweites, und in entsprechendem Zeitabstand schlüpfen die Jungen. Das ältere drückt sofort sein noch schwaches Geschwister aus dem Nest; es wird nur wenige Stunden oder Tage alt. Für die Mutter lohnt sich das zweite Ei als Ausfallversicherung, denn etwa ein Drittel aller Eier bleibt taub. Verhindert man den Geschwistermord, ziehen die Eltern schlecht und recht beide Kinder auf, haben von diesen aber dann weniger Enkel. Für jedes Kind lohnt es sich also, im eigenen Fortpflanzungsinteresse sein Nestgeschwister umzubringen, und zwar ehe es selbst zum Opfer wird. Auch beim Maskentölpel (*Sula dactylatra*), dem nächsten Verwandten des Nazca-Tölpels, bringt das erste Nestjunge sein Geschwister um, auch wenn viel Nahrung angeboten wird.

Dave Anderson entdeckte an seinen markierten Nazca-Individuen noch eine Kuriosität, nämlich jährlichen Partnerwechsel. Der kommt dadurch zustande, dass heranwachsende Weibchen zwar größer als die Männchen werden, aber ein höheres Überlebensrisiko haben, sodass sich zur Brutzeit im Schnitt pro zwei Weibchen drei Männchen in der Kolonie einfinden. Wer im Vorjahr erfolgreich Junge aufgezogen hat, dem „hängt das noch in den Knochen", und darum verstoßen die (ohnehin stärkeren) Weibchen ihren vorjährigen Partner zugunsten eines brut-unbelasteten, der für die anstehende Jungenaufzucht mehr einzusetzen verspricht. Der ehemalige Partner kann nach seiner Auszeit durchaus im darauffolgenden Jahr wieder zum Zuge kommen.

Tagebuch: Albatros

Zwischen den Tölpeln und Möwen stolpern wir fast über einen unförmigen braunen Sack, ein spät geschlüpftes, strubbelig-dauniges Junges vom Galápagos-Albatros (*Phoebastria irrorata*), der einzigen tropischen Albatrosart. Sie brütet nur hier im Bereich der Südküste von Hood. Üblicherweise sind die Jungen im Januar flügge, nachdem beide Eltern ihr einziges weißes Ei zwei Monate lang ohne Nest bebrütet und das Junge dann fünfeinhalb Monate hindurch versorgt haben, nach jedem tagelangen Fischausflug mit etwa zwei Kilogramm speziellem energiereichem Magenöl. Die Eltern wechseln sich dabei in zwei- oder dreiwöchigem Schichtdienst ab. Auch unser spätes Riesenküken wird sich hoffentlich zu einem prächtigen Altvogel mausern: cremeweiß an Kopf, Hals, Brust und Flügelunterseiten, braun an Rücken, Schwanz und Flügeloberseiten, mit hellblauer Haut an den Beinen. Am auffälligsten wird sein unproportioniert langer, kräftiger, leuchtend gelber Schnabel werden. Als einziger äußerlicher Geschlechtsunterschied wird dieser am Männchen etwas länger als am Weibchen.

Weltweit bekannt ist dieser Albatros aus Naturfilmen, die sich regelmäßig auf zweierlei Verhalten konzentrieren, auf sein Fliegen und sein Balzen. Die riesigen Flügel mit über zwei Meter Spannweite machen dem vergleichsweise schmächtigen Körper Start und Landung („Bruchlandung") schwer; ist er aber einmal in der Luft, so segelt er stundenlang ohne Flügelschlag in den verschieden schnellen Luftschichten über dem Ozean, oft 1500 km bis hinüber an die peruanische und chilenische Küste. Besonders verwirrend spektakulär und deswegen oft gefilmt ist das Paarritual dieser Vögel, das meist als Balzverhalten oder Balztanz bezeichnet wird. Dabei klappern die Partner, die voreinander stehen, wie fechtend in schneller Folge laut die Schnäbel gegeneinander, reißen sie weit auf, verbeugen sich, watscheln umeinander herum und wiegen dabei Kopf und Hals seitlich hin und her, strecken mit einem „Huu-

huu"-Ruf den Schnabel zum Himmel, tupfen sich an die eigene Seite, beknabbern Hals und Gesicht des Partners, und das alles in variabler Abfolge. Ähnlich auffällige Bewegungsweisen treten sonst bei Tieren während der Fortpflanzungsphase als Vorspiel oder Einleitung zur Kopulation auf und werden deshalb allgemein als sexuell motiviertes Balzverhalten betrachtet. Aber gerade das stimmt beim Albatros nicht. Schon Catherine Rechten, die bei mir über das Paarverhalten eines Buntbarsches promoviert hatte, stand anschließend hier auf Hood angesichts der Albatrosse und der von M. Harris in den 1970er-Jahren gesammelten Daten zunächst vor einem Rätsel.

Das angebliche Balzritual tritt nämlich nicht im April vor den Paarungsakten und dem Eilegen auf, sondern gegen Ende der Brutzeit zwischen Juni und Dezember. Ausgeführt wird es entweder von Paaren, deren Brut in diesem Jahr fehlschlug, oder von den vier bis sechs Jahre alten Tieren, die erstmals in der folgenden Saison brüten werden. Die kommen eigens für das Ritual zur Insel, und obgleich sie hier im Umkreis keine Fischgründe haben, bleiben sie etwa zwei Wochen. Also ist der Aufenthalt kostspielig und das Ritual dementsprechend wichtig. Zu Beginn können die Ritualpartner wechseln, doch ist bislang unbekannt, was sie dazu veranlasst. Mir scheint, es kommt darauf an, dass die Partner ihre Gesten gut aufeinander einspielen, wie es andere Vögel in komplizierten Duettgesängen tun, nämlich so, dass einer endlich immer gerade das tut, was der andere erwartet. Lange, ununterbrochene Ritualszenen zeigen dann an, dass die Partner zusammengefunden haben. Ist das erreicht, verabschieden sich die Jung-Albatrosse voneinander und fliegen eigene Wege. Erst am Beginn der nächstjährigen Brutzeit treffen sie sich wieder. Auch Paarpartner bauen getrennt voneinander in den Monaten nach einer erfolgreichen Brut die erforderliche Kondition für die nächste Brutsaison wieder auf. Mitte April kommen dann zuerst die Männchen an den gewohnten Brutort. Während sie auf ihre eigene Partnerin warten, versuchen sie zwar auch mit Nachbarinnen zu kopulieren, doch brüten schließlich immer dieselben Partner streng monogam miteinander, über 40 Jahre lang, und ohne ein besonders großes Ritual zu wiederholen. Der Name „Balz"-Ritual ist also falsch. Es ist kein Kopulationsvorspiel, sondern es dient den Partnern dazu, sich gegenseitig zu versichern, dass der andere später bereit ist, beim Brüten und Jugenaufziehen mitzumachen. Es ist ein Ritual, welches die Partner aneinander bindet.

Tagebuch: Plaza

Wir verabschieden uns von Española und schippern wieder nordwärts, vorbei an Santa Fe, Santa Cruz und Baltra. Im Wasser schwimmen kleine Mantarochen, Delphine begleiten uns kurz am Bug, springen meterhoch aus dem Wasser, wie ungeduldig, und verlassen uns bald – offenbar sind wir ihnen viel zu langsam unterwegs. Vor der Küste der kleinen Insel Plaza kommen uns zwei Darwin-Finken entgegen und landen auf dem Bootsgeländer. Offensichtlich getrauen sie sich kurze Strecken übers Meer. Dann begrüßen uns Seelöwenbullen, die rufend auf und ab schwimmen. In der (geruchlich recht eindrucksvollen) Kolonie sehen wir viele Leichen und Jungtiere mit Wunden am Kopf. Die werden tödlich, wenn Mengen von beißenden Fliegen (*Cochliomyia macellaria*) sie offen halten und sogar vergrößern. Plaza hat auf einer Seite eine Steilküste, in der Blaufußtölpel sitzen und Tropikvögel (*Phaeton aethereus*) und Schwalbenschwanzmöwen (*Creagrus furcatus*) brüten, auf der anderen ein flaches Geröllufer. Da liegen große Steine, von Schildkröten und Seelöwen blankgescheuert wie die von Beterhänden blankgeputzten Fußspitzen der Heiligenfiguren in Wallfahrtskirchen.

Vielfarbige Flechten bedecken die dunkle Lava. Das Bild gleicht einer politischen Landkarte aus lauter Kleinstaaten mit schwarz gezeichneten Grenzstreifen. Solche Flechtenbilder kann man überall auf der Welt finden, ich kenne sie besonders farbenfroh aus der Namib. Flechten sind wunderliche Doppelwesen aus Pilz und Alge, die es in Zusammenarbeit schaffen, die unwirtlichsten Gebiete der Erde erfolgreich zu besiedeln. Und die Grenzstreifen sind, wie leider oft auch die auf unseren Landkarten, Todeszonen, Leichenwälle, die entstehen, weil die Frontlinien aneinanderstoßender Flechten sich gegenseitig umbringen. Kampf ums Dasein im Miniformat, mit einem für unsere Augen ästhetischen Ergebnis. Flechten waren sicher die Erstbesiedler der Inseln. Sie brauchen keine Erde, sondern können auf irgendwelchem festen Untergrund wachsen.

Die schräge Inseloberfläche ist bestanden mit niedrigen Opuntien. In deren spärlichen Schatten ruhen zahlreiche braun und gelblich gefärbte Landleguane (*Conolophus subcristatus*), oft zu mehreren dicht nebeneinander. Andere sitzen ganz ruhig in flachen Erdhöhlen, in die sie mit ihrem stacheligen Kamm auf Nacken und Rücken gerade hineinpassen. An diesen „Drusenköpfen" hat Dagmar Werner soeben eine Studie abgeschlossen. Es sind nahe Verwandte der Meerechsen, mit denen sich ihre Weibchen zuweilen noch heute fruchtbar kreuzen. Beider Vorfahren trennten sich vor etwa 11 Mio. Jahren und sind schon getrennt auf die Galápagosinseln gekommen, die es ja erst seit etwa drei Millionen Jahren gibt. Die Drusenköpfe ernähren sich im Gegensatz zu den Meerechsen von allem an Land erreichbarem pflanzlichem Material, von Gras und Seggen, Blättern und Blüten, bis zu den Früchten und Sprossteilen der Opuntien. Unbeschadet verzehren sie sogar die Giftäpfel des Manchinelbaums. Als wir ihnen ein paar Opuntienfeigen anbieten, rollen sie sie zuerst mit dem Fuß auf dem Erdboden, um die Dornen und Widerhaken abzutrennen. Nötig wäre das angeblich nicht, denn diese harten Teile richten in Mund, Magen und Darm keinen Schaden an und treten schließlich unverändert wieder zutage. Notfalls können die Landleguane mehr als drei Monate ohne zu trinken von gespeichertem Fett leben. Sie sind nicht scheu; wir können uns ihnen auf wenige Meter nähern. Als ein Grundfink heranhüpft, hebt ein Leguan zunächst den Schwanz, erhebt sich dann und bleibt aufgerichtet regungslos stehen, sodass der Vogel auch die Körperunterseite nach kleinen tierischen Parasiten absuchen kann. Eine *Tropidurus*-Echse benutzt einen Leguan als Ausguck, eine andere frisst weiße Blütchen und winzige Blättchen vom flach kriechenden, graubraunen *Alternanthera snodgrassii*.

Tagebuch: Seymour

Unser nächstes Ziel ist die zweifarbige Insel Seymour. Schwarzes Lavageröll bedeckt das Ufer. Das Anlanden mit dem Beiboot, hier Panga genannt, durch die Brandung und der Sprung auf die algenglitschigen Lavabrocken verlangt Geschick. Ebenso das Weiterklettern über die brüchige Lava, deren Kanten scharf wie Glasscherben sind. Auf der Lava messen wir 55 °C. Aus ihr blicken kleine, gelb blühende Portulac-Röschen (*Portulaca howelli*) hervor. Diese Sukkulente gibt es nur noch auf Inseln, auf denen nie Ziegen waren. Das höhergelegene Plateau ist mit rotem Lavasand und roten Lavablöcken bedeckt. Offenbar ist hier Regenzeit, denn die zwei bis drei Meter hohen Balsambäume (*Bursera graveolus*) mit ihren silbrigen Stämmen tragen saftig grüne Blätter. Am Boden wachsen eine niederliegende, quellerartige Salzpflanze (*Batis maritima*) und farbenfrohe gitterige Matten des Teppichkrauts (*Sesuvium edmonstonei*) mit rötlichen Stielen und fleischig glatten, türkisgrünen Blättchen. Die hiesigen Meerechsen nagen nur wenig an Algen der Gezeitenzone und haben sich vorwiegend auf diese bodendeckenden Pflanzen an Land verlegt. Aber, wie Martin Wikelski herausfand, sie fressen offenbar einer lunaren Fressrhythmik folgend die Landpflanzen ebenso wie die Algen zum Zeitpunkt der Ebbe.

Die hiesigen Opuntien stehen stammlos mit ihren flachen Gliedern direkt auf dem Boden (Variation *zacana*) neben verschiedenen *Croton*-Sorten, von denen wir nur *Croton scouleri* kennen. Die Blätter des Jerusalemdorns (*Parkinsonia aculeata*) sehen aus wie ein breitgeklopfter Stiel mit beiderseits Fiederchen am Rand. Vor seinen starken Dornen ist Vorsicht geboten. Einheimische große, dunkle Heuschrecken (*Schistocerca melanocera*) laufen umher. Wir haben diese Tiere schon auf Española gesehen, dort soll es sich aber um eine andere Art (*Schistocerca literosa*) handeln. Auf Insektenbeute warten viele Silberspinnen (*Argiope argentata*) in ihren Radnetzen, die mit vier deutlichen, weißen, diagonal angeordneten Stabilimenten versehen sind. An deren Seide schlägt sich angeblich Tau zum Trinken nieder. In der Mitte sitzt die Spinne wie vierbeinig: je zwei Nachbarbeine zusammengelegt zeigen auf die Stabilimente. Überall in den Spalten der Lava sind wirre Netze von Kleinspinnen zu sehen.

Besonders beeindruckt uns eine noch aktive Brutkolonie von Prachtfregattvögeln (*Fregata magnificens*). Die Nester auf den Gebüschzweigen sind plump aus Stöcken zusammengesteckt, gerade so, dass das Ei nicht herabfällt. Hier haben zwei Männchen ihren Kehlballon aufgeblasen, der sich leuchtend rot vom schwarzen Gefieder abhebt, schaukeln ihn hin und her, und mit Quarrlauten und Zitterbewegungen der gestreckten Flügel mühen sie sich ab, Weibchen auf sich aufmerksam zu machen. Andere hatten schon Erfolg und sitzen auf einem Ei. In einigen Nestern gibt es ganz kleine, bedunte oder fast ausgewachsene Jungvögel. Einen heimkehrenden Elternvogel betteln die Jungen an, indem sie die Flügel ausbreiten, quieken, den noch weißen Kopf flach vorstrecken und mit angehobenem Schnabel rattern.

Während wir auf das Beiboot warten, das uns zurückholt, fotografieren wir an Lavablöcken dicht unter der Wasseroberfläche Ansammlungen der besonders großen Seepocke *Megabalanus peninsularis*, die Darwin zu seinen Seepockenstudien angeregt haben soll.

In den Lavaspalten der Ebbezone sitzen Kolonien von ganz kleinen schwarzen Seeanemonen und zwischen ihnen ein großer roter Sonnen-Seestern, *Heliaster cumingii*, der wirklich – worauf der Gattungsname anspielt – aussieht wie eine strahlende Sonne, denn er streckt nicht fünf, sondern ringsum bis zu 40 kurze Arme von sich. Als Gegenstück bildet der Kissenstern, *Nidorellia armata,* ein Fünfeck ohne Arme. Als der Marinero kommt, schlagen ihm in der starken Brandung Brecher die Panga voll. Er schwimmt zum Land, wir ziehen das Boot gemeinsam hoch, kippen das Wasser aus und kommen kräftig durchgeschaukelt wieder an Bord.

Die Nacht mit herrlich klarem Sternhimmel und liegender Mondsichel verbringen wir wieder an Deck, obschon die Dünung so stark wird, dass der Käptn das Schiff unter Land fährt, nach Caleta Tortuga auf der Nordseite von Santa Cruz.

Tagebuch: Bartolomé

Am Morgen finden wir uns in einer von Mangroven umgebenen Lagune. Es ist ganz still, schwül und regnet leicht. Auf dem Wasser schlittern Meeresläufer (*Halobates robustus*) auf ihren sechs langen Beinen, Verwandte unserer Wasserläufer. Einige Weißspitzenhaie (*Triaenodon obesus*) umkreisen das Schiff, daneben schwimmen Schildkröten weg, die ihre Laufspuren in zwei Sandstrände gedrückt haben. In den Mangroven stehen Krabbenreiher (*Nyctinassa violacea*) und Lavareiher (*Butorides sundevalli*), die unser Boot erstaunlich nah herankommen lassen. Vor ihnen spritzeln an der Oberfläche kleine Fische im Schwarm, springen alle zugleich hoch, als ein Trupp großer Fische zwischen den Mangrovenwurzeln hervorschießt, und spritzeln dann wieder ruhig weiter.

Wir verlassen die Idylle, kommen an der winzigen Kraterinsel Daphne vorbei und besuchen Bartolomé, ein fast unwirkliches Lava- und Tuffgebilde. Es ist Mittag, 13 Uhr, als wir über aufgebrochene, mit Geröll gefüllte Schlünde den erloschenen Vulkan hinaufklettern. Alles erscheint trocken und kahl. Die Lava ist vielfarbig, orange, rot, violett, schwarz, grünlich mit gelben Schwefeleinschlüssen, klingt unter unseren Tritten wie gebrannter Ton und ist so heiß, dass wir es durch die Schuhsohlen spüren. Bereichsweise liegen Lavaschollen wie erstarrter Brei. Und mitten darin stehen auf der kahlen Lava braune, niedrige Kakteengrüppchen. Neben kleinen, noch gelben Trieben stehen ältere orangefarbene und noch ältere fast schwarze; daneben liegen aschgrau zerfallene. Es ist der Lavakaktus *Brachycereus nesioticus*, berühmt als Erstbesiedler dieser unwirtlichen Flächen. Er steht immer allein, wird nach einiger Zeit stets von nachkommenden anderen Pflanzen verdrängt. Wir haben heute weder ein Auge für einige Lavaechsen in Gesteinspalten noch für über uns fliegende Fregattvögel. Aber oben angekommen, entschädigt für die schweißtreibende Fußtour ein landschaftlich grandioser Ausblick. In der ganz klaren Luft ist im Südosten in der Ferne die Kette Seymour-Baltra-Santa-Cruz zu sehen, daneben Daphne, die wir vorhin passiert haben, im Norden ragt wie eine umgekippte Schultüte ein Inselfels aus dem Meer. Unten westlich steht der fotoberühmte Pfeilerfelsen an der schmalen Halbinsel, die, beiderseits von Sandstrand und leichtem Pflanzengrün geschmückt, mit ihren düsteren Endfelsen hinzeigt auf das fast zum Hinüberspucken nahe, schwarze, völlig kahle Lavafeld der Sullivan Bay von der großen Nachbarinsel Santiago.

Tagebuch: Santiago

Nach Santiago geht es als Nächstes, nachdem wir uns zur Kühlung eimerweise Meerwasser über die Köpfe gekippt haben. Die Oberflächen der Stricklava in Sullivan Bay wirken, als seien sie erst letzte Nacht erstarrt. Sie stammt aber vom Ausbruch des Cerro Cowan Vulkans im Jahre 1897. Der Kapitän umrundet die Insel im Norden, wo sie uns die bisher schönsten Ansichten bietet. Die Uferregion ist recht gleichmäßig mit dürftigen Bursera bestanden, davor im türkisfarbenen Wasser steil aufragende Felstürme, dahinter wunderschöne dunkelrote Felsen. Malerisch vor diesem Hintergrund nehmen sich Gruppen von verwilderten Ziegen aus, braune und solche mit weißem Vorder- und schwarzem Hinterkörper. Leider fressen sie alles, was Botanikern in dieser Gegend heilig ist. Die frühen Piraten und Freibeuter hatten sie auf vielen Inseln eingesetzt, was später den peruanischen Vizekönig veranlasste, auf die wichtigsten Inseln als Gegenwehr Hunde zu bringen, die dann zusätzlichen Schaden an allen fressbaren Galápagos-Tieren anrichteten. (Eine kostspielige Aktion hat seit 1980 die verwilderten Hunde weitgehend beseitigt). Wir ankern nachmittags am Nordende der großen James Bay, vor dem Espumilla-Strand. In Salzwasserlagunen schwimmen Enten und stelzen Rosaflamingos (*Phoenicopterus ruber*), die größte Art unter den Flamingos. Neben uns geht ein BBC-Schiff vor Anker, nimmt aber keine Notiz von unserem Fischerkahn.

Im ersten Morgenlicht zeigt sich uns ein grauer Sandstrand mit Flamingos und einer Schildkröte, die sich gerade den Strand herunterbewegt. Am oberen Strandrand sind mindestens drei Eilegestellen daran zu erkennen, dass sie schon von Schweinen aufgegraben wurden. Wenigstens schießen die BBC-Leute ein Schwein für die Bordküche. Dann fährt ihr Schiff weiter. Beim gewohnten hüllenlosen Morgenbad leisten uns Galápagos-Pinguine (*Spheniscus mendiculus*) Gesellschaft. Die hatte Darwin gar nicht zu Gesicht bekommen. Scheu sind sie nicht, brauchen sie auch nicht zu sein, sie könnten ja blitzschnell wegtauchen. Stattdessen lassen sie sich über das borstige Rückenfederkleid streicheln. Wir begleiten die Vögel näher ans Gewirr aus Mangrovenwurzeln und erleben eine Krebsvorführung. Zwischen den Mangroven winken aus der Schlickfläche Winkerkrabben mit blass-orangefarbenen Scheren (*Uca galapagensis*). Daneben stolzieren Landeinsiedlerkrebse (*Coenobita compressus*) auf dem angrenzenden Sandstrand, der im Übrigen bevölkert wird von Scharen von Geisterkrabben (*Ocypode guadichaudii*) mit dunklen Hörnchen über den weißen Stielaugen. Sie verfertigen hastig Kügelchen um Kügelchen aus dem Sand, den sie abgelutscht haben. Sie haben allen Grund, nicht zahm zu sein und verschwinden blitzschnell in Sandlöchern, sobald sich etwas Großes nähert, etwa einer der Graureiher (*Ardea herodias*). Die Gesteinsspalten am Ufer sind auch hier besetzt mit herumstöbernden roten Klippenkrabben, von denen auch bekannt ist, dass sie Pinguinküken attackieren und töten, falls deren Eltern in solchen Spalten nisten. Zwei der Krabben haben den Rücken voller Fliegen (*Nocticanace galapagensis*), die dort genächtigt haben. Warum sie das tun und sich dazu in Mengen auf einzelnen Krabben versammeln, ist unbekannt. Halb im Wasser sitzen große dunkelbraune Taschenkrebse (*Ozius verreauxii*). Neben uns schwimmt ein Schwarm glasiger Schwimmgarnelen, von denen eigentlich nur ein silberner Rückenfleck zu sehen ist, und unter uns rangieren bedächtig Dutzende großer Kugelfische (vermutlich *Arothron hispidus*). Die erwarten wohl, dass uns, wie sonst den Pelikanen, Fischstückchen entflutschen, die sie dann ergattern. Ein angenehmer Duft kommt vom Land, wahrscheinlich vom aromatischen Harz der *Bursera*-Balsambäume. Aus der ansteigenden sehr begrünten Zone schallt Vogelgezwitscher. Die Insel macht einen recht belebten Eindruck.

Wir ankern dann vor den Seebären-Grotten am Südrand der James Bay. Hier sind im Lavafluss Spalten, Brücken, Badebecken und Höhlen entstanden. Wenn einlaufende Wellen schäumend ans Ufer schlagen, wehen hohe Gischtfahnen darüber hinweg. Die ganze Fläche stinkt kräftig nach Verdauungsrückständen der Robben. Ein Seebär ruht auf der Seite und winkt mit einer grünen Plastikmarke im Flipper: Nr. 39. Das Tier wurde von Fritz markiert, als er entdeckte, dass beim Galápagos-Seebären der Geschwisterkonflikt noch ausgeprägter ist als beim Seelöwen. Fast alle Neugeborenen sterben, falls sie ein einjähriges Geschwister haben. Subpolar lebende Seebärenmütter entwöhnen ihr Junges, wenn es vier Monate alt ist. Hier aber wechselt das Meerwasser unvorhersagbar seine Temperatur. Meist fließt gegen Galápagos kaltes Wasser des tiefen, west-östlichen äquatorialen Cromwell-Stroms und solches des oberflächennahen, süd-nördlichen Humboldt-Strom aus der Antarktis. Alle zwei bis sieben Jahre aber verursachen tropische Winde im äquatornahen Ostpazifik monatelang eine Erwärmung der oberen Wasserschichten. Das nahrungsreiche kalte Wasser bleibt dann in der Tiefe, und ebenso wie die Sardinenfischer am Festland darben dann die vom Meer lebenden Tiere auf Galápagos. Dieser Zustand heißt El Niño („das Kind"), weil er meist zur Weihnachtszeit eintritt; für die nahrungsreiche Zeit hat sich dazu passend El Niña eingebürgert. Seelöwen tauchen bis 500 m tief, Seebären aber am liebsten nur 30 m. Da sie auf Tiefseefische angewiesen sind, die nachts an die Oberfläche kommen, leiden sie entsprechend stark unter dem El Niño. Deshalb schwankt hier ihr Entwöhnungsalter, abhängig von der Nahrung im Meer, zwischen 12 und über 30 Monaten. Die mütterliche Brutpflege besteht im Wesentlichen aus dem Säugen nach jeweils vier Tagen auf See. Zwar können Einjährige schon jagen, bleiben aber noch auf Muttermilch als „Zubrot" angewiesen. Die Mutter paart sich bereits wieder eine Woche nach der Geburt und ist von da an immer gleichzeitig sowohl Milchmutter als auch trächtig. Wenn nach zwölf Monaten das nächste Junge geboren wird, trinkt fast immer das ältere dem jüngeren die Milch weg und verdrängt es. Nur in sehr guten El-Niña-Jahren oder wenn die Mutter ihr vorjähriges Jungtier verloren hat, bleibt das nächstgeborene am Leben. So wirken die jährlichen Geburten als eine Versicherung für den gesamten Fortpflanzungserfolg einer Mutter.

Zunächst schwer zu verstehen war auch das Verhalten der Jungtiere, während sie bis zu vier Tage auf die Rückkehr ihrer Mutter warten. Aus der Dauer des ersten Trinkens ist ersichtlich, wie hungrig und durstig sie dann sind. Doch statt sich während der Wartezeit möglichst ruhig zu halten, wie üblich bei unterversorgten Jungtieren, verbringen junge Seebären die ganze Zeit unverändert vorrangig mit Spielen: Sie klettern, wälzen sich und rangeln miteinander. Warum sie das tun, hat Walter Arnold, einer meiner Studenten (heute Professor in Wien), mithilfe lückenloser Ganztagsprotokolle genauer untersucht. Das Spielen, so fand er, ist energetisch sehr aufwendig und zudem risikobeladen, denn die Küstenlandschaft besteht aus mächtigen, übereinandergetürmten Felsbrocken und brüchigem Lavagestein mit vielen Höhlen und tiefen Spalten, in denen manches Junge umkommt. Er fand aber auch, dass das Spielen Kraft, Ausdauer und Gewandtheit verbessert, Erfahrungen verschafft und sozialen Umgang übt. All das ist im Leben wichtig, denn dominante Tiere haben bevorzugt Zugang zu begehrten Schattenplätzen. Und im Gegensatz zu Seelöwen, die im Wasser kopulieren, sind männliche Seebären darauf angewiesen, mit Kampftechniken und Geschick ein Territorium an Land gegen zahlreiche Rivalen zu verteidigen, wo sie sich mit jedem dorthin kommenden willigen Weibchen paaren. In der Tat spielen männliche Jungtiere mehr als weibliche. Weniger zu spielen, um Energie zu sparen, lohnt nicht: Kommt die Mutter, ist es gut; kommt sie nicht mehr, hilft auch gesparte Energie nichts.

Auf den Felsen ruhen fast ganz schwarze Meerechsen und wachen besonders rotkehlige Lavaechsen. Im Ufergrün leuchten die gelben Trichterblüten der flach wachsenden *Crotonscouleri*-Bäume. Auf den Zweigen turnen Darwin-Finkenpaare, jeweils ein sehr dunkles Männchen mit seinem grauen Weibchen. Sie suchen nach einigen wenigen noch vorhandenen dreikernigen *Croton*-Samenkapseln, öffnen sie und fressen zwei der Samen. Den dritten verlieren sie ziemlich regelmäßig, suchen ihn dann aber nicht am Boden, sondern schauen lieber nach der nächsten Kapsel. Ein bisschen Ausbreitung der Pflanze muss ja auch sein. Der über 900 m hohe Krater im Hintergrund ist von Wolken gekrönt. In seitlichen Rillen seiner Flanken glitzert es silbern;

da scheint Regenwasser herunterzufließen. Auch der Sand, auf dem wir oben am Ufer gehen, ist noch regenfeucht. Aber die flachen Bachbetten, die zum Meer hinunterführen, sind trocken. Wir haben hier keine Drusenköpfe gesehen. Schon 1906 hat man keine mehr gefunden, obwohl Darwin 1835 hier kaum ein Zelt aufschlagen konnte, ohne dabei in einen ihrer Baue zu stoßen.

Tagebuch: Isabela

Die letzte Insel, die wir besuchen, ist Isabela, die größte des Archipels, etwas größer als alle anderen Inseln zusammengenommen: 120 km lang und geformt von fünf Vulkanen im Abstand von je rund 30 km. Genaue Analysen haben ergeben, dass jeder von ihnen eine eigene *Geochelone*-Riesenschildkrötenart beherbergt. Es ist ein Musterbeispiel für sympatrische Artbildung durch ökologische Schranken. Darwin wäre entzückt darüber gewesen, dass unwirtliches Gelände genügt, um auf so geringe Entfernung getrennte Arten entstehen zu lassen und ihre Vermischung zu verhindern.

Vor der Küste gibt es offensichtlich Fischschwärme, denn Braune Pelikane (*Pelecanus occidentalis*) und Blaufußtölpel (*Sula nebouxii*) sturztauchen dort, Pelikane einzeln mit offenem Schnabel und ausgebreiteten Flügeln und nach hinten gestreckten Füßen, die Tölpel mit pfeilförmig angelegten Flügeln und mitunter zu mehreren synchron. Auf erfolgreiche Fischfänger lauern knapp überm Wasser Noddi-Seeschwalben (*Anous stolidus galapagensis*), weiter oben Fregattvögel. Knapp über den Wellen halten sich Audubon-Sturmtaucher (*Puffinus iberminieri*), direkt auf dem Wasser trippeln hurtig Galápagos-Petersläufer (*Pterodroma phaeopygia*) und schnappen nach oberflächennaher Beute. Ihr englischer Name „*petrel*", ebenso wie St.-Peters-Vogel im Deutschen, erinnern an den kirchengeschichtlichen Apostel, dem jedoch am Ende aus Ängstlichkeit das Trippeln übers Wasser misslang. Näher am Land paddeln flugunfähige Kormorane (*Nannopterum harrisi*). Ihre tiefblauen Augen sind im Feldstecher gut zu erkennen. Ihr ungewöhnliches Paarverhalten hat Carlos Valle von der Universidad San Francisco de Quito untersucht. Nach halber Brutzeit verlassen viele Weibchen das Männchen und ihr zweieinhalb Monate altes Junges und suchen sich einen neuen Partner. Sofern das Meer genügend Nahrung bietet, kann ab dieser Zeit das Junge von nur einem Erwachsenen aufgezogen werden. Und dann zwingt derjenige, der zuerst geht, den anderen zum Bleiben und seinen Bruterfolg zu sichern. Das deutlich größere Männchen fängt größere Beute und tut sich als allein aufziehender Elter leichter als ein Weibchen, das diese Aufgabe allein manchmal nicht schaffen würde. Zu desertieren, ist deshalb für ein Männchen viel riskanter als für ein Weibchen; überdies kann sie, statt dem Männchen zu helfen, in der Zeit ein neues Ei produzieren.

Bei Punta Garcia wirkt die schwarze Lava der Küste frisch verbrannt. Sie ist sehr grob, glashart und bildet „schuhmordend" lockeres Geröll. Aus ihr schauen alte, eingebackene Seepockenschalen heraus. Auf ihr stehen, wie in Bartolomé, Grüppchen von Lavakakteen. Auch hier hat sich eine eigene Opuntienvarietät (*Opuntia echios inermis*) gebildet. In der Bucht auf Lavablöcken im Wasser stehen mehrere große Silberreiher (*Casmerodius albus*), ein ebenso großer Graureiher und auf Mangrovewurzeln zwei Lavareiher (*Butorides sundevalli*). Loki skizziert die verschiedenen

Mangroveformen, die nebeneinander den dichten, grünen Ufersaum bilden. Am häufigsten sehen wir die wegen ihres roten Holzes „Rote Mangrove" genannte *Rhizophora mangle*, entweder als niedriges Buschwerk oder als zwanzig Meter hohe Bäume mit ledrig wirkendem Blattwerk und hohen Stelzwurzeln. Die stellenweise ebenso hoch wachsende, extrem salztolerante Schwarze Mangrove (*Avicennia germinans*) scheidet weißes Salz an den Unterseiten der behaarten Blätter aus. Ihre kurzen Atemwurzeln stehen rings um jeden Stamm. Nur als Gebüsch mit kurzen Luftwurzeln ins Wasser wächst die Weiße Mangrove (*Laguncularia racemosa*). Hie und da ist der mit Mangroven vergesellschaftete, salztolerante *Hibiscus tiliaceus* zu erkennen.

Über uns kreisen mehrere Galápagos-Bussarde (*Buteo galapagoensis*). Während diese Vögel auf Española dauermonogam in festen Paaren leben, existieren hier auf Isabela und auf Santiago, was Patricia Parker von der Universität Missouri-St.-Louis herausfand, außer monogamen Paaren auch feste Gruppen aus einem Weibchen mit bis zu acht Männchen. Das Weibchen paart sich mit ihnen allen, bebrütet allein ihre zwei Eier, aber dann füttern alle Erwachsenen die Küken. Wieso eine solche polyandrische Lebensform vorkommt und weshalb sie neben der monogamen besteht, ist vorläufig ein Rätsel.

Tagebuch: Santa Cruz und Caamaño

Am 14. Februar machen wir uns auf den Rückweg nach Santa Cruz, wieder um 2 Uhr nachts wie beim ersten Start von dort. Im ganz frühen Morgenlicht sehen wir links in einiger

Entfernung die rote Insel Rábida. Streckenweise begleiten uns im ölig glatten Meer Delphine und fliegende Fische sowie einige Rochen. Der Käptn angelt. Mich beeindrucken die zahlreichen Seeschildkröten, solo oder in Paarung, bei denen je nach Lungenfüllung nur der Rückenpanzer des Männchens oder beide Köpfe des schräg im Wasser hängenden Paares zu sehen sind. Die Mitglieder der hiesigen *Chelonia*-Population scheinen die einzige in der Welt, die nicht zwischen Eilegestrand und Nahrungsgebiet wandern müssen. Um 7.30 Uhr liegt rechts von uns die Insel Pinzon, ziemlich dicht bedeckt mit grünem Gesträuch.

Um 11.45 Uhr sind wir wieder auf Santa Cruz und nehmen nun für vier Tage Quartier in der Station. Johnson, der eigentlich nur Frühstückskoch ist, versorgt uns dennoch mit einer Willkommensmahlzeit. Er ist über 65 Jahre alt und aus Guayaquil geflohen, nachdem er einem seiner Brüder ein Messer in den Bauch gerammt hat, weil der ihm sein Geld entwendet hatte. Auf Galápagos hat Johnson von 1940 an sechs Jahre bei den Amerikanern gearbeitet. Das war, wie er sagt, seine schönste Zeit; immer noch hört und singt er gern die damaligen Schlager. Danach hat er per Hand, Schippe und Schubkarre die Wege vom Dorf, wo er allein lebt, zur Darwin-Station gebaut. Jetzt ist er an der Station ab drei Uhr in der Frühe mit Frühstücksvorbereitungen beschäftigt.

Während wir essen, sehen wir mehreren Kleinen Grundfinken zu, die auf einem Zweig sitzend Körner aus Grasähren fressen. Eine weiter entfernte Ähre fassen sie mit dem Schnabel, ziehen sie unter einen Fuß und fressen vom Untergeklemmten. Zwei holen aus offenen Opuntienblüten ganze Schnäbel voll Blütenmaterial mit Pollen; sie drücken den Schnabel hinein, als wollten sie etwas auspressen und machen dazu (schluckende?) Kehlbewegungen. Einer holt sich ein Popkorn, klemmt es unter den Fuß zum Abbeißen, trägt es aber dann im Schnabel weit weg. Sogar eine der seltenen grauen Lavamöwen (*Larus fuliginosus*) zeigt sich.

Am nächsten Tag bringen wir bei Flut mit einem kleinen Motorboot Inka Trillmich nach Caamaño. Das ist eine nur 200 mal 300 m messende Leuchttürmcheninsel in der Bucht von Puerto Ayora. Inka wird hier zwei Wochen lang Meerechsen beobachten. Das Boot steuert in der Brandung an einigen Seelöwen vorbei durch eine schmale Lücke zum Landefelsen. Zum Glück ist der Wellengang gering und das Hinüberspringen kein großes Problem. Nachdem auch Inkas Ausrüstung angelandet ist, machen wir einen Rundgang. Auf Felsen in der Gischt der Brandung sitzen Pelikane und Blaufußtölpel mit zahlreichen Lausfliegen an den Hälsen, die sie erst im Wasser wegspülen können. Am Strand liegt ein totes Seelöwenweibchen, daneben ein schon mazeriertes Junges. Scharen von roten Klippenkrabben zerfieseln Robbenkot. Schatten bietet die Insel nirgends. Der Jerusalemdorn (*Parkinsonia aculeata*) und das Salzgebüsch *Cryptocarpus pyriformis* mit seinen welligen dunkelgrünen Blättern sind nicht einmal schulterhoch. Noch flacher ist der stellenweise dichte Bewuchs von dickblättrigem *Lycium minimum*. Auf dem Sandgrund führen Seelöwenpfade durch das Dickicht. Die hiesigen Meerechsen sind unerwartet scheu; sie laufen früh und schnell vor uns ins Gebüsch. Ein kleiner Seewassertümpel mitten auf Caamaño wird unterirdisch vom Meer aufgefüllt und ist offenbar bei Seelöwenkindern beliebt. In Bodenvertiefungen wachsen harte, graugrüne Büschel vom Salzgras *Sporobolus virgini-*

cus, an den Blättern kleine Kristalle von ausgeschiedenem Salz, das in der unter 20 °C kühlen Nachtluft feucht wird und wegtropft. Dazwischen kriecht Strandwinde (*Ipomoea pes-caprae*) und hüpfen erstaunlich viele der großen *Schistocerca*-Heuschrecken. Der einzige gelbe Vogel auf Galápagos, „Canario", der Goldwaldsänger (*Dendroica petechia*), ist hier leichter zu entdecken als im Wald auf Santa Cruz. Wir kommen an drei Drusenköpfen vorbei; den Löchern im Boden nach zu schließen müssten aber noch mehr von ihnen da sein. Hierher gebracht worden sind sie vor 15 Jahren von der Insel Plaza.

Als wir uns verabschieden und Inka einsam zurücklassen, ist ihr etwas mulmig zumnute. An einem Stück Sandstrand finde ich neben angespülten Netzfetzen und Trinkbecherresten ein graues Plastikspielzeug, einen Ritter zu Pferde. Ich drücke ihn Inka tröstend in die Hand: St. Georg möge sie vor Unbill mit den Drachenechsen bewahren. Gelegentlich wird ein Fischer Trinkwasser bringen, und Santa Cruz ist von hier aus immerhin gut zu sehen, wenn auch ziemlich weit weg.

Meerechsen

Die Meerechsen sind vielleicht das berühmteste Tier von Galápagos. Mit ihrer besonderen Lebensweise hatte sich schon Eibl-Eibesfeldt und haben sich nach Fritz und Inka weitere meiner Mitarbeiter beschäftigt. Auf den weit voneinander entfernten Inseln sind Unterarten der Echsen entstanden. Dass sich einige in der Grundfärbung deutlich unterscheiden, haben wir gesehen. Selten sind sie ganz schwarz, wie auf Caamaño. Manche Unterarten bekommen zur Paarungszeit leuchtend rote Flecken am gesamten Körper. Meist ist die Unterseite schmutzig gelbbraun und der Rücken trägt graue und schwarze Flecken in Querbinden und Reihen. Mit Schwanz werden die Echsen knapp zwei Meter lang. Weibchen wiegen etwa 500 g, starke Männchen bis 11 kg. Drachenartig lässt sie die stark höckerige Kopfoberseite und der über den gesamten Rücken vom Nacken bis zur Schwanzspitze reichende Stachelkamm erscheinen. Extravagant ist ihre Ernährung: Sie nagen mit seitlich scharfen Kieferkanten Algen vom Untergrund, vorwiegend den Meersalat *Ulva lactuca*. Die großen Männchen tauchen dazu bis in 30 m Tiefe. Zum Schwimmen dient der seitlich abgeflachte Ruderschwanz. Die meisten weiblichen und kleineren Tiere tauchen nicht tiefer als fünf Meter und dann auch nur kurz, oder sie nutzen Ebbezeiten und fressen in der Gezeitenzone. Junge fressen nur da und schaben mit den Kieferkanten gern den noch ganz unauffälligen Algenaufwuchs von den großen Riesenseepocken (*Megabalanus peninsularis*). Es sind wechselwarme Tiere, die im Wasser bei 9 °C rasch soweit auskühlen, dass ihre Bewegungen immer langsamer werden, auch die effektiven Beißbewegungen. Das Salz, das sie mit jedem Bissen im Meerwasser schlucken und in Drüsen sammeln, wird später ausgeniest, wenn sie sich in praller Sonne wieder auf 38 °C aufwärmen. Wieder auf Betriebstemperatur bringen sie so auch ihre Darmbakterien, die speziell zum Verdauen der Algen nötig sind und ihnen wenig nützen, falls sie Landpflanzen fressen.

Während der Fortpflanzungszeit im Dezember und Januar besetzen die Männchen Reviere, in denen sie möglichst viele Weibchen zu versammeln und gegen andere Männchen zu verteidigen suchen, so wie es auch viele Antilopen tun, etwa die Wasserböcke am Nakuru-See in Kenia. Grenzkämpfe zwischen Echsennachbarn beginnen mit mehrmaligem heftigem Kopfnicken, das in Kopfzittern ausläuft. Mit offenem Maul wird die rote Zunge gezeigt. Ebenfalls wie Antilopen rammen die Kämpfer ihre höckerigen Schädel gegeneinander und versuchen, den Rivalen vom Platz zu schieben. Sie haben keinen festen Harem, sondern warten auf durchziehende Weibchen, laufen dann mit seitlichem Kopfzittern um das Weibchen herum, können aber nichts dagegen tun, wenn es aus dem Revier weiter zu einem anderen Männchen geht. Die Weibchen kopulieren schließlich mit einem möglichst großen Männchen. Als später Carmen Rohrbach, eine meiner Doktorandinnen, auf Caamaño war, tauchten dort zur Paarungszeit plötzlich für diese Insel ungewöhnlich große Männchen auf. Sie waren die acht Kilometer von Santa Cruz herübergeschwommen, vertrieben die ansässigen, futterlimitierten und viel kleineren Konkurrenten aus deren Revieren, paarten sich mit den Weibchen und verschwanden anschließend wieder.

Die Weibchen allein entscheiden, mit wem sie sich paaren und schaffen mit ihrer ausgeprägten Vorliebe für große Männchen den Selektionsdruck, der dazu führt, dass Männchen unter günstigen Nahrungsbedingungen zehnmal so schwer wie Weibchen werden. Das aber hat, wie Martin Wikelski zeigte, üble Folgen, wenn El Niño kommt, das Oberflächenwasser monatelang bis 31 °C aufheizt und damit die meisten Algen tötet. Gerade die besonders großen Männchen, deren Lebenserwartung sonst bei etwa 30 Jahren liegt, verhungern besonders schnell. Mengen ihrer Leichen und Skelette auf den Inseln liefern dann ein besonders eindrucksvolles Beispiel dafür, dass sexuelle Selektion und natürliche Selektion gegeneinander wirken können. Das gilt auch für die Weibchen, denn große, die ebenfalls unter El Niño leiden, haben andererseits aus größeren Eiern größere Junge, die weniger dem Feinddruck (etwa von Bussarden) ausgesetzt sind.

Tagebuch: Forschungspläne

Wieder auf der Station kann ich mit dem derzeitigen Direktor, Craig MacFarland, seine und unsere Pläne besprechen. Vorrangig ist selbstverständlich der Schutz der einmaligen Lebewesen auf den Inseln. Vordringlich gehört dazu, so kurios das klingt, das Ausrotten von Tieren, nämlich der auf viele Inseln ausgesetzten und nun verwildernden Haustiere. Auf der Liste stehen Ziegen, Schweine, Esel, Rinder, Hunde und Katzen. Den größten Schaden am Pflanzenkleid der Inseln richten Ziegen an, die ja auch kräftig zur Verödung weiter Landstriche Afrikas beitragen. Von der Insel Santa Fé sind sie seit 1971 ausgerottet, und die Vegetation erholt sich. Auf Pinta hat man seit 1971 bislang 30.000 Ziegen geschossen, aber immer noch sind ein paar Tausend vorhanden. Auf Santiago wurden sie 2005 und 2006 erfolgreich beseitigt.

Sorgen bereiten auch Touristen, die zwar dem Nationalpark Geld bringen, aber beaufsichtigt und geführt werden müssen, wie Großstadtkinder beim Naturwandertag, weil sie zu selten merken, wenn sie Kekspapier oder Zigarettenstummel verlieren, die dann von Spottdrosseln oder Echsen aufgesammelt oder verschluckt werden. Für große

Touren stehen zwar gute zweisprachige Guides bereit, für kleine aber nicht. Die Guides arbeiten zwei bis drei Jahre. Neue auszubilden und zu bezahlen, kostet viel Geld. Und das Budget der Station stammt zu 94 % aus Spendengeldern, nur 6 % kommen von Arbeitsplatzmieten der Wissenschaftler. Für die ist die Arbeit auf den Inseln zusätzlich kostspielig. Von der Station zur westlich neben Isabela liegenden Insel Fernandina zu gelangen, dort zu arbeiten und zurückzukommen, ist teurer als nach Europa zu fliegen. Und riskanter natürlich auch. Abgesehen davon, dass ein unzuverlässiger Bootskapitän Nahrung und Trinkwasser vielleicht auf der falschen Insel absetzt oder den Termin gar vergisst, dürfen Forscher sich nicht allein der Gefahr von Stürzen und Knochenbrüchen aussetzen. Es hat schon etliche bedrohliche Fälle gegeben, zum Beispiel Angriffe der verwilderten großen Hunde, die zwei Mann nur Rücken an Rücken stehend abwehren konnten.

Craig hätte ein Viertel seiner Arbeitszeit der Forschung widmen sollen, verbringt aber fast die gesamte Zeit mit Organisation, Verwaltung und Beraten der Parkverwaltung. Gerade ist es gelungen, das Fangen von Meeresschildkröten zu stoppen, nachdem 1970–1971 Japaner mit Erlaubnis der ekuadorianischen Regierung 4000 von ihnen erbeutet haben. Ein wahrscheinlich unlösbares Problem liefern die auf verschiedenen Wegen eingeschleppten fremden Pflanzen, besonders solche, die asynchron zu einheimischen fruchten. Dann werden ihre Samen statt der einheimischen von Vögeln, die Früchte von Lava-Eidechsen konsumiert und weit verbreitet. Craig hat ein gutes Verhältnis zu den ekuadorianischen Behörden und ist ein effektiver Geldbeschaffer für die Station, aber seine Familie leidet. Frau und Töchterchen hassen Galápagos, und das Adoptieren eines Ekuadorianer-Babys hat daran nicht viel geändert. Ich kann zusichern, dass die Max-Planck-Gesellschaft für mich und meine Mitarbeiter weiterhin einen Arbeitsplatz anmieten wird (später kam noch ein zweiter hinzu). Als Counsellor der CDRS soll ich künftig im Scientific Council über anstehende Maßnahmen und Projekte mitbestimmen.

Alle Wissenschaftler sollten neben ihrer eigenen Arbeit die Augen offenhalten, ob sie irgendwoher stammenden Neuankömmlingen der Tierwelt begegnen. Längst durch Menschen unabsichtlich eingeführt und zu Plagen geworden sind Haus- oder Schiffsratten (*Rattus rattus*), Feuerameisen (*Wasmannia auropunctata*), Nacktschnecken (*Vaginulus plebejus*) und Schildläuse (*Icerya purchasi*). Letztere stammen aus Australien, und zur Bekämpfung hat man nun absichtlich den australischen Marienkäfer *Rodolia cardinalis* eingeführt. Ein selbstreisender Zuwanderer ist der afrikanische Kuhreiher (*Bubulcus ibis*); er gelangte vor etwa 40 Jahren über den Atlantik nach Brasilien, von dort über die Westindischen Inseln zum nördlichen Südamerika und weiter nach Galápagos. Hier auf den Inseln gibt es bislang kaum Blattkäfer (Chrysomelidae), wohl aber viele Bockkäfer und andere holzbohrende Insekten, die also wohl in Treibholz hergeschwommen sind. An einigen Stellen findet man Wasserfarn (*Azolla*) und Wasserschlauch (*Utricularia*), die an Wassergeflügel angehängt eingewandert sind. Schon Darwin hatte ausprobiert, dass Samen aus den Kröpfen angeschwemmter Vogelleichen noch keimen. Bislang wachsen auf Galápagos keine Feigen; die bräuchten ja zu ihrer Fortpflanzung die kleinen Feigenwespen, und auch die gibt es bisher hier nicht. Aber das muss nicht so bleiben. Bisher gab es auch keine Amphibien, die im Salzwasser nicht überleben können. Aber im besonders nassen El Niño 1997/1998 wurden in Gärten von Puerto Ayora, zum Beipiel in Pfützen neben einer lecken Wasserleitung, Laubfrösche gefunden und eingesammelt. Heimisch ist diese Art (*Scinax quinquefasciata*) im trockenen Küstenland Ekuadors. Transpotiert wurde sie mit Gemüselieferungen und im Regenwasser, das in einem neuen Autoreifen stand.

Tagebuch: Zurück zum Festland

Am Nachmittag bestaune ich ein von Reitern begleitetes Kuhtreiben an die Küste. Die schwarz-weißen Tiere, die vornehmlich mit weichen Bananenstämmen gefüttert wurden, sind mit Seilen aneinandergebunden und sollen lebend ans Festland verschifft werden. Die Tür vom nahegelegenen katholischen Kirchlein von Puerto Ayora ist offen. Sein ansprechendes Inneres ist mit süßlichen, rosa und hellblauen Bildern geschmückt. Überm erhöhten, einbeinigen Altar ist die Wand offen, und Palmen blicken von draußen herein.

Am 18. Februar genießen wir das letzte Johnson-Frühstück. Der Bus, der uns um 6.30 Uhr abholen sollte, kommt nicht. Alle Bewohner von Puerto Ayora sind noch mehr oder weniger berauscht in Bella Vista, denn gestern war Feiertag mit Fußball und Musik. Craig treibt schließlich einen Fahrer mit großem Ford-Pritschenwagen auf. Der fährt uns endlich um 8.30 Uhr zur Fähre, die uns nach Baltra bringt. Im Wasser sind kleine und große Hornhechte zu sehen, Kugelfische, gelbschwänzige blaue Riffbarsche mit dunkelgelben Lippen (*Pomacentrus arcifrons*) und wieder kopulierende Seeschildkröten. Ein übervoller Bus bringt uns zum Flugfeld, und da steht ein Flugzeug mit ausgebautem Motor. Ein Ersatz sei im Kommen. Der Himmel ist bedeckt, so ist das Warten im Freien erträglich. Ich setze mich auf einen Stein am Rande zu David Attenborough (heute korrekt Sir David). Er war auf dem BBC-Schiff, das in der James Bay vor Santiago neben uns vor Anker ging. Als Vorarbeit zu einem seiner Life-on-Earth-Filme hat er eine Dreitagetour in den 1130 m hohen Alcedo-Vulkan auf Isabela gemacht, gerade zur Paarungszeit der dortigen Elefantenschildkröten. Tief beeindruckt erzählt er vom Brüllen der Männchen und von der tropischen Urzeitatmosphäre. Er fragt mich aus über duettsingende Vögel und Mimikry-Beispiele, die er gern im Film zeigen möchte. Loki beantwortet derweil geduldig dem ausgeschmierten Journalisten weitere Allerweltsfragen, wie sie gewohnt und was sie zu essen bekommen habe.

Schließlich kommt das Ersatzflugzeug, kleiner als angekündigt, mit weniger Sitzplätzen als gebuchte Passagiere warten. Stehplätze sind aber auch bei der TAME nicht vorgesehen. Die Fußballmannschaft muss zurück aufs Festland, ebenso mindestens ein Teil der 17 Mann starken Musikkapelle für wenigstens eine kleine Musik heute Abend. Der Flugkapitän stoppt den allgemeinen Run auf die Maschine, akzeptiert fünf Musiker und schleust uns durch das Gedränge (offiziell hätten wir vorab an Bord gehen sollen).

Im Flugzeug komme ich neben Attenborough zu sitzen. Er berichtet lebhaft vom Cargo Cult der Eingeborenen auf den Andamanen, die grobe Flugzeugattrappen auf Lichtungen aufstellen, um Flieger der Europäer anzulocken; etwa so wie deutsche Jäger früher Holzenten auf Gewässern zum Anlocken wilder Enten benutzten – eine Form von

Mimikry, die bei den Enten funktioniert, bei den Fliegern nicht. Die Hälfte der vierstündigen Flugzeit reden wir von außereuropäischer Stammeskunst, die nicht verstehbar ist, solange man nicht ihre drei Parallelen zur Sprache beachtet: die abstrahierenden Formmerkmale, den ortsspezifischen Stilausdruck und die darin enthaltene Mitteilung. Sein neuestes Buch „*The tribal eye*", in dem er das mit vielen Beispielen aus unterschiedlichen Kulturen ausführt, bekomme ich postwendend „*as a reminder of a happy meeting in the Galápagos*".

Kurz nach 16.00 Uhr sind wir wieder in Quito. Zum späten Nachmittag hat die Frau des Botschafters einen kleinen Kreis von Damen aus der Haute-volée zu einem Empfang eingeladen. Sie wollen sich Neues über Galápagos und die Forschungen dort berichten lassen. Das wirft allerdings ein Problem mit dem prestigegemäßen Äußeren auf. Hierzulande deutet braune Hautfarbe indianisches Blut mongoloider Herkunft an. Als besonders störend empfunden wird ein unregelmäßiges bläuliches Muttermal am unteren Rücken, der Mongolenfleck, den 80 % der Neugeborenen tragen und manche lebenslang behalten. Den Fleck an den Ladies, so noch vorhanden, würde man zwar kaum zu sehen bekommen, aber vorsorglich haben sie dennoch auch ihre übrige Haut im Freien immer mit Sonnenschirm geschützt und sind zudem nachgeweißelt. Lokis und Utas Mangel an Blässe lässt sich nicht übertünchen, aber ihre übliche Unterwegskleidung könnten sie wenigstens anpassen, findet die Herrin des Hauses und bringt einen Kleiderständer mit diversen Vorschlägen. Loki lehnt dankend, aber nachdrücklich ab: „Wir sind wir"! Die quitoer Damen sind am Ende dennoch sehr zufrieden. Abends sind wir Gäste beim Botschafter.

Tagebuch: Otavalo

Am nächsten Morgen beginnt eine botanisch-kulturelle Tour. Wir müssen um 6.30 Uhr bereit stehen zur Fahrt nach Otavalo, einer kleinen, 2600 m hoch gelegenen Stadt 65 km nördlich von Quito, zwei Fahrstunden auf der Panamericana, umgeben von den drei Vulkanen Imbabura, Cotacachi und Fuya Fuya, alle vier- bis fünftausend Meter hoch. Quechua-Hochland-Indios betreiben täglich im Zentrum einen farbenfrohen, weithin berühmten Handwerkermarkt. Umringt von Standküchen, fliegenden Händlern und Obst- und Gemüseverkäufern bietet er in getrennten Abschnitten Silberschmuck, Holzschnitzereien, Gemälde, Panamahüte, Musikinstrumente und allerlei Kleingegenstände aus Holz, Stein, Plastik und Wolle, auch aus Brotteig hart gebackene farbige Tierfiguren: Eulen, Fische, Katzen, Llamas. Am bekanntesten sind bunte Webwaren und andere Textilien aus Wolle. Auch heute, Donnerstag, ist die Vielfalt überwältigend. Samstags ist der Markt noch weit größer und umtriebiger. Früher hockten die Indios mit ihren Waren einfach auf Sand und Lavatuff am Boden. Holländer haben ihnen dann Betonpilzständer gebaut, an denen jetzt die vielfarbig gemusterten Decken und Tücher hängen. Am Marktrand sitzen ganze Familien mit Kindern in einheitlicher Tracht: Breitkrempiger brauner Filzhut, darunter langer, schwarzer Haarzopf, dunkler Poncho und weiße Hose für die Männer, für die Frauen ebensolcher Haarzopf, mehrere dunkle, knöchellange Faltenröcke übereinander und bunt bestickte weiße Bluse mit farbigem gewebtem Gürtelband; dazu mehrere Halsketten. Einige Frauen suchen die Köpfe ihrer Kinder nach Ungeziefer ab, andere frühstücken Schnecken mit hochgedrehten Gehäusen, die aus dem tiefer unten gelegenen San-Pablo-See stammen.

Nach einem aus- und ergiebigen Marktgang fahren wir über einen 3400 m hohen Sattel abwärts, vorbei an einfachen Hütten ohne Schornstein; es raucht zwischen den Dachplatten heraus. Neben Eukalyptus, Araukarien und Mais wachsen Sisalagaven. Ihre Blätter liegen zum Anfaulen in stinkenden Gruben, bis sich die Fasern herausklopfen lassen. Aus dem Tuffboden, mit Wasser vermengt und in einfache Verschalung gefüllt, entstehen um die Felder dicke Lehmmauern. Meist sind sie zur Befestigung oben bewachsen; angeblich halten sie 15 Jahre. Am Straßenrand warten einzelne Indios auf den Bus zum Markt. Andere schleppen Holzladungen oder Grünzeughaufen auf dem Rücken. Nie wird etwas auf Kopf oder Hüfte getragen. Unten am dicht besiedelten Ufer, am Fuß des Imbabura-Vulkans, wuchern Bestände von Totora-Schilf (*Schoenoplectus californicus ssp. tatora*). Es liegt an Straßenrändern in großen gerollten Bündeln und wird zu Matten und Kunsthandwerk weiterverarbeitet. Wir treffen Pferde als Reittiere, Esel als Lastenträger und viele, stets schwarz-weiße Rinder.

Auf einem Wegstück werden vor einer kleinen Prozession Blüten gestreut. Frauen tragen ein auf Blumen gebettetes Püppchen in einer flachen Schale. Es ist *Pase nel Niño*, Tragen des Christkindes von Familie zu Familie. Um das Christkind wird in der jeweiligen Familie ein Fest mit heiliger Messe, Weihrauch und weiterem erforderlichem Beiwerk gefeiert. Für die Ehre eines solchen Festes geben Familien fast ihr ganzes Geld aus. Außerdem ist Faschingszeit, und da werden aus Autos, Bussen und hinter Mauern hervor vor allem weibliche Personen bespritzt, mit Wasser, aber auch mit Mehl, Farbpulver, Spray oder gar Tinte.

Abb. 3.1 Die Schering-Werke prüfen in ihrer Versuchsfarm Pronatec, auf der Hazienda Perafan, von Indios genutzte Früchte verschiedener Solanum-Nachtschattengewächse auf ihren Gehalt an Grundstoffen zur Cortisonherstellung (1977) © Wolfgang Wickler

Nahe dem Städtchen Pifo erwartet uns ein großes zweites Frühstück auf der Hazienda Perafan. Sie liegt so hoch wie Otavalo, gehört zur Versuchsfarm Pronatec der Firma Schering, und widmet sich derzeit dem Anbau von *Solanum marginatum*. Dieses Nachtschattengewächs ist aus Äthiopien nach Amerika gekommen, in Städten verwildert und wurde früher statt Seife benutzt. In seinen Früchten, die ähnlich wie die der Kartoffel aussehen, ist Solasodin enthalten, bis zu 10 % der Trockenmasse (40 kg pro Tonne), das, ähnlich wie Diosgenin aus der *Dioscorea*-Pflanze, für die Herstellung von Cortison wichtig ist.(Abb. 3.1).

Deshalb investieren die Scheringwerke hier beträchtlich, sammeln und prüfen von Indios traditionell benutzte

Pflanzen auf pharmazeutisch wichtige Stoffe, vornehmlich verschiedene *Solanum*-Arten auf Grundstoffe für die Cortisonherstellung. Die örtlichen Vertreter führen uns den großflächigen Anbau vor.

Die *Solanum*-Pflanzen werden in speziellen Gefäßen gekeimt, in Triebbeeten angezogen und dann von Hand (500 pro Tag pro Person, 10.000 pro Tag von zwanzig Pflanzern) ausgepflanzt. Sie müssen zuerst gut gewässert werden, und das geschieht nach alter Indio-Technik, die wir hier kennenlernen: Oben am Hang wird Wasser aus einer Quelle oder einem Bach in Gräben geleitet, die den Höhenlinien folgen, zur nächst tieferen Höhenstufe führen, mit Verbindungsgräben, die nach Bedarf geöffnet und geschlossen werden. Auf bewundernswerte Weise pflügen die Indios die Gräben ohne Vermessungsgeräte nach Augenmaß, präzise den Hügelkonturen folgend. Der Boden der Felder, der kaum Steine enthält, wird mit modernen Traktoren 60 cm tief aufgelockert, dann flach gepflügt und gegen Nematoden desinfiziert. Die einzelnen Pflanzen stehen in Abständen von knapp zwei Metern, werden sehr alt und tragen ständig, müssen aber gegen den Befall durch einen winzigen *Conotrachelis*-Rüsselkäfer behandelt werden.

Die Rückfahrt führt an schönen Agaven als Straßenbegrenzung entlang, zum Cuycocha, einem Kratersee von drei Kilometern Durchmesser am Fuße des Cotacachi. Eine Eruption vor 3100 Jahren sprengte fünf Kubikkilometer Material heraus, bedeckte die umliegende Gegend bis zu 20 cm tief mit vulkanischer Asche und hinterließ eine Caldera. Wasser vom Cotacachi füllt darin beständig einen abflusslosen See, in dem vier Lavadome zwei steile, bewaldete Inseln bilden.

Am Abend folgen wir einer Einladung zu Dr. Rehn und Frau Dr. Grimm von der Katholischen Universität Quito und unterhalten uns mit Naturwissenschaftlern, die im Ausland studiert haben. Sonst spricht hier keiner Englisch. Es gibt auch keine internationale Literatur fürs Studium. Veröffentlicht wird in hauseigenen Zeitschriften auf Spanisch.

Tagebuch: Cotopaxi

Den 20. Februar beginnen wir in der Frühe mit einem Ausflug, zuerst 50 km nach Süden zum Nationalpark Cotopaxi. Ein Markt zwischen ärmlichen Dorfhäusern am Stadtrand gleicht einem Gemüseschlachtfeld. In gebührendem Abstand sind kleine, schwarze Schweine mit Leinen um den Bauch festgebunden. Schafe grasen außerhalb.

Der Cotopaxi gehört zur Allee der Vulkane der östlichen Anden. Mit knapp 5900 m ist er einer der höchsten aktiven Vulkane und zugleich durch seine regelmäßige konische Form mit der Eiskappe das Idealbild eines Vulkanberges. Der vor-inkaischen einheimischen Bevölkerung galt er selbstverständlich als heiliger Berg, verehrt als Sitz von regenspendenden Göttern der Fruchtbarkeit. Sein Name bedeutet „Thron des Mondes". Loki ist gespannt auf die Ähnlichkeit seiner Gebirgsflora mit der unserer Hochalpen, als Ergebnis konvergenter Entwicklung unter ähnlichen ökologischen Bedingungen. Wir werden mit einem Jeep bis etwa 4200 m hinaufgefahren, vorbei an Lamagruppen, und stehen dann wirklich am Rande eines alpenähnlichen Hochgebirgsmoors mit kleinem See. Es ist kalt. Kurz oberhalb beginnt der Schnee. Außer dem wunderbaren Cotopaxigipfel ist auch der benachbarte 5263 m hohe Illiniza mit seiner Doppelspitze zu sehen.

Neben uns blühen meterhohe *Protea*-Sträucher. *Valeriana*-Büsche sind Schuld daran, dass es kräftig nach Baldrian riecht. Aus einer Blattrosette am Boden ragt der meterhohe Blütenstand einer Riesenbromelie. In der weiten Hochebene stehen büschelweise Süßgräser (*Calamagrostis intermedia*). Sonst besiedeln die Schotterfläche des Paramo vorwiegend Heide (*Pernettya*), Bärlapp (*Lycopodium*) und Almohadillen genannte Kissenpflanzen: *Cerastium*-Hornkräuter, hellgrüne Andenpolster (*Azorella trifurcata*) und Wegericharten (*Plantago, Werneria*). Dazwischen blühen Lupinen. Loki sammelt einen orangerot blühenden Korbblütler (*Chuquiraga jussieui*), der an eine Distel erinnert, sowie „Porzellanblümchen", Enziane in verschiedenen Farben: weiß *Gentiana sedifolia*, violett *Gentianella cerastioides*, oder gelb *Halenia weddeliana*. Hier hat 1898 auch Therese von Bayern auf ihrer zweiten Südamerikareise Herbarmaterial gesammelt. Eine locker in Bodenvertiefungen liegende Wanderflechte erinnert mich an die *Parmelia*-Rollflechte in Sandrinnen der Namib, wohin sie der Wind zu graugrünen Würsten zusammenweht. Eins der für die hohen Anden typischen Astergewächse wirkt wie ein Nadelbäumchen. Sein botanischer Name *Loricaria ilinissae* irritiert den Zoologen, der als *Loricaria*-Arten südamerikanische Harnischwelse kennt, die in den Wasserfällen der Anden herumklettern. Ebenso doppeldeutig ist der Gattungsname *Werneria* für Wegerichpflanzen und für einen afrikanischen Frosch in Kamerun. Ein vorbeifliegendes Taubenpaar und ein blaugrüner Veilchenohrkolibri (*Colibri coruscans*) sind die einzigen Vögel, die wir am Cotopaxi sehen. Von seiner gerade stattgefundenen Aktivität mit kleineren Erdbeben hat er uns nichts spüren lassen.

Tagebuch: Tilipulo

Auf dem freien Platz vor dem alten Jesuitenkloster Tilipulo erwartet uns das nächste Erlebnis. Männer aus dem Dorf Sasquisili führen in einer langsamen Tanzschrittprozession einen Festtanz vor, der zu verchristlichten Indiofesten an den Feiertagen der Heiligen Peter und Paul und Johannes gehört. Hauptfiguren sind sechs „Priester", gekleidet wie *sandwich-men* in prächtige goldgelbe Gewänder nach dem Vorbild kolonialzeitlicher Kasel-Messgewänder. Ein hoher Kopfschmuck ist bestückt mit Perlen und Spiegeln, dahinter drei Federbesen. Um die Knöchel tragen sie Schellen, in der Hand Stöckchen mit daran befestigten kleinen Tüchern. Ihnen folgen drei Maskentänzer, ein Hund, ein Affe, ein Mensch-Mond, gekleidet in rechts-links verschiedenfarbige schlafanzugartige Pumphosen. Ein „Mädchen" mit Kapuzentuch (darin Flaschen, angeblich voll Wein und Schnaps) sowie eine „Frau" mit Kind auf dem Arm kennzeichnen eine Familie, zu der dann wohl auch ein Mann in gewöhnlichem Anzug mit verziertem Stock und großer Flasche gehört. Sie alle tragen menschliche Gesichtsmasken und erinnern mich an Figuren mit Lütter und Lütterin im alpenländischen Klaubaufgehen.

Die ganze Prozession bewegt sich langsam mit Hüpfschritten, jeweils auf einem Bein, während das andere vorschwenkt, an uns vorbei, hinter drei Bäumen zurück, und schließt den Kreis zu einem zweiten Vorbeizug. Untereinander berühren sich die Tänzer nie. Ein Teufel in roter Maske tanzt immer in Gegenrichtung zu den anderen. Die Tiermasken wechseln die Tanzrichtung ab und zu. Frauen, wie gesagt, sind an der Prozession nicht beteiligt.

Zwei Musiker in Bauerntracht liefern die monotone Akustik, einer schlägt eine große Trommel, der andere trommelt mit der rechten Hand und spielt mit der linken Flöte. Anführer der Folkloregruppe ist der 81-jährige Bürgermeister; er steht auf Stock und Mann gestützt daneben. Drumrum stehen und staunen weitere Dorfbewohner.

Das kleine Kloster Tilipulo hinter uns stammt aus dem 17. Jahrhundert. Die Jesuiten brachten damals den Indios Textilindustrie und Landwirtschaft und wurden 1750 von den Spaniern des Landes verwiesen; eine reiche Familie übernahm das Kloster. Angeblich ruht noch irgendwo ein Goldschatz der Jesuiten. Aber die Klostergebäude sind auch ohne Gold sehr hübsch, weiß, mit Innenhöfen und Wehr- und Aussichtsumgängen, einem Freisitz mit Kamin, mit tropischer Bepflanzung, einer „Keller"treppe zur Zisterne und einer Kirche. Darin in einer Krippe liegt ein übergroßes Puppenchristkind, wie in Tanzania in der Missionskirche von Karatu.

Tagebuch: Wieder in Quito

Am letzten Tag bekommen wir noch wichtige Punkte in Quito zu sehen. Das Museum der Zentralbank, das beste des Landes, bietet einen Blick auf die vor-inkaischen Kulturen anhand ihrer Hinterlassenschaften. Die Valdivia-Kultur

(3200–1800 v. Chr.) hinterließ menschliche Terrakotten mit kleinen Händen, Köpfen mit mächtigen Frisuren und deformiert nachgebildeten Schädeln, entweder von vorn und hinten flach zusammengedrückt oder mit verlängertem Hinterkopf. Die kleinen Figuren haben wohl Heilungen unterstützt und wurden danach weggeworfen. Aus der Chorrera-Kultur (um 1500 v. Chr.) sind ungewöhnlich geformte dünne Tonschalen mit feiner Punktbemalung erhalten, eine Fruchtpresse (wie unsere heutige Zitronenpresse) von 50 cm Durchmesser mit Ausgussdelle und einem rauen Tonkegel mit eingedrückten Steinchen in der Mitte. Daneben liegen Schmuckstücke aus dicken Schalen der *Spondylus*-Auster und „Jugendstil"-verzierte Tontöpfe. Offenbar wichtige (Zeremonial?-)Tontöpfe hat man ohne Klebstoff repariert: Löcher neben dem Bruch deuten an, dass die Teile wieder straff zusammengebunden wurden. Von der Mahia-Kultur (500 vor bis 500 n. Chr.) sind riesige Vorrats-Amphoren aus Ton erhalten, die mit Seilen auf dem Rücken getragen und in der Hütte in Erdvertiefungen gestellt wurden. Tritonschneckenhäuser, die als Rufhorn Verwendung fanden, sind aus Ton naturgetreu nachgebildet. Es gibt Menschenfiguren in asiatisch wirkender Buddha-Stellung, als Okarina-Flöten und als Coca-kauende Figurinen mit der typischen, nach außen ragenden Beule in einer Backe, die *in natura* an dieser Stelle innen kaputt ist. Denn die Coca-Blätter müssen, um zu wirken, mit Kalk gekaut werden. Dann dienten sie (wie heute noch) hungerstillend und damals als einziges Betäubungsmittel bei Zahnoperationen und Schädeltrepanationen. Das Museum zeigt Schrumpfköpfe aus der Tuncahoan Kultur im Hochland und aus der zeitgleichen Panzaleon-Kultur hölzerne Stoffstempel sowie

Lippenpflöcke für die Unterlippe. Auffällig sind zahlreiche Zwillingsdarstellungen bei Mensch und Tier. Menschendarstellungen der Tolita-Kultur an der Küste, ebenfalls 500 vor bis 500 nach Christus, zeigen, dass Schielen nicht als hässlich galt; Kindern wurde sogar ein Pflock auf die Nase gesetzt, damit sie sich Schielen angewöhnten. Erhalten sind Ponchos der Männer und Schaltücher der Frauen, in die auch Kleinkinder eingewickelt wurden. Verblüffend sind kleine Löffelchen und miniaturfein gearbeiteter Schmuck, beides aus Gold mit Platin; man vermutet, dass die Edelmetalle mithilfe eines sauren Pflanzensaftes verbunden wurden, denn durch Erhitzen ist das in so winziger Form nicht zu bewerkstelligen.

Die Franziskanerkirche mit Kloster von 1534 hat innen reichlich Gold. Am Altar steht eine tänzerische Marienfigur, die Muttergottes von Quito, einzigartig mit Flügeln dargestellt. Als Kopie davon gilt der in genau 3000 m Höhe über Quito wachende Engel auf dem Panesilio-Hügel, den wir vor drei Wochen besucht haben. Die offenen Beichtstühle sind gerade in Betrieb; wir beschränken uns auf die schönen spanisch-maurischen Innenhöfe und den geschlossenen Kreuzgang, der wie ein Museum mit großen Bildern ausgestattet ist, die recht phantasievoll die sieben Bitten des Vaterunsers mit den sieben Sakramenten verbinden, ferner ein mit Öl auf Alabaster gemaltes Marienleben in über zwanzig gerahmten Bildern und kahle Büsten (wie aus einer Maßschneiderei) zum Anziehen für Prozessionen. Die Konvente San Francisco und Santo Domingo verschmelzen spanische, italienische, maurische, flämische und einheimisch indianische Stile, Beispiele für die berühmte „Schule von Quito". Zu allen Tageszeiten sind Menschen in den

Kirchen. Als „heilsame Unterbrechung" des Alltags stärken sie sich an der sakralen Kunst wie an einem Fenster zum Himmel.

Die 1605–1675 aus Vulkanstein gebaute Jesuitenkirche La Compañía de Jesús gilt als eine der großartigsten Kirchen Südamerikas und zählt zu den größten Kunstwerken der Kolonialzeit. Das mag für ihre reine Architektur gelten, die kaum verstellt ist durch liturgisches Mobiliar. Verehrt wird eine fromme Frau, Santa Maria de Jesús, die hinter dem Altar hinter Glas liegend als Nonne dargestellt ist, obwohl sie keine war. Daneben ebenfalls hinter Glas ihre Gitarre und ihr Nähkästchen, das auch Abzeichen der heutigen Mariana-Vereine ist. Mich stört der Hochaltar, der von Gold geradezu strotzt, im Dienste der Heidenmission von eben diesen Heiden erpresst. So schrieb Kolumbus am 7. Juli 1503 an seine Auftraggeber: „Wer Gold besitzt, kann alles, was er in dieser Welt begehrt, erlangen. Ja, für Gold kann er die armen Seelen ins Paradies bringen". Wie ehedem die goldreichen Heidenherrscher verehrt wurden, so beten heute die inzwischen bekehrten Nachfahren dieser Heiden für deren arme Seelen vor den raubgoldgeschmückten heiligen Altären.

La Merced ist das 1534 gegründete Kloster der Mercedarier, die sowohl Mönche wie Nonnen haben, auch die Männer weiß gewandet. Im vollständig gepflasterten Innenhof prangt ein Brunnen des Neptuns. „Warum nicht?", erklärt ein Pater, „das ist Anknüpfung an alte Kulturen". Der Turm birgt Ekuadors größte Glocke und eine Uhr, wie es sie nur noch einmal in London gibt. In der 1734 geweihten Kirche ist gerade Gottesdienst. Eine Frau mit Kindern räuchert Weihrauch an den Stufen zum Altar, an dem grüne und gelbe Lämpchen blinken. Orgelmusik erklingt elektronisch vom Band. Der Raum hat die beste Akustik aller Kirchen in Quito, vielleicht wegen des perfekten Tonnengewölbes unter dem 1,80 m darüber liegenden Dach. Wir dürfen die zweietagige Klosterbibliothek besichtigen. Sie enthält 62.000 Bücher, darunter 27 Erstdrucke, auch von Don Quichote. Neben Bibeln liegen Journale aus Vietnam. Alles ist recht verstaubt; durchs Dach tropft Wasser. Im Kalkstaub hinter der ersten Bücherreihe liegt Gedrucktes zusammengebunden.

Ein kleines Kolonialmuseum gegenüber von La Merced zeigt herrliche Truhen und Miniaturen, alles ziemlich verwinkelt angeordnet. Auf schief hängenden Bildern sind Gesichter, Charaktere oder das Essen verschiedener europäischer Völker vorgeführt. Wir haben reichlich Gesprächsstoff für den Abschiedsabend in der Residenz des Botschafters.

Abgesang

Die Galápagos-Tour hat sich gelohnt. Von Loki haben wir Botanik gelernt. Auf den Inseln sind auf natürliche Weise 560 Pflanzenarten heimisch geworden, 180 von ihnen gibt es nur hier. Eine solche ist die Baumgattung *Scalesia*, die sich in eine Anzahl getrennter Arten entwickelt hat und damit eine botanische Parallele zu den Darwin-Finken bildet. Außerdem haben die *Scalesia*-Arten, in Parallele zu vielen Inselinsekten, ihre Verbreitungstaktiken reduziert. Loki hat 120 Pflanzen mit Blüte und Frucht gezeichnet und 85 Samensorten fürs Botanische Institut gesammelt.

Manche Identifizierung hat sie später noch nachgeliefert. „Das kleine Malvenzeugs, das die Darwin-Finken auf Santa Cruz fraßen, ist *Malvastrum coromandelianum* oder *scopavi-*

cum", schrieb sie mir im Mai 1977 aus Hamburg: „Unsere ‚Cotopaxi-Protea' ist durch Pollenkörner bestimmt als *Chuquiraga jussieui* C. F. Gmelin. – Die Cotopaxi-Flechte hat noch keinen Namen. – Der dicke blaue Korbblütler, der auch auf der Höhe wuchs, *Perezia*. – Die Riesenbromelie mit den türkisfarbenen Blüten ist eine *Puya*-Art, wahrscheinlich *Puya fatuosa*. – Der gelbblühende Busch auf der Hochebene vor dem Parkeingang ist eine *Hypericum*-Art. – Violett krokusartig blühender Enzian ist tatsächlich einer aus der Gattung *Eustoma, Hockinia* oder *Sabbatica*."

Auf meiner zukünftigen Agenda stehen schon einige Forschungsthemen. Insgesamt haben aus meinem Institut etwa 20 Mitarbeiter auf Galápagos geforscht. Und wir nutzen die Arbeitsplätze an der Station bis heute.

Zusätzlich lieferte mir das Museum der Zentralbank in Quito mit seinen 5000 Jahre alten Kulturgegenständen erste Ideen zu einem ethno-zoologischen Archäometrieprojekt. Durch Lokis Vermittlung an die Hauni- bzw. Körber-Stiftung ist es auf der nächsten Südamerikareise Realität geworden und hat 2008 auf der 850-Jahrfeier Münchens in einer Ausstellung des Völkerkundemuseums ein vorläufiges Ende gefunden.

4
Malaysia

Das Geburtstagsgeschenk von Helmut Schmidt an seine Frau Loki war 1978 eine botanische Studienreise nach Malaysia, auf dem Festland in den angeblich ältesten erhaltenen tropischen Primärwald im Taman Negara Nationalpark und zur speziellen Flora am Berg Kinabalu auf der Insel Borneo. Da Loki von unseren Wissenschaftsreisen begeistert war, fragte sie Uta und mich, ob wir mitkommen könnten. Gern sagten wir zu. Die 17-tägige Reise versprach Gelegenheiten, mögliche Freilandforschung an asiatischen Primaten und Vögeln auszukundschaften. Geplant war auch ein Besuch des Sarawakmuseums in Borneo, das berühmt ist für seine umfangreichen Sammlungen von Mimikry-Insekten und mich deshalb schon lange lockte. Die Reiseorganisation lag wieder bei Alf Dickfeld.

Tagebuch: Zum Taman Negara

Wir starten am Abend des 7. April in Frankfurt mit der MAS (Malaysian Airline System), stehen bei einer Zwischenlandung in Kuweit um 3.00 Uhr früh eine Stunde weit draußen auf dem Rollfeld und landen wegen Rückenwind immer noch eine halbe Stunde zu früh in Kuala Lumpur. Das Protokoll transportiert uns in Autos in die Stadt, begleitet vom Sirenengeheul zweier Polizeimotorräder, deren eines jeweils die Seitenstraßen blockiert, bis wir vorbei sind und uns dann überholt. Nach offiziellem Empfang im Hotel „The Regent of Kuala Lumpur", mit Orchideeenstrauß für Loki, übernachten wir im 20. Stock, bewacht von Sicherheitspolizisten am Fahrstuhlausgang.

Diesmal reisen offiziell auch Vertreter der deutschen Presse mit. Die fachlich botanische Leitung hat Professor Hoi-Sen Yong, Genetiker an der University in Kuala Lumpur. Loki wird begleitet von ihrem Personenschutzbeamten, Kriminalhauptkommissar Waldemar Guttmann. Außerdem ist ihr ein Offizier der malaysischen Polizei zugeteilt, die zierliche, 21-jährige Inderin Shanta im schicken, malerisch um Schulter und Hüften drapierten seidenen Sari. „Wo die in ihrem dünnen Kleidchen die Pistole hatte, ist mir ein Rätsel geblieben", bekannte Loki.

Am nächsten Morgen fahren wir mit Polizeieskorte zum Militärflugplatz. Ein großer Militärhubschrauber wird uns nach Kuala Tahan bringen, zum Hauptquartier des Taman Negara Parks. Eine Hubschrauberseitentür wird nach innen geklappt und bleibt offen, sodass man stehen und während des Fluges rausschauen kann. Ohrschützer hemmen den Fluglärm. Der Fahrtwind stört nur am Hinterrand der Tür. Wir genießen einen wunderbaren Blick auf den dichten Wald unter uns. Siedlungen sehen wir keine, dafür in Schluchten viele kleine Wasserläufe. Der Pilot umrundet für uns einen besonders schönen Berg, den Gunung Tahan, der hoch über der Baumgrenze herausragt. Auffällig sind unten im grünen Baumkronenteppich einige Bäume mit leuchtend rotem Laub, das schlaff, wie welk an den Zweigen hängt. In Wirklichkeit sind es aber gerade die ganz jungen Blätter, zum Beispiel vom Kasai-Baum (*Pometia pinnata*), die sich erst nach einigen Tagen aufrichten und grün werden. Was dieses Farbenspiel zu bedeuten hat, scheint unbekannt.

Plötzlich landet der Hubschrauber auf einer Lichtung, dicht neben einem Dorf. Stickig heiße Luft quillt herein. Einheimische mit Schulkindern nähern sich uns freundlich skeptisch. Die Piloten scheinen sich ohne genaue Karte nicht gut auszukennen (es gibt noch kein satellitengestütztes Navigieren). Sie erkundigen sich nach dem Weg und erfahren, unser Ziel läge „dort hinten drei Zigaretten weit". Beim Start des Hubschraubers bläst der Rotorwind eine riesige Blätterwolke auf und die Kinder fast um (Abb. 4.1).

Zehn Minuten später landen wir auf einer Sandbank mitten im Sungei Tembeling, dem einzig möglichen freien Platz. Wir steigen um in ein schmales, langes außenbordmotorgetriebenes Boot, das uns zum steilen Lehmufer bringt. Oben an der langen Treppe wird Loki wieder mit einem Strauß Orchideen empfangen – der gestrige blieb im Hotel zurück. Eine Begrüßungsdelegation vom Staat Pahang bringt in die einfache Bungalowanlage Gastgeschenke, einen wunderschön goldgewirkten Stoff für Loki, einen grünseidenen für Uta. Die First Lady von Germany zaubert von irgendwoher eine Gegengabe hervor.

Der Park verdankt sein Dasein einem weitblickenden Sultan der drei Staaten Kelantan, Terengganu und Pahang. Er erklärte 1938 ein 4343 Quadratkilometer großes Gebiet mitten auf der Halbinsel Malaysia zum „King George V. National Park", dessen Name nach der Unabhängigkeit in

Abb. 4.1   Loki mit „unserer" Hubschrauberbesatzung in Malaysia, die uns zum Taman Negara flog (1978). (© Wolfgang Wickler)

„Taman Negara" (malaiisch für „Nationalpark") geändert wurde. Er liegt im 130 Mio. Jahre alten Primärurwald. Hier bei Kuala Tahan mündet in den Weißwasser führenden Sungei Tembeling ein dunkler, mit Humus angereicherter Schwarzwasserfluss, Sungei Tahan. Auf dem erreicht man Kuala Tahan mit einem Boot normalerweise in drei bis vier Stunden. Bei heftigem Regen und Hochwasser muss ein Helikopter das Lebensnotwendige bringen.

Tagebuch: Urwalderkundung

Am Nachmittag werden wir auf einem kaum erkennbaren Pfad in den Urwald geführt. Der mit totem Blattwerk bedeckte Waldboden trägt überall dichtes Unterholz. Zuerst ins Auge fallen die dicken Brettwurzelstämme des

Neram-Baumes (*Dipterocarpus oblongifolia*), der alle anderen Waldbäume überragt. Seine Zweige sind dicht besetzt mit Orchideen. Auf den Brettwurzeln kriecht Kletterficus (*Ficus repens*) weit hinauf. Viele Stämme sind mit hellen Lehmflächen beklebt, von denen schmale Lehmwege abzweigen. Darinnen, vor Insektenjägeraugen verborgen, laufen sehr kleine Termiten. An einem doppelt mannshohen Baumstumpf mit fünfstrahligen Brettwurzeln ist zwischen den Wurzelbrettern gut zu sehen, wie der ehemalige Gigant langsam zersetzt wird, unter anderem von Rindenpilzen (*Rigidoporus*, *Hymenochaete*) und asymmetrischen Hutpilzen (*Lentinus*). Daneben hängt büschelweise Bärlapp (*Lycopodium*). Eine rundhäusige *Cyclophorus*-Schnecke weidet am bemoosten Holz, mehrere kleine, drehrunde *Thyropygus*-Tausendfüßer mit rötlichem Kopfende fressen an Flechten, und in langen Reihen tragen Prozessions-Termiten (*Hospitalitermes*) weißliche Pilz- und Flechtenbällchen zwischen den Mandibeln in ihr Nest neben dem Baumstumpf. Ganze Termitenkolonnen kommen an einem benachbarten Eugenia-Baum (*Syzygium grande*) herunter.

Über uns hängen die lichten Wedel der Rotangpalmen (*Calamus*) und ihre langen, grünen Blütenstände, auch sie voller Ameisen. Wir meiden vorsichtig die stacheligen Stämme. Viele Dschungelgehölze sind stachelig, aber warum? Als Schutz? Wer frisst davon? Vielleicht die kleinwüchsigen Wildschweine (*Sus scrofa*), von denen einige vor uns durch den Wald laufen. Der begleitende Eber hat einen dunklen Rückenkamm, ein helles Querband über die Schnauze und einen weißlichen Backenbart. Von hohen Ästen bis zum Boden herunter reichen Lianen in vielerlei Variationen, viele als umeinandergedrehte Seile, andere wie armdicke Kletterstangen. Wieder andere verlaufen wie bodennahe Leitplanken durch den Wald. Manche Bäume haben unerwartet große Blätter, zu unförmig für die mitgebrachte Pflanzenpresse. Die gefingerten vom Brotfruchtbaum (*Artocarpus*) sind schwer, 50 cm lang und bis 30 cm breit und wirken am Boden liegend wie aus Plastik hergestellt. Ab und zu stoßen wir auf einen eleganten mannshohen *Cyathea*-Baumfarn. Büschelweise steht wilder Ingwer (*Zingiber officinale*), dessen kolbige Blüten neben den Blattstielen aus dem Boden drängen. Im Feuchten wächst der auffällige Bemban (*Donax grandis*) mit seinen dünnen, gegabelten Stengeln, ebenfalls großen Blättern und orchideenartigen weißen Blüten. Überall steht ziemlich hoher Moosfarn *Selaginella*. Seine Blättchen sind an besonnten Stellen grün, im Schatten blau; das liegt – so sagt Professor Yong – an Oxalatkristallen in den Zellen, die je nach Lichteinfall verschieden reflektieren.

Vor mir fliegt auffallend langsam der Schmetterling *Papilio polytes*, der meinen Mimikry-Buchdeckel ziert; er hat aus seiner Zeit als Raupe ein schützendes Gift von seiner Fraßpflanze in sich und kann sich Langsamkeit leisten. Mehrere ebenfalls recht große (im Englischen „*birdwings*" genannte) männliche Ritterfalter (*Trogonoptera brookiana*) ruhen mit ausgebreiteten schlanken Flügeln in einem Sonnenfleck am Boden. Ihre Reihe grüner Dreiecke auf schwarzem Grund ist wohl ebenfalls ein Warnsignal. Ein mindestens 30 cm langer Riesenschnurfüßer (*Archispirostreptus*) überquert eine, wie flach zementiert wirkende, kahle Fläche am Boden, in deren Mitte ein knapp zentimeterweites Loch klafft. Hier, so wird uns erklärt, ist eine Zikade aus dem Boden geschlüpft. Auch aus den Spitzen von vielen fünf bis zehn

Zentimeter hohen Lehmtürmchen in der Umgebung sind Zikaden geschlüpft. Sie haben die längste Zeit ihres Lebens, zwei bis fünf Jahre, als Larven im Boden verbracht, bauen sich nun einen Schornstein zum Tageslicht, paaren sich in wenigen Tagen und legen wieder Eier in den Boden. Viele sterben aber schon vorher, weil sie von einem auf Zikaden spezialisierten Pilz (*Massospora*) befallen werden, der als Parasit alle inneren Organe zerstört. Seine Sporen liegen auf dem Waldboden. Und die schlupffertigen Zikadenlarven bauen sich, um einer Infektion zu entgehen, von unten Türmchen und verlassen die schützende Erde erst hoch über der Gefahrenzone. Manche Riesenzikaden allerdings haben anschließend den Menschen zum Feind. Die Kaiserzikade (*Pomponia imperatoria*) kann 11 cm Körperlänge und eine Flügelspannweite von 22 cm erreichen. Wie Klatschgeräusche klingen die Lockgesänge ihrer Männchen. Auch auf Händeklatschen der hiesigen Ureinwohner reagieren sie, lassen sich in deren Nähe nieder, werden eingesammelt und anschließend in Kokosfett gebraten.

Zikaden sind überall die lautesten Insekten. Sie übertönen auf unseren Tonbandaufnahmen alle anderen Tierstimmen. Ihren Dauerton erzeugen sie nach dem „Dosendeckelprinzip": Eine Chitinmembran wird von Muskeln mit hoher Frequenz ein- und ausgebeult. Der volle Ton, mit dem die Männchen ihre Weibchen locken, erklingt in artspezifisch verschiedenen Lautmustern. Eine Art hat einen Teekesselpfiff, der am Ende erstirbt, als ginge ihm die Luft aus. Zu Beginn erklingen manchmal ein paar Krächzer, wie beim Starten eines Kleinmotors.

Kurz darauf sehen wir im Wald vor uns einen schrägen Schirm aus Zweigen und Palmwedeln und daneben eine etwas geschlossenere Palmwedelhütte. Hier wohnen Orang Asli, kleine negroide Sammler und Jäger. Sie leben halbnomadisch im Inneren der Malaiischen Halbinsel. Jede Familie, jeweils ein Mann mit einer Frau und den Kindern, baut sich irgendwo für eine kurze Zeit einen Flechtschirm oder eine Flechthütte. Neben der Hütte vor uns steht eine Frau in kurzem Baumrindenschurz. Ihr Haar ist in der Mitte gescheitelt und hängt mäßig lang nach beiden Seiten herab. Sie trägt ein Kleinkind vor ihren unbedeckten Brüsten. Das Kind hat dicke gelbe Pockenblasen am ganzen Körper und sieht sehr krank aus. Die Mutter ist enttäuscht, dass wir nicht den erwarteten Mediziner bringen, der abwechselnd mit einem Kollegen alle drei Wochen diese Gegend besucht und die Eingeborenen zur Reinlichkeit ermahnt. Denn gewohnheitsmäßig benutzen sie das Flusswasser zum Topfwaschen, Zähneputzen und als Toilette; sie infizieren sich dabei immer wieder mit Cholera. Wenn unbedingt erforderlich, wird ein Kranker nach Kuala Lumpur in ein spezielles Hospital geflogen, und zwar mit seiner ganzen Familie. Einzeln lassen die Orang Asli niemanden fort, denn es wäre unmöglich, ihn zu den Seinen zurückzubringen, weil man diese kaum wiederfindet. Die Familien bleiben nur ein paar Wochen, höchstens einen Monat am gleichen Ort und ziehen dann weiter.

Ohne uns zu beachten, erscheint ein Orang Asli im Wald und verschwindet wieder zwischen den Bäumen. Ich notiere seinen mageren Kinnbart, einen dünnen Schmuckstab durch die Nase, einen kurzen Schurz, ein zwei Meter langes gerades Blasrohr, unten mit kugeligem Ansatz, einen Köcher für Pfeile und auf dem Rücken ein Stück Bambusrohr, vermutlich mit Wasservorrat. Im Weitergehen finden wir am Boden ein paar braun gemusterte Federn mit fingernagelgroßem, grünem Fleck am Ende. Den zugehörigen Fasan haben jagende Männer erlegt, wahrscheinlich mit Blasrohr und Giftpfeil. Sie benutzen ein schnell wirkendes Nervengift, das im Saft aus schrägen Einschnitten in die Rinde des Ipoh-Baumes (*Antiaris toxicaria*) tröpfelt. Ihre Hauptjagdbeute sind Baumhörnchen. Außerdem sammeln Männer einen „Cendawan Kosong" genannten Pilz (*Microporus xanthopus*), der auf morschem Holz wächst, und verspeisen ihn als Verhütungsmittel.

Außer Zikaden, deren Lärm mit der Entfernung rasch abschwillt, hören wir viele, recht monotone Kleinvogelrufe, sehen aber im Kronendach die Vögel nicht. Zu sehen sind Ameisen, überall am Boden und an den Stämmen verschiedener Feigenbäume. Auf einem dicken Ast läuft ein Federschwanz-Spitzhörnchen (*Ptilocercus lowii*); es sieht aus wie das verwandte Tupaia, nur mit einer Quaste am Schwanzende.

Am Abend liegt auf dem Tisch eine kokosnussgroße, graugrüne, mit zentimeterlangen holzigen Stacheln bewehrte Durianfrucht (*Duro zibethinus*). Obwohl, wie der lateinische Name andeutet, „widerlich stinkend", schmeckt ihr gelbliches Fruchtfleisch, das wie Vanillepudding die braunen Kerne umgibt, sehr gut. Wir schneiden eine grüngelbe, pickelige Jackfrucht vom Brotfruchtbaum (*Artocarpus heterophyllus*) auf und kosten weitere tropische Früchte, die uns zum Eingewöhnen angeboten werden: Rispen der zentimetergroßen Rambutan-Früchte (*Nephelium lappaceum*), die mit rotbraunen Borsten besetzt wie dichtstachelige Esskastanien aussehen und innen weißen Litschis ähneln, Bündel von kleinen Früchten des Lansibaumes (*Lansium domesticum*), deren Fruchtfleisch man von den bitteren Samen ablutscht, und Mangosteen (*Garcia mangostana*), die braunschalige Königin der Früchte mit schneeweißen, fleischigen Sektoren im Innern, die wie in einer Mandarine angeordnet sind. Die gelben, fünfkantigen recht sauren Sternfrüchte (*Averrhoa carambola*) kennen wir schon. Auf den verzierend ausgelegten, angenehm riechenden Rindenstücken vom Zimtbaum (*Cinnamomum verum*) sucht eine große schwarz-weiße Springspinne etwas für sie Essbares.

Wir wohnen in den hübschen Holzhütten für Parkbesucher. Als ich spät am Abend noch einmal nach draußen gehe, schleicht eine Zibetkatze (*Felis bengalensis*) neben dem Haus durchs Gras. Am Boden leuchtet im Widerschein der Taschenlampe unter einem Aststück ein orangefarbener Punkt auf und entpuppt sich als Auge einer großen Vogelspinne (Theraphoside). Am Flussufer sehe ich zwei schwarze Skorpione, 12–18 cm lang, die sich lebhaft an den großen Scheren ziehen; sie sind noch tageswarm und wahrscheinlich beim Paarungsvorspiel. Überm Fluss kurven viele Fledermäuse. Hinter den Bungalows ruft eine Nachtschwalbe (*Caprimulgus indicus*) ausdauernd „tunk-tunk-tunk-…", etwa dreimal pro Sekunde. Von weiter entfernt höre ich ein langsameres Klopfen, wie auf Holz; vorsichtig gehe ich in diese Richtung, das Klopfen wird zu „gliucks"-Lauten: Es scheint eine andere Nachtschwalbe zu sein, deren „gliu" nur in der Nähe hörbar ist. Sie verstummt, fängt aber wieder an, als ich ins Haus gehe. Nachts höre ich Geckos rufen, einen kleinen hoch, schnell und leise und einen großen Tokeh (*Gekko gecko*) laut, langsam und mit tieferer Stimme.

Tagebuch: Ausblicke vom Wasser

Am nächsten Morgen sitzen am Fluss die beiden Skorpione fast unbeweglich, jeder vor seiner Höhle in der Lehmböschung. Wie jeden Morgen klingen die Frühgesänge der Weißhand-Gibbons (*Hylobates lar*) weit durch den Wald; erst einzelne hohe „juuuit"-Rufe, dann lange Rufserien; eine endet in Keckern.

Warum Gibbons allmorgendlich singen, erklärt eine malaysische Erzählung: Ein junger Prinz, der in den Wäldern bei einem weisen alten Mann lebte, wollte zu einem Besuch nach Hause kehren. Der heilige Mann gab ihm einen zugedeckten Korb mit auf den Weg, mit der strengen Anweisung, diesen nicht zu öffnen, bevor er nicht das heimatliche Tor durchschritten habe. Aber die Versuchung war für den Prinzen zu groß. Er öffnete den Korb, und ein wunderschönes Mädchen erschien. Augenblicklich verliebten sich die beiden ineinander. Aber als sie sich wieder auf den Weg machten, wurden sie von einem Räuber überfallen, der das Mädchen für sich forderte. Die beiden Männer kämpften stundenlang miteinander, bis sie plötzlich beide den Griff ihrer Schwerter verloren und diese vor die Füße des Mädchens fielen. Dieses nahm die Schwerter, übergab dem Räuber seines am Griff und dem Prinzen seines an der Klinge. Da nutzte der Räuber den Vorteil, tötete den Prinzen und nahm sich das Mädchen. Der heilige Mann wurde der Geschehnisse gewahr und erweckte den Prinzen wieder zum Leben; das Mädchen jedoch verwandelte er in einen Gibbon und verdammte es für ewig, nach ihrem Geliebten zu suchen. Seit diesem Tag erschallen die „pua pua"-Rufe, thailändisch für „Geliebter", durch die Wälder.

Abb. 4.2 Das Boot mit Loki wird über Klippen geschoben, wo der Sungai Tahan sehr flach ist (1978). (© U. Seibt)

In einem langen, schmalen Boot mit Blechdach fahren wir den braunen Sungai Tahan hinauf. Wegen Niedrigwasser müssen die Männer ab und zu aussteigen und das Boot mit den Damen über Klippen schieben (Abb. 4.2).

Ein weißköpfiger Brahminenweih (*Haliastor indicus*) sitzt auf einem Baum am Ufer; er scheint uns nicht zu beachten. Deutlich nervöser verschwindet, nach kurzem Blick auf uns, ein Silberlangur (*Presbytis cristata*) im Gezweig. Am Ufer neben halb zerfallenen und bemoosten Baumstämmen erheben sich breitflächige, knie- bis hüfthohe Termitenhügel, lehmgelb und oben mit kleinen Spitzen, aber allseitig geschlossen, ohne sichtbare Löcher. Die zugehörigen *Dicuspiditermes*-Termiten leben unterirdisch von humusreicher Erde. Am Wasser fliegen rot und blau schimmernde Libellen (*Trithemis* und *Rhinocypha*). Unter einem dicken Baumast über uns hängen gelbliche Waben der Riesenhonigbiene

(*Apis dorsata*). Auf einer Strecke mit dichtem Ufergebüsch turnen braune Weißkehl-Spinnenjäger (*Arachnothera longirostra*) um die zahlreichen Blüten; tief in diese hinein senken sie ihre langen Schnäbel nach Insekten oder Nektar. Ebenso eifrige Blütenbesucher sind Blaukrönchen (*Loriculus galgulus*), Kleinpapageien, deren Artname „*galgulus*" ebenso wie der deutsche Name „Fledermauspapagei" auf ihre merkwürdige Gewohnheit anspielt, sich nachts zum Schlafen an den Füßen kopfabwärts aufzuhängen.

In eine Uferwand haben Bienenfresser (*Merops philippinus*) Nistgänge gegraben, streiten sich aber immer noch, entweder um einen Partner oder um einen besonders guten Platz. Dann säumt die Ufer ein Galeriewald aus riesigen Ensurai-Bäumen (*Dipterocarpus oblongifolius*), „King of the Forest" genannt, deren zwei Meter dicke Stämme sich im Wald erst in 30 m Höhe verzweigen. Hier am Ufer hängen Blätterzweige schon dicht überm Wasser. Gut zu hören aus dem Uferwald sind Schama-Drosseln. Soweit an der Stimme zu erkennen, sind es die bei unseren Vogelhaltern beliebte Schama (*Copsychus malabaricus*) und die lauter klingende Dajaldrossel (*Copsychus saularis*), Erstere braunschwarz, Letztere schwarz-weiß gezeichnet – wenn man sie denn sehen könnte. Dann ruft ein Großer Hornvogel (*Buceros rhinoceros*), erst das Männchen allein, dann sich rascher abwechselnd mit seinem Weibchen; rufend fliegen sie über uns hinweg.

Kleine Flussläufe schaffen schmale Lichtungen und lassen etwas Himmel sehen und erlauben an ihren Ufern seitliche Einblicke in den Wald. Doch Tiere sind da keine zu entdecken. Die meisten verstecken sich scheu vor Menschen. Das können Pflanzen nicht. Sie können auch nicht zu einer

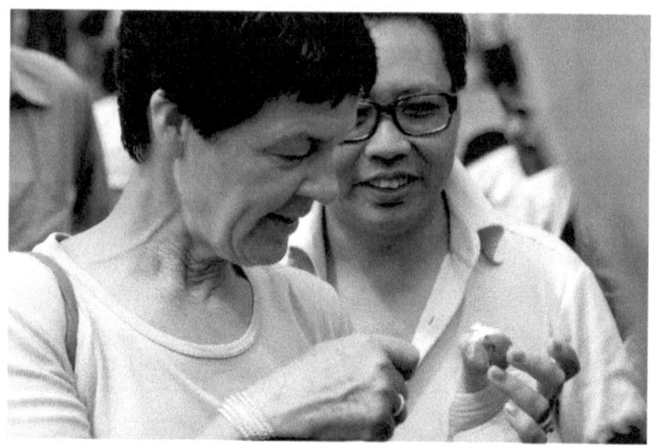

Abb. 4.3 Professor Hoi-Sen Yong erklärt eine merkwürdige Baumfrucht (1978). (© Wolfgang Wickler)

günstigeren Gegend abwandern oder Fressfeinden entfliehen, sondern müssen sich da, wo sie stehen, mit Dornen und Giftstoffen wehren. Andererseits lässt sich eine Pflanze nicht durch Lärm stören wie die störempfindlichen Tiere.

Am Nachmittag diskutieren unsere Kollegen wieder einmal, dass es hier keine Nährstoffdeponien im Bodenhumus gibt (Abb. 4.3).

Pilze und niedere Tiere mineralisieren die Blätter und Hölzer, die zu Boden fallen. Alle Nährstoffe werden sofort wieder aufgenommen und befinden sich in einem kurzgeschlossenen Kreislauf. Deshalb reichen Wurzeln kaum tiefer als einen halben Meter in den Waldboden. Über ihn ziehen fuß- bis kniehohe Wurzelbretter, und an vielen Stämmen entspringen in der Höhe der ersten Etage eines kleinen Hauses Strebepfeiler-Stützwurzeln.

Uta und ich überlassen sie diesen Problemen und folgen leise einem kleinen Schwarzwasser-Flusslauf, um vielleicht Tiere zu sehen. Wir genießen die Atmosphäre im tropischen

Regenwald. Gleich vor uns am Boden ist eine dichte Schar männlicher Schmetterlinge versammelt, Weißlinge (*Eurema, Cepora, Ixias*), schwarz geäderte Schwalbenschwänze (*Graphium*) und einige Lycaeniden (*Prosotas*). Solche Versammlungen bilden sich an tierischen Ausscheidungen, sei es Raubtierdung oder eine versickerte Urinpfütze, die Natrium- und Nitratsalze enthalten. Pflanzenmaterial ist salzarm, aber die Salze sind wichtig für körperliche Hochleistungen. Deswegen besuchen Rinder, Rotwild und andere Pflanzenfresser so gerne Salzsteine. Auch Raupen sind Pflanzenfresser, sodass die erwachsenen Falter sich natürliche Salzlecken suchen müssen. Viele Schmetterlingsweibchen allerdings erhalten diese Salze mit dem Spermienpaket, das ihnen die Männchen mit jeder Paarung übergeben. Da die Männchen sich oft paaren, müssen sie entsprechend oft Salz nachfüllen. Haben ein oder zwei eine Salzlecke gefunden, wirken sie lockend auf weitere, bis sich schließlich eine dichte Schar am Boden drängelt.

Vor und über uns knackt und niest es, von irgendwo rechts oben schimpft ein Affe auf uns herab, aber weder im dichten Buschwerk noch oben im geschlossenen Kronendach ist etwas zu sehen. Nur vom Wasser aus hätten wir eine Chance. Also ziehen wir uns aus, deponieren unsere Kleidung auf Brettwurzeln und steigen leise ins klare, warme, von organischen Ablagerungen rötliche bis braunschwarze Wasser. Jetzt sehen wir, dass an unserem Ufer oben in den Bäumen fast geräuschlos ein Trupp langschwänziger Makaken (*Macaca fascicularis*) turnt; nur wenn sie eine Lücke im Gezweig überspingen, ist ein kräftiges Rascheln zu hören. Sie müssen uns gesehen haben, ziehen sich aber nicht zurück. Im Wasser, nah am Uferbewuchs, tauchen mehrere große Otter (*Lutrogale perspicillata*) auf und wieder unter. Ein mindestens zwei Meter langer Bindenwaran (*Varanus salvator*) kommt aus dem Randgebüsch herunter ans Wasser, züngelt und leckt, läuft weiter und erschnappt etwas am Wasserrand, verzieht sich aber eilig, als er uns schließlich bemerkt. Den Orang Asli schmeckt er angeblich, ist aber nicht beliebt, weil er Küken und Hühner frisst. Vor unseren Gesichtern fliegen schlanke Fischchen jeweils ein paar Meter weit übers Wasser, nur ihr unterer Schwanzflossenteil bleibt zum Antrieb unter der Oberfläche. Inzwischen nibbeln Zwergärblinge (*Boraras maculatus*) kitzelnd an unseren Zehen und auch anderswo. Mit der Zeit könnte so eine Putzsymbiose entstehen.

Auf dem gegenüberliegenden Ufer entfaltet ein Aaronstabgewächs seine lotusartigen Blätter. Oben ernten Haubenlanguren (*Presbytis cristatus*) allerlei aus den Baumkronen. Ein Kleinkind, noch im goldfarbenen Fell der ersten Monate, klammert sich an seine Mutter. Ab und zu plumpst eine rötliche Frucht ins Wasser, vielleicht eine „buah maris" oder eine „buah ara". Die Languren kümmert das nicht. Von Fischern werden beide Früchte ins Wasser geworfen, um großschuppige Barben-Fische anzulocken: den „Kelah" (*Tor tambroides*) und den „Kejor" (*Acrossocheilus hexagonolepis*), die gut zwei bis drei Kilogramm Gewicht erreichen. Beliebt bei Fischern ist auch der bis 1,5 kg schwere Schlangenkopffisch (*Channa*). So große Fische bleiben uns unsichtbar. Ein Braunliest (*Halcyon smyruensis*) mit weißer Kehle, brauner Weste und schwarzen Oberflügeln lauert auf einem Ast überm Wasser auf Krebstiere im Flachwasser und auf Frösche, die getarnt im Uferwurzelpelz sitzen. In einer Flussbiegung kommen Frauen der Orang Asli zum

Wasser, waschen ihren Körper und irgendwelche Gegenstände und verschwinden wieder im Wald. Es beginnt zu regnen, rings um uns hüpfen Tropfentürmchen aus der Wasserfläche. Wir kehren zurück zu unserer Kleidung und zu unseren Kollegen.

Tagebuch: Zum Bukit Teresek

Die haben für den nächsten Tag einen Bootsausflug den Sungei Tembeling stromaufwärts und einen Aufstieg auf den 344 m hohen Bukit Teresek geplant. Diesmal brauchen wir zwei Boote, damit alle mitkönnen. Wieder ist das Wasser stellenweise so flach, dass die Boote über Stromschnellen geschoben werden müssen. Meine Füsse scheuchen dabei merkwürdige, rochenartig abgeflachte, dunkelbraune, 10 cm lange Fischchen auf, die davonhuschen, immer nur eine kurze Strecke, und sich wieder auf einen Stein setzen. Es sind alte Bekannte aus der Zeit meiner Bodenfischstudien, *Gastromyzon lepidogaster*, extrem angepasst an reißendes Wasser. Ihre Mundöffnung ist ganz unterständig, geeignet, feinen Algenbewuchs von Steinen abzuraspeln. Die Brustflossen bilden zusammen mit den Bauchflossen zu beiden Seiten des flachen Körpers einen dichten Saum. Rasches Wedeln mit den letzten Brustflossenstrahlen schafft den Wasserfilm unter dem Körper nach hinten weg und hält ihn so in der Strömung an Steinen fest – im Aquarium auch an der Glasscheibe. Dort kann man durch die farblose Bauchseite in ihr Inneres und das Herz schlagen sehen. Und man sieht auch, dass beim Erschrecken oder wenn ein Rivale zu nahe kommt, das Herz für einige Momente stehen bleibt. Das mag bei anderen Fischen ebenso sein, aber man kann es bei ihnen nicht sehen.

Wir fahren mit den Booten bis zum Ranger Post Kuala Trenggan, vorbei an begrasten Uferstellen mit halbwilden Büffeln und steigen zu Fuß auf gut bereitetem Weg den Teresek-Hügel hinauf. Unterwegs sind laute Siamang-Gesänge zu hören. Wie alle Gibbons bildet auch der Siamang (*Symphalangus syndactylus*), der größte unter ihnen, dauerhafte Paare. Verschiedene Paare sind an der Stimme gut zu unterscheiden und antworten einander beim Konzertieren. Paarpartner rufen gemeinsam und gut aufeinander abgestimmt im Duett. Das hat Jürg Lamprecht, einer meiner Mitarbeiter, an Zootieren genau analysiert. Ein Rufkonzert beginnen beide mit einzelnen Bell-Lauten. Wenn dann das Weibchen eine Reihe rascher werdender Bell-Laute äußert, fügt das Männchen bald einen Doppeljauchzer hinzu, woraufhin das Weibchen erneut und mit einer längeren Bellserie einsetzt, die das Männchen dann mit einem einfachen Jauchzer und seiner ebenfalls rascher werdender Bellserie begleitet. Am Ende erklingen einige vereinzelte, von beiden gleichzeitig geäußerte Bell-Laute. Das ganze Duett dauert knapp eine Minute; nach kurzer Pause folgt das nächste. Auf unserem Weg hören wir diese Paargesänge zu unserer Freude über eine Stunde lang immer wieder.

Loki freut sich über die stammlose Silber Joey-Palme (*Johannesteijsmannia magnifera*), auch sie ist fürs Herbarium ungeeignet, denn ihre unterseits mit weißen Haaren bedeckten, silbrig schimmernden Blätter werden drei Meter lang und zwei Meter breit. Ich sehe unten an einem Baumstamm eine sagenhaft getarnte, sehr flache, langbeinige Jagdspinne (*Pandercetes malleator*), die blitzschnell verschwindet, als ich ihr zu nahe komme. Eine dünn herabhängende Luftwurzel ist dicht besetzt mit weißen Flocken. Es sind Nymphen der sogenannten Schmetterlingszikaden (Flatidae). Faserige Wachsausscheidungen auf ihren Körpern dienen als Schutz; sie verkleben die Mundwerkzeuge feindlicher Insekten. Wir kennen das von den Cochenilleschildläusen, die an Opuntien sitzen. Überall auf Ästen und Stämmen sind Termiten unterwegs und greifen helle Teilchen vom Holz. Die tragen sie dann in dichten Scharen zum Boden – es sieht aus, als wenn etwas Braunkörniges am Stamm hinunterfließen würde. Sollten am Boden neben Baumstämmen riesige Rossameisen (*Camponotus gigas*) laufen, tritt man da besser nicht hin, warnt Herr Yong; diese Ameisen gehören mit fast drei Zentimeter Körperlänge zu den größten der Welt.

Herr Yong führt uns zu zwei „Damar"-Bäumen. Aus ihren Rindenwunden tritt das zähflüssige Damar-Harz aus, am Meranti-Baum (*Shorea*) in hellen, am *Canarium*-Baum in braunen Tropfen. Die Stellen sind leicht zu erkennen. Die Oberfläche der Harzmasse ist an der Luft zu kleinen Knödeln, Rippeln und an einer Stelle zu längeren Zöpfen verkrustet. Damar wurde zum Abdichten kleiner Boote und zum Kalfatern von Schiffsplanken benutzt. Seit Glasfaserboote aufkommen, nimmt seine Bedeutung ab. Kleine stachellose Bienen (*Trigona*) aber bauen weiterhin daraus ihre röhrenförmigen Nesteingänge. Oben in Astgabeln wachsen nestförmig gewaltige Hirschgeweihfarne (*Platycerium*) und andere Epiphyten.

An manchen Zweigen haben die hiesigen grünen, sehr angriffslustigen Weberameisen (*Oecophylla smaragdina*) kopfgroße Blattnester gebaut; mehrere an benachbarten

Ästen gehören zur selben Kolonie. Deren unmittelbare Umgebung wirkt eigenartig blattleer, weil die Blätter zwar an ihren Stielen bleiben, aber schichtweise zu Nestknödeln „vernäht" wurden. Zum Nähen nehmen die Arbeiterinnen Larven zwischen die Kiefer und tragen sie dorthin, wo Reihen anderer Arbeiterinnen sich mit den Hinterbeinen an einem Blattrand festhalten und mit Kiefern und Voderbeinen benachbarte Blattränder heranziehen. Wenn die Larven von Blattrand zu Blattrand über die Nahtstelle hin und her getupft werden, geben sie aus Munddrüsen einen weißen Spinnfaden ab, der die Naht schließt. Man muss sich hüten, an einen nesttragenden Zweig zu stoßen; die grünen Weberameisen hier sind wesentlich aggressiver als ihre roten afrikanischen Verwandten.

Am Kumbang Hide, einer Beobachtungshütte, pausieren wir. Vor dem Fenster, durch das wir in ein Tal schauen, entschwinden zwei Coucals (*Centropus toulou* oder der größere *sinensis*). Mehrere Schönhörnchen (*Callosciurus prevosti*) mit schwarzem Rücken, weißen Flanken und rotbraunem Bauch sausen mit einer Frucht quer im Maul kopfab und kopfauf über die Zweige. Ein Bronzedrongo (*Dicrurus aeneus*) bleibt ruhig sitzen. Ein Furchenhornvogel-Paar (*Rhyticeros undulatus*) fliegt laut rauschend vorbei; deutlich sind der gelbe Kehlsack des Männchens und der blaue des Weibchens zu erkennen.

Auf dem Weiterweg hören wir vier verschiedene Grünbartvögel, bekommen aber nur einen zu sehen, den Prachtbartvogel (*Megalaima pulcherrima*) mit blauer Stirn und Kehle und gelbem Nackenband; er ruft „tuuk-tuuk-trrrrruk". Zu hören sind außerdem „tuktuk-tuktuk" vom Gelbscheitel-Bartvogel (*Cyanops henricii*), „tuuk-tuuk-

tuuk-tuuk-Schluckauf" vom Borneo-Bartvogel (*Cyanops monticola*) und besonders ausdauernd „tu-ruuuk, tu-ruu-uk" vom Blauohr-Bartvogel (*Cyanops australis*). Die hiesigen Grünbartvögel klingen insgesamt wesentlich eintöniger als die ostafrikanischen Schmuckbartvögel (*Trachyphonus*), deren differenzierte Paar- und Gruppengesänge mich zuerst auf das Gebiet der Vogelduette gelockt haben.

Auf der Bergkuppe haben wir nach zwei Seiten eine wunderbare Aussicht über den Dschungel. Eine Gruppe Australier mit Kindern lärmt unangenehm, zieht aber bald weiter. Unsere Botaniker folgen ihnen, wir bleiben noch etwas. Aus der Wipfelregion schallen Gibbon- und Siamangrufe. Mehrere Siamangpaare rufen durcheinander, am hellen Jauchzer am besten zu unterscheiden. Weiter unten in einer Schneise fliegt ein großer Hornvogel (*Buceros bicornis*), landet an einem Baumstamm und hält die Schnabelspitze vor ein Loch. Im Fernglas ist zu erkennen, dass ihm dort von innen eine Schnabelspitze entgegenkommt. Er macht zum Hochwürgen eine Verbeugung nach unten und reicht eine dicke blaugrüne Beere, wohl eine Feige, zum Loch. Drinnen sitzt also eingemauert sein Weibchen, und er füttert es mit Früchten, die er gesammelt und im Rachen hierher transportiert hat.

Gegen Mittag machen auch wir uns auf den Rückweg. Wir wollen unsere Kollegen an einem vereinbarten Quellwasser treffen und entschließen uns zu einem sehr steilen und rutschigen Abkürzungsweg. Ein buntes langes Blatt überholt uns, fliegt ohne Wind zu einem dünnen Stamm. Nein, kein Blatt, sondern eine Echse, grün, mit Schwanz etwa 20 cm lang. Sie versteckt sich hinter dem Stamm. Als wir langsam näher gehen, guckt sie seitlich hervor, rennt geschwind ein kleines Stück stammaufwärts, springt ab und gleitet sehr schnell segelnd abwärts durch den Wald. Die beiderseits zwischen den verlängerten Rippen aufgespreizten Flughäute sind korallenrot und werden nach der Landung sofort seitlich am Körper nach hinten zusammengelegt. So segelt der Flugdrache (*Draco volans*) weiter von Baum zu Baum, meist nur wenige Meter, er schafft es aber auch mal 60 m weit.

An der angekündigten Quelle rinnt am leider verschlossenen Häuschen nur etwas Wasser aus einem Rohr. Daneben im Schatten sitzen auf breiten Buschblättern und dünnen Luftwurzeln Stielaugenfliegen (*Cyrtodiopsis whitei*) mit so langen Augenstielen, dass die Augen an den Enden weiter voneinander entfernt sind, als das Tier lang ist. Für diese höchst eigentümliche Kopfbildung leugneten viele Wissenschaftler noch 1959 jeden vernünftigen Grund oder praktischen Wert, meinten sogar, diese Exzessivorgane dürften den Tieren eher lästig sein. Herr Eggers äußerte 1925, „daß die Natur hier nicht den genialen Gedanken verwirklichte, Tiere mit Augen nach dem Prinzip des Kriegszwecken dienenden Scherenfernrohres zu konstruieren"; denn es spreche nichts dadür, dass sie „sich etwa hinter Ästchen, Stengel und Blätter verstecken, um von Feinden unbemerkt nur mit den Augen hervorzulugen und zu beobachten, was in ihrer Umgebung Belangreiches vor sich geht" (so blumig konnte man sich damals in wissenschaftlichen Abhandlungen ausdrücken!). Als ich vor acht Jahren im Olivenbaumwald am Ngurdoto-Krater in Tanzania neben dem verschlossenen Häuschen meines Freundes Vesey FitzGerald auf seine Rückkehr wartete, hatte ich afrikanischen Stielaugenfliegen (*Diopsis sulcifrons*) zugeschaut. Schon damals fiel mir auf, dass diese Tiere lieber zu Fuß gehen als fliegen. Wenn ich ihnen mit meinem Gesicht näher kam, richteten sie den Vorderkörper auf und drehten den Kopf neugierig zu mir. Bevor sie auf den langen Blättern eines Hirsegrases (*Setaria plicatilis*) von einem Blattrand zum nächsten hinübersprangen, schoben sie zielend den Kopf seitlich hin und her. So schätzen sie die Entfernung, können also weit und gut sehen. Das haben Dietrich Burkhardt und Ingrid de la Motte 1983 an der asiatischen Art, die wir hier gerade vor Augen haben, ganz genau untersucht. Die starren Augen funktionieren eben doch wie ein Periskop und erlauben nach vorn eine zehnmal genauere Sicht als die engstirnig stehenden Augen einer normalen Fliege.

Allerdings überschneiden sich die Periskop-Sehfelder erst in einiger Entfernung vor der Stirn und lassen dadurch vor dem Kopf ein blindes Feld entstehen; in dieses müssen die Vorderbeine hineintasten. Ich hatte schon am Ngurdoto-Krater bemerkt, dass diese Fliegen rückwärts gehend ausweichen, sobald man ein senkrecht gehaltenes Stäbchen von vorn bis an die Grenze ihres blinden Feldes bewegt. In Ruhe gelassen, begannen sie wieder Nahrung von der Pflanzenhaut abzulecken. Keineswegs ernähren sie sich nämlich räuberisch. Man hatte früher vermutet, dass sie ähnlich wie eine Gottesanbeterin Beute schlagen, weil ihre Tibia wie ein perfekter Greifapparat zwischen die zwei Dornenreihen des verdickten Vorderschenkels klappt. Tatsächlich aber schlagen kämpfende Männchen damit aufeinander ein. Und dabei kann es passieren, dass eines von ihnen einen Augapfel einbüßt. Der so Behinderte putzt dann mit beiden langen Vorderbeinen eifrig die nun leere Stelle, als müsse er Staub wegwischen, der dem Auge dort die Sicht blockiert.

Die Männchen einiger Stielaugenfliegen-Arten haben längere Augenstiele als die Weibchen, und zwar individuell verschieden lange. Beim Rivalisieren vor einem Kampf schieben sie ihre Köpfe gegeneinander, und wer breiter gucken kann, hat das Recht auf die in der Nähe sitzenden Weibchen. Dem würden wir auch hier gern länger zuschauen, aber ein Gewitter zieht auf und scheucht uns zurück ins Lager.

Dort ist zum Abschied ein Barbecue vom Protokollchef des Staates Pahang vorbereitet. Um die Stühle streift eine Hauskatze. Sie hat einen Stummelschwanz, eine genetische Veranlagung, die hier *„kinked tail"* heißt.

Tagebuch: Nach Borneo zum Kinabalu

Am nächsten Tag bringt uns ein Militärhubschrauber zurück nach Kuala Lumpur. Wieder überfliegen wir eindrucksvolle riesige Dschungelgebiete, die 70 % von Malaysia bedecken. Es gibt aber auch Kahlschläge. Einige Hügel, die wir überfliegen, sind genau entlang der Höhenlinien (wohl zum leichteren Bewässern) mit Ölpalmen bepflanzt – von oben betrachtet ein sehr hübsches Landschaftsmuster, das aber nachdenklich macht.

In der Stadt besichtigen wir eine Moschee mit 18-strahlig gefaltetem sternförmigem Dach. Obwohl 8000 Menschen fassend, soll sie bei den Betenden nicht sehr beliebt sein. In einer Zinngießerei wird uns das hier sehr reine, nur wenige Beimengungen von Kupfer und Antimon enthaltende Zinn angepriesen. In einer Batikfabrik sehen wir zu, wie man aus Abfallbüchsen geschnittene Blechstreifen zu Muster-Stempeln zusammensetzt. Sie werden dann in heißes Wachs getaucht und auf Stoffe gedrückt, unter denen Bananenblätter zum Kühlen liegen. Beim anschließenden Färbegang bleiben die gewachsten Muster ungefärbt. Im Museum zeigt man uns Schattenspielfiguren für beliebte klassische Aufführungen alter Mythen, außerdem allerlei Kunst- und Haushaltsgegenstände der Urbevölkerung.

Abends sind wir ins Haus des deutschen Botschafters eingeladen und speisen in einem ganz weiß-blauen, mit Münchenbildern und Oktoberfestplakaten auf „bayerisch" gestimmten Bierkeller.

Dann fliegen wir über Singapur an die Nordwestküste von Borneo nach Kota Kinabalu, der Hauptstadt des zu Malaysia gehörenden Staates Sabah. Loki macht mit uns einen Höflichkeitsbesuch im Palast Seiner Exzellenz Datuk Ahmad Koroh, Präsident von Sabah. Er empfängt uns sehr förmlich im großen Saal seines Palasts. Es gibt Kaffee und Kuchen, ein Gästebuch und eifrige Bild-Reporter. Lebhafter geht es anschließend zu beim sehr dynamischen und vitalen Premierminister Harris Salleh. Abends, nach einem Bummel über den Markt, führen wir anregende Gespräche mit hiesigen Wissenschaftlern. Sie zählen uns vordringlich zu untersuchende Tiere auf: Eine in der Gipfelregion des Kinabalu lebende Ratte (*Rattus kinabaluensis*), das Hagen-Gleithörnchen (*Petinomys hageni*), das Sumatra-Nashorn, von dem man angeblich nur Fußspuren und Dunghaufen kennt, und Elefanten, die zuweilen gesichtet werden, von deren Leben aber ebenfalls fast nichts bekannt ist. Leichter zu beobachten, wie wir schon im Wasser im Sungai Tahan bemerkt haben, seien drei asiatische Otterarten, von denen der gesellige Zwergotter (*Aonyx cinerea*) für Verhaltensforscher besonders interessant sei. Zu schützen sei die für

Zuchtperlen wichtige, handgroße Flügelauster *Magnavicula magnoptera*. Ein Finkenvogel, die Schwarzbauchnonne (*Lonchura malacca*), kann in Reisfeldern extrem lästig werden – wie ließe sie sich vom Reis ablenken? Drängend hingewiesen werden wir auf das als Wissenschaftliches Reservat ausgewiesene Danum Valley, mit originalem *Dipterocarpus*-Primärwald und etwa 300 Vogelarten, ohne menschliche Bewohner, allerdings auch ohne Straßen und Wege. Der Nationalpark will Forschung fördern und wüde die nötige Ausrüstung bereitstellen. Ich bezweifle, ob die angesprochenen Themen für deutsche Jungwissenschaftler stipendienwürdig sind. Wer hier forschen wollte, braucht Abenteuerliebe, viel Geduld und sehr viel Zeit. Unklar bleibt eine mögliche Universitätsanbindung, besonders für Chinesen, wie Herr Yong weiß. An der Universität sind nur 10 % Chinesen erlaubt. Zwar bestanden nach China schon vor Christi Geburt Beziehungen, aber weil Chinesen jetzt die Wirtschaft dominieren und die Zentren der Städte bevölkern, werden sie unbeliebt.

Für Loki sind in erster Linie politische und wirtschaftliche Gesprächsthemen an der Reihe, etwa notwendige Entwicklungshilfe für jährlich 2000 anzusiedelnde arme Familien. Pro Familie kostet das, samt Gelände für den geplanten Ölpalmenanbau, 10.000 $. Auch die vielen illegal eingewanderten Filipinos sollen angesiedelt werden; sie wollen aber am Meer bleiben und müssen deshalb wahrscheinlich in ihre Heimat zurückgeschickt werden. Wir blicken, da unser Hotel direkt am Meer liegt, aus dem Zimmerfenster genau auf die Filipino-Slums an der Küste.

Am Morgen fahren wir durch einen schmalen Küstenstreifen langsam aufwärts, zunächst auf schmaler, kurviger

Teerstraße, am Rand bungalowartige Wohnhäuser auf Stelzen, einzeln oder als Reihenhäuser, vorbei an einem chinesischen Friedhof, an Reisfeldern, Gummibäumen, Papaya-, Mango- und Kapokpflanzungen. Gras wird abgeschlagen mit einem langstieligen Krummeisen, ähnlich der afrikanischen Panga. Wir sehen die Brennöfen einer Ziegelei, wie kleine Eisenbahntunnels unter Blechdach.

Es geht ständig bergan, stundenlang auf Allwetterstraßen, über einspurig schmale Hängebrücken mit Holzlattenboden. Wohnungen werden seltener, dafür laufen viele kleine Hunde frei herum. Neben Ingwerstauden am Weg führt von Stelzenstöckchen getragen eine Wasserleitung aus halbiertem Bambus ins Nichts. Nach 90 km erreichen wir mittags die Head-Quarters vom Kinabalu National Park und werden einquartiert in einer Berglodge mit Blick auf den Kinabalu, der aber nicht zu sehen ist, weil es regnet. Das geschieht angeblich jeden Nachmittag; wir sollen uns darauf einstellen.

Ringsum tropft es im Wald. Auf der nassen Erde vor der Lodge sehe ich ein paar bizarre, flache, schwarze, rot gerandete Tierchen krabbeln. Sie sehen ähnlich aus wie Trilobiten, marine Ur-Arthropoden, die seit Millionen Jahren ausgestorben sind. Ich nehme zwei in einer Schachtel mit ins trockene Zimmer und lasse sie auf der Holzplatte des Tischchens vor dem Fenster weiterkrabbeln. Die etwas über fünf Zentimeter langen Tiere haben einen auffallend winzigen Kopf, aber drei breite Thorax-Querplatten (Pro-, Meso-, Metathorax), unter denen drei Beinpaare arbeiten. Also ist es kein Urkrebs, sondern ein Insekt. Der schlanker werdende, quergefugte Hinterkörper endet in einen Nachschieber, der wie bei einer buckelnden Spannerraupe stützend mitläuft. Alles spricht für eine Insektenlarve. Und, ja und nein, das stimmt und stimmt auch nicht. Es ist einer der merkwürdigsten Käfer (*Duliticola paradoxa*); zugleich das auffälligste Insektenbeispiel für einen Entwicklungsvorgang, bei dem geschlechtliche Reifung und körperliche Entwicklung gegeneinander verschoben sind. Man nennt das Heterochronie und kann damit entweder betonen, dass die Geschlechtsentwicklung vorgezogen ist (Paedomorphose) oder der Larvenzustand sie überdauert hat (Neotenie).

Der Vergleich von *Duliticola* mit seinen Verwandten, den Schnabelkäfern (Lycidae) und Leuchtkäfern (Lampyridae), zeigt, wie sich die Reifungsvorgänge an trilobitig aussehenden Larven schrittweise verschieben. Normale Schnabelkäfer haben flache Flügeldecken, die am Ende breiter als am Ansatz und auffällig gefärbt sind: in Afrika gelb mit schwarzen Enden (etwa *Lycus rostratus*), hier in Borneo rot mit blauschwarzen Enden (*Lycostomus gestroi*). Die Käfer enthalten eine brennend scharfe Körperflüssigkeit. Ihre Färbung dient als Warnsignal und wurde zum Vorbild für ungeschützte Nachahmer, Wanzen, Schmetterlinge und Bockkäfer. Das kenne ich aus meinen Mimikry-Studien. Schnabelkäfer-Larven habe ich in Afrika aus morschen Baumstümpfen ausgesiebt. Da leben sie von Kleinstlebewesen im verrottenden Holz. Sie durchlaufen in beiden Geschlechtern eine normale Entwicklung, über die Puppe zum fertigen Insekt. Wie so oft bei Käfern, sind die Männchen, die untereinander um Weibchen rivalisieren, größer als ihre Weibchen.

Die Larven der Leuchtkäfer (Lampyridae) sehen denen der Schnabelkäfer ähnlich. Als gefräßige Räuber ernähren sie sich von Schnecken. Diesen injizieren sie durch hohle, zangenförmige Mandibeln ein zugleich lähmendes und verdauendes Sekret und saugen dann das Verdaute zurück. Sie verpuppen sich nach zwei bis drei Jahren. Dann schlüpfen zwar käferartig aussehende Männchen, die Weibchen aber haben in der Puppe die Larvenform kaum geändert. Sie heißen im Volksmund Glüh-„Würmchen", sind aber größer als ihre Männchen. Hier nun beim *Duliticola*-Käfer verpuppen sich zwar männliche Larven ebenfalls zu halbzentimeterlangen Käfern, aber die weiblichen Larven verzichten völlig auf das Puppenstadium, fressen weiterhin kleinste Lebewesen aus zerfallendem Holz, wachsen und wachsen, und wenn sie eine Größe von sechs und mehr Zentimetern erreicht haben, werden sie als riesige „Trilobiten-Larven" geschlechtsreif. Zur Paarung klammert sich das winzige Männchen an die Geschlechtsöffnung seiner mehr als zehnmal massigeren Partnerin. Das ist der krasseste Geschlechtsdimorphismus unter Käfern. Die *Duliticola*-Weibchen haben, wie schon bei den Glühwürmchen angebahnt, durch Neotenie nicht nur den Aufwand für Flügel und Flugmuskeln, sondern auch den ganzen Energie- und Zeitaufwand für die Umstrukturierung des Körpers in der Puppe eingespart und produzieren dafür desto mehr Eier.

Am Abend wird es deutlich kälter. Über den dicht bewachsenen Hügelrücken färben Wolken unter der Sonne den Himmel goldgelb. Nebel kriecht dampfend zwischen den Bergrücken hoch. In der Ferne blitzt es sehr hell. Es wird dunkel und riecht streng nach Macchia. Auf einem zerfallenden Baumstumpf wachsen Hutpilze, deren Lamellen grünlich leuchten. Einige Maulwurfsgrillen übertönen hier sogar die Zikaden. Die grüne Wand des eineinhalb Millionen Jahre alten Kinabalu ist kaum mehr zu erkennen. Der Berg galt den umwohnenden Dusuns als heiliger Berg; „Akin abalu" bedeutet „Seelenreich der Toten". Er ist bislang 4095 m hoch und wächst pro Jahr um einen halben Zentimeter. Ihn umgibt ein Botanikparadies: Es beherbergt 180 Baumarten, rund 1000 Orchideen, 27 Rhododendronarten und etwa 20 verschiedene Kannenpflanzen, auf die ich besonders gespannt bin.

Tagebuch: Am Kinabalu

Früh am Sonntagmorgen fährt unsere ganze Truppe mit drei Jeeps ein gutes Stück den Berg hinauf, bis zu mehreren einfachen Holzhütten, auf einer Felsnase gebaut für einen Ranger und drei Arbeiter der Power Station. Der Generator liefert Strom für Pflegearbeiten im Nationalpark und für die Unterkünfte der Arbeiter. Sein weit den Berg hinauf schallendes Dauertuckern unterliegt nun als Hintergrund allen unseren Tonaufnahmen und trübt das Naturerlebnis. Neben den Hütten steht ein großer Feigenbaum mit roten Früchten; an denen, die am Boden im Gras liegen, fressen Hörnchen. Es ist wolkig und heiß. In leichtem Nieselregen geht es zu Fuß weiter, zunächst durch einen Wald aus hohen, dicht stehenden, nass tropfenden Bäumen. Borneo ist die wohl an Eichenbäumen reichste Insel Malaysias. Insgesamt kennt man zehn *Quercus*- und vierzig *Lithocarpus*-Arten. Unterscheiden kann man sie zwar am Feinbau der Blätter, aber die sitzen hoch oben im dichten Kronendach. Eher taugen die reifen Früchte zum Identifizieren. Am bemerkenswertesten sind die kinderfaustgroßen Eicheln der Steinfruchteiche (*Lithocarpus turbinatus*). Neben Eichen stehen Scheinkastanien (*Castanopsis motleyana*) und mit kräftigen Brett- und Stützwurzeln versehene, mehrere hundert Jahre alte Shorea-Bäume (*Shorea monticola*), deren besonders hartes Holz für Pfähle und zum Haus- und Bootsbau Verwendung findet. Noch härter und schwerer ist das Holz der riesigen Eisenholzbäume (*Eusideroxylon zwageri*), von denen hier einige seit 800 Jahren im Wald stehen. Mir fällt auf, dass Shorea-Schösslinge am Boden um den elterlichen Baum versammelt sind, ganz im Gegensatz zu afrikanischen Akazien, die im Umkreis von fünf bis sieben Metern um ihren Stamm keinen konkurrierenden Akazienkeimling aufwachsen lassen, auch keinen eigenen.

Guttapercha-Bäume (*Palaquium gutta*) haben über einen Meter dicke Stämme. Ihr faserig-weiches Holz birgt den Guttapercha-Milchsaft. Strangulierfeigen „umarmen" mit zahlreichen Wurzeln ihren Stützbaum. Der wird im Laufe der Jahre morsch und zerfällt, ein Gewirr von Feigenwurzeln füllt dann den Hohlraum, der allerlei Getier als Heim dient. Zwischen den Bäumen hängen über 100 m lange, mit Dornenkränzen versehene Ranken der Rattanpalmen (*Calamus*, *Daemonorops*) und seilartig verholzte Lianen, manchmal in Schleifen wie Girlanden oder gewunden wie riesige Korkenzieher. Die meisten Stämme und Äste sind, ebenso wie der Waldboden, dick bewachsen mit Moosen, Bärlapp und Farnen in vielerlei Variationen.

Wir kosten die Natur aus und brauchen eine Stunde für 200 Höhenmeter. Loki sammelt ein zerrissen blattförmiges, ledriges, grünes Lebermoos (*Lobaria adscripturiens*), das hier an Baumstümpfen wächst, sowie eine *Pseudocyphellari*-Flechte, deren Pilz sogar zwei verschiedene Photobionten bei sich hat, eine Grünalge (*Dictyochloropsis*) und ein Cyanobakterium (*Nostoc*), das Stickstoff aus der Luft bindet.

Die gestielten Schüsselchen einer besonders hübschen Becherflechte (*Cladonia crispata*), die an einer Wegböschung wächst, werden auch von den Nichtbotanikern unter uns fotografiert. Ebenso gleich daneben die grünen Wedel eines großen *Dicranopteris*-Farns. Solange sie sich entrollen, sehen sie rot und wie ein Bischofsstab aus.

Um eine Erdorchidee (*Cystorchis*) zu finden, muss man sich beschwerlich durch dichten Unterwuchs hindurcharbeiten. Besonders dichtes Gestrüpp bilden die dünnen, immer wieder neu gegabelten, mit Fiederblättchen besetzten Wedel des Farns *Gleichenia truncate*. Seine jungen Blätter werden zusammen mit Knoblauch als Gemüse gegessen. In einer Fläche voll 20 cm hohem Frauenhaar-Moos (*Polystichum*) steht ein Liliengewächs (*Daniella*) mit blauen, nicht essbaren Beeren. Daneben wachsen große, rote, innen hohle Erdbeeren, wie aus Pappe, die aber essbar sind. Ringsum schrillen Zikaden und unsichtbare Vögel rufen. Unverwechselbar sind der hohle Ruf der Fruchttaube *Ducula badia* und die lange, immer rascher werdende Rufreihe des kleinen Schwarz-gelb-Breitrachens (*Eurylaimus ochromalus*). Vor meinen Füßen huscht rattenartig ein drosselgroßer kurzschwänziger Vogel, am blauen Brustband auf rotem Grund als Rotkopfpitta (*Pitta arcuata*) zu erkennen. Er wendet mit Schnabel und Füßen totes Laub und verschwindet wieder in der nächsten Deckung. Am Boden ist jedes Fleckchen bewachsen.

Bald wird der Wald niederer. Er wirkt grau durch die vielen Bartflechten (*Usnea*), die von den Ästen herabhängen. Überall wachsen Epiphyten. Kletterpflanzen streben hinauf, und durch diesen sekundären Bewuchs scheinen viele Bäume geschädigt, haben teils durchlöcherte oder gar morsch wirkende Stämme; ihre noch grüne Krone stützt sich stellenweise auf Nachbarbäume. Hier wird es leichter, ab und zu Vögel zu erblicken. Zuerst den unscheinbar braun und graugrün gefärbten Bülbül (*Loidorusa leucops*), den es nur hier gibt, dann einige der graugelben Berg-Brillenvögel (*Chlorocharis emiliae*) mit ihren schwarzen Augenringen, bald danach einen oberseits pottschwarzen Rotbrustpirol (*Oriolus cruentus*) und mehrere langschwänzige Malaien-baumelstern (*Dendrocitta cinerascens*).

Verschiedene Vögel sind auf der Insektenjagd. Ein Trupp Scharlachmennigvögel (*Pericrocotus flammeus*), rotbauchig die Männchen, gelbbauchig die Weibchen, jagt oben im Gezweig, ein Fächerschwanz (*Rhipidura albicollis*) sucht im Unterwuchs und fächert dabei eifrig seinen langen, auf und ab schlagenden Schwanz. Zwei auf freien Ästen nebenein-ander sitzende Graudrongos (*Dicrurus leucophaeus*) äußern ein kurzes, rauhes Duett, während sie auf vorbeikommende Insekten warten. Ein am Kopf braun-schwarz längsgestreif-ter Gelbbauch-Laubsänger (*Seicercus montis*) flüchtet eilig vor einem Riesenhörnchen (*Ratufa affinis*), das dann foto-gen den langen Schwanz vom Ast herunterhängen lässt und uns seinen dunklen Rücken, den blassen Bauch und das Orange an Kehle und Wangen präsentiert.

Wir steigen weiter und erreichen nach weiteren drei Stun-den unterhalb der Bergspitze auf 2500 m Höhe die Blechba-racke der Fernsehstation. Hier arbeitende Techniker bieten uns als Pausenstärkung Cola und Sandwiches an. In einer Aushöhlung der Wegböschung, hinter Wurzeln versteckt, sehe ich ein Nest. Ein kleiner Vogel mit brauner Haube und weißem Bauch huscht heraus, kommt aber, als ich ein paar Schritte weitergehe, erstaunlich rasch wieder zurück. Es ist eine Rotohr-Yuhina (*Minla castaniceps*). Gleich da-nach fliegt ein noch gelbschnabeliges und fast schwanzloses

Jungtier aus einem Baum ungeschickt hangabwärts, gefolgt von einer Gruppe aus sieben, ständig zeternden Erwachsenen. Zwei von ihnen, wohl die Eltern, beschnäbeln das auf einem Ast gelandete Kind, als versuchten sie, es zu füttern.

Tagebuch: Kannenpflanzen

Und dann sind da die verschiedenen Kannenpflanzen (*Nepenthes*), abenteuerliche Gebilde, deren Evolution vor 180 Mio. Jahren begann, noch vor der gewaltigen Kontinentalplattenverschiebung. Damals lagen die heutigen Verbreitungsgrenzen – Madagaskar, Seychellen, Neukaledonien, Südchina, Indien und der Nordzipfel von Australien – noch dicht an Borneo und Sumatra, dem heutigen Zentrum ihres Vorkommens. Diese Pflanzen sitzen im Moos am Boden und wachsen von da als Kletterpflanzen mit dünnen Stängeln viele Meter an Bäumen aufwärts. Entsprechend stehen ihre Kannen zunächst als kleine Töpfchen oder schmale Zylinder im Bodenbewuchs und hängen später – je höher, desto größer werdend – wie Krüge oder Vasen von Baumzweigen herab. Artgemäß sind es grüne oder rötlich gefleckte, kugelige, becherförmige oder kunstvoll geschwungene, bis 30 cm hohe und 20 cm breite Gefäße. Jede Kanne entwickelt sich weiter aus einer Blattspitze und hängt an ihr mit langer, manchmal gewundener Ranke. Sie mündet in den Boden der mehr oder weniger aufrecht gehaltenen Kanne. Im unteren Teil dieses fabelhaft konstruierten Fanggefäßes wartet eine von speziellen Drüsen abgesonderte Verdauungsflüssigkeit auf hineinfallende Opfer. Ein Deckel, der die knospende Kanne zunächst verschlossen hält, steht später schräg über ihrer Öffnung. Farben und Nektardrüsen an Deckel und Rand der Kanne locken Insekten und andere Kleintiere an, die dann in die Kanne rutschen, weil ihre Füße auf dem gewölbten, feingerippten und wachsglatten Kannenrand keinen Halt finden.

Wir kippen aus mehreren Kannen die Flüssigkeit in ein Glasgefäß und finden am häufigsten Chitinreste verschieden großer Insekten, vornehmlich von Käfern, Fliegen und Bienen. In kleine Kannen, die am Boden stehen, fallen umherlaufende Ameisen, Schaben, Silberfischchen und Termiten. Ihr tierisches Körpereiweiß wird von verschiedenen Enzymen und von Bakterien zu Aminosäuren verdaut, die schließlich von der Pflanze aufgenommen werden. Andererseits bieten die Kannen einen geschützten Aufenthaltsraum, eine ökologische Nische für diejenigen, die darin zurechtkommen. So gibt es eine Köcherfliege, die – wie ihr Gattungsname *Nepenthophilus* besagt – als Larve auf das Leben in *Nepenthes*-Kannen spezialisiert ist. In mehreren Kannen sehe ich quicklebendige Mückenpuppen, die hier ihr räuberisches Larvenstadium schon durchlebt und also hinreichend Planktonorganismen gefunden haben. In einer schlanken, außen roten *Nepenthes-tentaculata*-Kanne sitzt an der hellgrünen Innenwand eine Krabbenspinne (*Misumenops*) auf ihrem Fadengerüst und requiriert abrutschende Insekten für sich.

Was sich in diesen Kleinbiotopen abspielt, ist bestimmt ein lohnendes Forschungsthema. Auf den ersten Blick stiehlt die Krabbenspinne der Pflanze die Beute. Ich vermute aber, dass sie umgekehrt der Pflanze hilft. Wer vor einem abends erleuchteten Fenster eine Kreuzspinne in ihrem Netz sitzen hat, kennt deren Exkremente auf dem Fensterbrett. Solche stickstoffhaltigen Spinnenausscheidungen fallen hier in die

Kanne und ersparen der Pflanze eigene Verdauungsarbeit. Die Krabbenspinne trägt den wissenschaftlichen Namen *„nepenthicola"*, „in Nepenthes wohnend", ist also regelmäßig in der Pflanze anzutreffen, was vermuten lässt, dass sich zwischen beiden längst eine Symbiose eingespielt hat. In Brasilien zum Beispiel verbringt die Springspinne *Psecas chapoda* ihr ganzes Leben auf der Bromelie *Bromelia balansae* und liefert ihr einen beträchtlichen Teil des benötigten Stickstoffs.

Das geschieht hier noch ausgeprägter mit der Kannenpflanze *Nepenthes lowii*. Die entwickelt in Bodennähe die üblichen kleinen Kannen und fängt damit Ameisen und andere Gliederfüßer. Aber an den langen Ranken oben im Geäst von Büschen und Bäumen sehen wir ihre großen, karaffenförmigen Gebilde mit weiter, trichterförmiger Öffnung, also eher Wannen als Kannen. Deren Grund sondert nur wenig Verdauungssaft ab, der schräg stehende Deckel aber besonders viel Nektar. Den schleckt regelmäßig das kleine Hochland-Spitzhörnchen, *Tupaia montana*, ab, sitzt dabei auf dem Kannenrand wie auf einer Toilette und lässt in die Kanne seinen Kot fallen. Aus dem bezieht die Pflanze Rohstoffe für ihren Stickstoffhaushalt. Zu einer ähnlichen Symbiose sind die röhrenförmigen Trichter der nah verwandten *Nepenthes rafflesiana* geeignet. In ihnen ruht tagsüber die winzige, insektenfressende Wollfledermaus *Kerivoula hardwickii*, die mit ihren Ausscheidungen etwa ein Drittel des Stickstoffbedarfs der Kannenpflanze deckt. Ins Extreme treibt dieses Verfahren eine sogenannte „fleischfressende" Pflanze Südafrikas in den Sederbergen, 200 km nördlich von Kapstadt. Auf besonders nährstoffarmen Sandböden findet man dort stellenweise in heideartiger Vegetation die mehr als meterhohe, immergrüne Wanzenpflanze *Roridula dentata*. Ihre gelblich-grünen Blätter reflektieren ultraviolettes Licht, locken damit Insekten an und halten sie auf langen, extrem klebrigen Drüsenhaaren fest. Eine erfolgreiche Pflanze hängt gewöhnlich voller zappelnder oder toter Insekten, kann aber selber nichts mit ihnen anfangen. Sie benötigt zum Verdauen einen externen Magen, nämlich die Weichwanze *Pameridea marlothii*, die sich von den gefangenen Insekten ernährt, sie aussaugt und ihre nährstoffreichen Exkremente auf den Blättern hinterlässt. Von dort nimmt die Pflanze den Blattdünger auf und deckt so 70 % ihres Stickstoffbedarfs.

Auf dem Rückweg zur Power Station scheint ein rascher Abstieg geboten, denn der Regen naht. Trotzdem wird immer wieder bei Orchideen und Kannenpflanzen Halt gemacht (Abb. 4.4).

Ab und zu setzt sich Loki auf ein Stück Plane auf den Boden und skizziert eine Pflanze, Blüte oder Frucht, nicht aber eine farbenprächtige *Gasteracantha*-Stachelspinne, die im Radnetz dicht über ihrem Kopf hängt.

Nach nur zwei Stunden und gerade, als der Regen beginnt, sind wir wieder an der Power Station bei den Wagen. In der Lodge sind, wie allabendlich, die erleuchteten, leider geputzten und spinnenfreien Fenster außen voller großer und kleinster Insekten. Wir machen schließlich das Licht aus; so können sie sich in den Wald und wir uns zum Schlafen zurückziehen. Noch lange hören wir das Rufen der *Ansonia*-Zirpkröten.

Abb. 4.4 Gelegentlich zeichnet Loki ein kleines Gewächs an Ort und Stelle, hier am Kinabalu (1978). (© Wolfgang Wickler)

Tagebuch: Ausflug zur Rafflesia

Angekündigt für den nächsten Tag ist die Suche nach der größten Blüte in der Pflanzenwelt. Allerdings würden wir selbst sie wohl nicht finden, auch wenn wir tagelang suchten. Die Mühe, eine dieser Pflanzen aufzuspüren, haben uns vorsorgliche Ranger abgenommen und führen uns nun dorthin. Die nur mit Geländewagen zu bewältigende Wegstrecke führt durch stark fließende Gebirgsbäche und über eine ungewöhnlich umfangreiche Ansammlung von tiefen Schlaglöchern zu einer Tagebau-Kupfermine. Von hier aus ersteigen wir in dichtem Wald einen steilen Hang. Es ist ratsam, auf die kleinen, braunen Landblutegel (*Haemadipsa zeylanica*) zu achten, die zahlreich auf dem Laub am Boden vorkommen. Wenn man aufpasst, sieht man sie im typischen Egelgang heranbuckeln oder aufrecht stehend das Vorderende suchend hin und her wenden. Ihren Biss spürt man nicht, aber die entstehende Wunde blutet stark nach. Einer unserer Begleiter läuft in Sandalen und hat prompt einen Egel am Knöchel, vertreibt ihn aber gleich mit ein paar Tropfen Kerosin (sollte man dabei haben oder sich vorher mit gewässerten Tabakblättern einreiben). Wir weichen einer Baumschlange aus, die flach auf einem Ast liegt, müssen trotz ganzer Trupps von Egeln auf dem Hosenboden ein Hangstück hinabrutschen und haben dann die Wunderpflanze *Rafflesia arnoldii* vor uns: Ein Gebilde wie ein riesiger, gerade aufplatzender schwarzroter Kohlkopf. In voller Entfaltung erreicht die Blüte einen Durchmesser von einem Meter und ein Gewicht von über zehn Kilogramm. Hier ist die Blüte noch nicht ganz offen, aber ihre innere Rotfärbung mit weißlichen Flecken, an verwesendes Aas erinnernd, ist schon zu erkennen, ebenso ein schwacher, modrig-fauliger Duft, der bald zu kräftigem Aasgeruch werden wird und aus einer großen schüsselförmigen Öffnung in der Mitte strömt. Duft und Farbe der Blüte werden Schmeißfliegen anlocken, die auf dem vermeintlichen Kadaver ihre Eier legen wollen (oder auch wirklich legen), mit ihrem Besuch aber Bestäubungsdienste leisten. Dann verwelkt die Blüte im Laufe einer Woche. Dies einmalige Gewächs kann man also nur kurze Zeit am natürlichen Standort bewundern, denn es hat weder Blätter noch Sprosse oder Wurzeln. Rafflesia ist unfähig zur Photosynthese und zur selbständigen Energiegewinnung. Sie ist ein hochspezialisierter Vollschmarotzer und lebt als Parasit von einer ganz bestimmten Wirtspflanze, einer am Regenwaldboden wuchernden, leicht verholzten Wildrebe (*Tetrastigma lanceorium*), die zur selben Pflanzenfamilie gehört wie unsere Weintraube. Das Wurzel- und Stammgewebe der Wildrebe durchwuchert die Rafflesia mit einem Geflecht mikroskopisch feiner Zellfäden, die aus großkernigen Zellen bestehen und der Wirtsrebe die Nahrung entziehen. Nach etwa 18 Monaten durchbrechen die Zellfäden die Rebenrinde und entwickeln kugelförmige Knospen, von denen eine im Laufe von zwei Jahren zur Blüte heranwächst. Ein in jeder Hinsicht bemerkenswertes Gewächs.

Der weitere Ausflug bringt uns nahe der Kupfermine zum Städtchen Ranau. Einfache Holzhäuser auf Stelzen sind mit Fernsehantennen ausgestattet. Auf umliegenden Reisfeldern erinnern mich dünne Stangen mit anhängenden Stofflappen als Vogelscheuchen an die lästigen Schwarzbauchnonnen. Am Feldrand wachsen wilde Bananen, deren Blütenstände hier als Salat Verwendung finden. Heute ist Zahltag. Jeder Erwachsene in Sabah bekommt im Jahr einen Anteil an der Edelholznutzung ausbezahlt. Zwei bewaffnete Uniformierte überwachen den Eingang zur Zahlstelle sowie den angrenzenden Markt, der den Landbewohnern städtische Güter anbietet. Auf dem Markt kosten wir Langsat-Früchte (*Lansium domesticum*), die wie kleine Kartoffeln aussehen. Ihre dünne, fleckige

Schale kann man mit den Fingern abpellen. Das weiße, süß-sauer wohlschmeckende Fruchtfleisch ist ähnlich einer Mandarine in glatte Stücke aufgeteilt, je mit einem kleinen, äußerst bitteren Kern, den man besser nicht zerbeißt. Ein festungsartig mit steinerner Mauer umgebenes Monument auf einem Hügel, das Kudasang War Memorial, erinnert an die Opfer eines Todesmarsches am Ende des Zweiten Weltkriegs, als japanische Militärs mehr als 3000 indonesische Zwangsarbeiter und über 2000 englische und australische Kriegsgefangene von Sandakan nach Ranau trieben; angeblich haben nur neun überlebt, die fliehen konnten. Als eindrücklichen Kontrast zu Krieg und Horror sind – getrennt für Engländer und Australier – friedliche, schöne Blumengärten angelegt. Zwanzig Kilometer weiter besichtigen wir die heißen Schwefelquellen in Poring und werden begrüßt mit lauten Gesängen von Schamadrosseln, die wir auch im Institut in Seewiesen untersuchen.

Nach zwei Stunden Fahrt mit den Geländewägen erreichen wir die Pfefferplantage Kampung Manggis. Pfeffersträucher wachsen so, wie bei uns die Stangenbohnen. Weil sie empfindlich gegen Schädlinge sind, müssen ringsum Gräser und andere Gewächse entfernt werden, was zur Folge hat, dass Regen den kahlen Boden wegwäscht, der immer wieder nachgehäuft werden muss. Ab dem dritten Jahr tragen die Sträucher etwa dreißig Jahre lang. In weiten, flachen Teichen stapfen Arbeiter barfuß auf den geernteten Beeren. Die werden eine Woche lang aufgeweicht, dann gewaschen und vom Fruchtfleisch befreit. Ihre weißen Kerne sind der weiße Pfeffer. Schwarzer Pfeffer wird gewonnen, indem man einfach die Pfefferbeeren mit Haut und Fruchtfleisch so weit trocknet, dass sie gemahlen werden können. Im Einweichwasser werden nebenher Karpfen gemästet. Es scheint nach der landschaftlichen Umgebung zu urteilen kein so übler Wunsch, jemand möge dahin verschwinden, wo der Pfeffer wächst.

Am Rand der Anlage liegen Zweige am Boden, in Abständen mit Plastik umhüllt, das an beiden Enden zugebunden und mit Erde gefüllt ist. Der Zweig bildet in der Erde Wurzeln und zwischen den Hüllen Sprosse. So beginnt ein Orangengarten. Nebenan zeigt man uns eine Töpferei. Bei schlechtem Licht werden von Hand einfache Gefäße fabriziert. Die chinesischen Arbeiter sind bartlos, einigen sprießen aber aus einer Warze am Kinn einzelne schwarze, zwanzig Zentimeter lange, offenbar sorgsam gehegte Haare.

Tagebuch: Orang-Utan

Am folgenden Tag bringt uns ein 50-minütiger Hubschrauberflug an die Ostküste nach Sandakan. Im Bergzug, der parallel zur Westküste verläuft und nach einem frühen Gouverneur Nordborneos „Crocker Range" heißt, sehen wir von oben zunächst nur Wald ohne Wege. Bald folgen kleine, stark mäandernde Flüsse und schließlich der große Kinabatangan, auf dem viele Nutzholzflöße schwimmen. Bahasa Melayu, die malayische Sprache, kombiniert im Namen Kinabatangan die Worte „China" und „batang" für Fluss. Der Kinabatangan mündet in die Sulu-See. An seinem Mittellauf wurden aus Kalksteinhöhlen viele archäologisch wichtige Funde geborgen. Die bekommen wir später in Kota Kinabalu gezeigt.

Am Ufer der Flussmündung und am Rand der Labuk Bay ist niedriger Mangrovenbewuchs deutlich erkennbar. Wir landen in Sandakan. Bei der Begrüßung ergreift Herr

Liu, Leiter des Instituts für Wald und Holzwirtschaft, die Gelegenheit, sich einen deutschen Experten für die große Maschine seiner Sägemühle zu wünschen; vergebens.

Unser Besuchsziel sind die echten Orang-Utan, oder Ourang Outang, wie sie 1658 der holländische Arzt Jacob de Bondt (Jacobus Bontius) unter ihrem malayischen Namen vorgestellt hatte. Sein begleitendes Bild zeigt allerdings eine stehende nackte, am ganzen Körper spärlich behaarte, junge Frau mit löwenartiger Mähne. Nach Bontius hielten die Einheimischen solche Wesen für Mischlinge zwischen lüsternen Frauen und Affen; angeblich könnten sie sprechen, täten es aber nicht, um nicht arbeiten zu müssen. „Daß diese Affen reden könnten, wenn sie wollten, aber sie täten es nicht, um nicht zur Arbeit gezwungen zu werden", taucht einhundert Jahre später in den königsberger Vorlesungen über Physische Geografie von Immanuel Kant wieder auf; nur sind es bei ihm Amerikaner, die das von Pavianen glauben, obwohl es eher aus Reisebeschreibungen der Beamten im Dienste der niederländischen West- und Ostindischen Kompagnien stammt. Ähnlichen Quellen entnahm Kant manche verqueren Beispiele zu seinem Versuch einer „richtigen Wissenschaft der natürlichen Merkwürdigkeiten". Diese Synopsis von Weltwundern – „Man muß wissen, was man auswärts zu suchen habe!" – ist heute vergnüglich zu lesen, auch wenn Orangs zu amerikanischen Pavianen mutieren. Dem mittelalterlichen Volksglauben im Vorderen Orient wie in Europa galten Affen als degenerierte, bei Gott in Ungnade gefallene Menschen, sozusagen umgekehrter Darwinismus; bis in die Renaissance erwuchs daraus ein heftiger Widerstand gegen die entgegengesetzte Entwicklungsgeschichte Darwins.

„Orang" ist auch heute in Mahasa Malaysia, der Sprache der Einheimischen, die gebräuchliche Sammelbezeichnung für verschiedene indigene Volksgruppen. Orang Orang sind die Menschen insgesamt; zu denen gehören außer dem Orang-Utan, dem „Waldmenschen", zum Beispiel auch die Orang Asli, die „ursprünglichen Menschen", die Sammler und Jäger, die wir in Westmalaysia angetroffen haben, sowie die Orang Selitar, ein kleines Volk von Seenomaden, die ständig auf kleinen Booten an der Küste entlangsegeln. Ein paar dieser Boote habe ich beim Abflug von Singapur auf dem Wasser gesehen und für Ausflügler gehalten. Aber die Boote der Orang Selitar sind auf Dauer unterwegs. Auf jedem wohnt eine Familie, die von dem, was das Meer bietet, ein relativ wohlhabendes Dasein führt. Sie treiben weder Feldbau am Land noch haben sie medizinische Versorgung oder Schulen für die Kinder, im Gegensatz zu den im Inland siedelnden Orang Darat oder den Musik liebenden Orang Dusun, die um ihre Wohnungen herum Durian, Rambutan, Lansi, Guava und natürlich Mangosteen als Fruchtbäume kultuvieren. Übernatürlich und unsterblich sind die Orang Hidup, die sich immer wieder selbst verjüngen. Und wir *Very Important Persons* gehören zu den Orang Kenamaan und im Flughafengebäude ins „Bilek Orang Kenamaan", die VIP-Lounge.

Wir besuchen Sepilok, das Rehabilitierungszentrum für verwaiste Orang-Utan-Kinder. Ein Peacecorps-Freiwilliger, Arthur Mitchell, der hier für zwei Jahre hilft, erklärt uns die Station. Sie besteht seit 1964, ist die älteste ihrer Art und liegt auf der Sandakan-Halbinsel, am Rand eines nicht besonders großen Schutzgebiets, in dessen Wald es noch wilde Orangs gibt. Leider weiß man nicht, wie viele. Die Station beherbergt derzeit 13 Jungaffen. So viele Spielkameraden hat sicher kein junger Orang in einer natürlichen Population, denn Orang-Mütter gelten weitgehend als Einzelgängerinnen. Es wäre interessant zu wissen, ob das Aufwachsen in einem Orang-Kindergarten das spätere Sozialleben beeinflusst. Mitchells Schilderung drängt mir noch mehr Fragen auf. Wenn die Jugendlichen „Freigang" bekommen und schließlich im Wald verschwinden – was tun sie da? Eines der Jungtiere, das in den Wald verschwunden ist, wurde erst nach 18 Monaten wiedergesehen. Wie viele am Ende im Freien überleben, ist unbekannt. Es gibt von allen irgendwo beschlagnahmten Tieren genaue, auch medizinische Daten, aber keine Fotos. Die Ranger kennen sie zwar an Gesicht und Gestalt, aber was passiert, wenn die Ranger wechseln? Die ersten zwei freigelassenen Weibchen haben inzwischen von wilden Männchen Kinder, bringen sie aber nicht mit, wenn sie mal wieder die Station besuchen. Während wir den Stationskindern zusehen, die untereinander spielen, an einem Zweig seilziehen, sich eine Schüssel auf den Kopf stülpen oder unbedingt Loki ihre Handtasche zu entwenden versuchen, hangelt im Wald von ferne durch Lianen eine Orang-Mutter mit kleinem Kind näher. Wir gehen ihr langsam ein Stück entgegen, sie kommt etwas herunter auf uns zu, kehrt dann aber um und verschwindet wieder. Niemand kann sagen, ob es ein ehemaliger Pflegling war (Abb. 4.5).

Über den Pfad kriecht eine fast zwei Meter lange Nachtbaumnatter (*Boiga dendrophila*), blauschwarz mit leuchtend gelben Querstreifen an den Seiten. Aufmerksam geworden, entdecke ich auf dem Bodenlaub einen handtellergroßen Zipfelfrosch (*Megophrys nasuta*), so hervorragend laub-

Abb. 4.5   Nur mit Leckereien ließ sich dieses starke Orang-Kind, in der Sepilok-Station auf Borneo, dazu bewegen, Lokis Handtasche wieder loszulassen (1978). (© Wolfgang Wickler)

ähnlich gemustert, dass ich ihn ohne die Natter bestimmt übersehen hätte. Wir gehen noch etwas weiter, sehen aber keinen Orang-Utan mehr.

Tagebuch: Die Rungu

Von Sandakan bringt uns der Hubschrauber in eine weitgehend naturbelassene Hügellandschaft. Nach 60 min, etwa auf halber Strecke zwischen den Orten Kudat und Kota

Belud, versucht der Pilot eine Landung nahe bei mehreren Langhäusern. Aber der Rotorwind, der schon einige Hühner wegweht, droht alsbald die kreuzweise gelegten halbierten Palmwedel vom vordersten, größten Haus abzudecken. So landen wir in einiger Entfernung auf der kahlen Fläche einer Hügelkuppe. Eilig laufen uns viele Leute auf schmalem Fußweg entgegen und schütteln uns lachend die Hände. Sie halten uns für Missionare oder Flying Doctors. Nachdem der Pilot den Irrtum aufgeklärt hat, werden wir eingeladen, ihr großes Haus zu besuchen. Sie gehören zur sehr traditionsbewusst lebenden ethnischen Gruppe der Rungu. Die Frauen sind am Oberkörper unbekleidet und tragen nur einen knielangen, erdfarbenen Rock. Fast jede hat ein Kind an der Brust und einen roten Betel-Knödel im Mund. Eine ältere Frau zeigt beim Lachen vier goldene Schneidezähne. Ein Mann mit knappem Lendenschurz trägt in einem Tragtuch einen Säugling, geschmückt mit silbernem Ohrring. Die meisten Männer, so erfahren wir, fischen am Fluss im Tal oder arbeiten in ihren Pflanzungen, pflegen Reis, Mais oder Maniok (*Manihot esculenta*). Die älteren Kinder sind in der fünf Kilometer entfernten Schule. Ein matt glänzendes Wellblechkirchlein neben den Häusern kündet vom erhofften Fortschritt durch christlichen Glauben.

Über vier Holzstufen rechts an der Stirnseite steigen wir ins Innere des großen Langhauses. Es macht seinem Namen alle Ehre. Es steht knapp zwei Meter über dem Erdboden auf stabilen Holzstelzen. Unter ihm leben Schweine und Hühner. An der Hausseite verläuft in ganzer Länge eine Veranda, etwa ein Drittel so breit wie das Haus und nach außen abgegrenzt mit einem Gatter aus locker gesetzten senkrechten Bambusstäben. Der Fußboden besteht überall aus ebenso locker gelegten, halben Bambusstäben, was spezielle Abfallkörbe erspart. Geflochtene Matten bedecken den Boden dort, wo man sitzt. Für die zehn Familien ist die Veranda der Dorfplatz. Hier liegen Getreideschalen, Flechtutensilien und hängen geflochtene Körbe, Werkzeuge und Hängematten mit Babys. Ich fühle bald, dass es in meiner Stirnhöhe unauffällige stützende Querhölzer gibt. Nach oben ist die Veranda ins regendurchlässige Giebeldach offen. Ebenso hoch sind die Wohnräume, so viele wie Familien im Haus sind. Man betritt sie von der Veranda aus durch eine Tür aus einem Holzbrett mit Seilzug; sie geht zur Veranda hin seitlich auf. Jede Familie – Eltern und bis zu fünf Kinder – bewohnt einen eigenen Raum. Darin sehe ich in einer Ecke eine Aschefläche mit einem Topf auf drei Steinen. Darüber an der Wand hängen Küchengeräte und weitere Töpfe. Nahe der Außenwand ist der Bambusboden etwa fünfzehn Zentimeter erhöht zur Bettstatt. Darauf liegen einfache Matten und ein paar Kissen. Den halben Wohnbereich grenzt eine dicht geflochtene Zimmerdecke zum Dach hin ab; dort oben liegen Hölzer, Körbe und Vorräte. Das alles wird uns freundlich radebrechend und nicht ohne Stolz erklärt. Selbstverständlich begleitet uns viel Volk zurück zum Hubschrauber und lacht, als er startet, weil Haare und Röcke flattern.

Tagebuch: Am Riff

Den nächsten Vormittag verbringen wir mit Schnorcheln am Riff der kleinen Insel Pulau Sapi, zwanzig Kilometer vor Kota Kinabalu. An ihrem Ufer begrüßen uns ein Graureiher (*Ardea cinerea*) und einige Javaneraffen (*Macaca fascicularis*), „Krabbenfresser" genannt. Sie schwimmen durch den schmalen Meeresstreifen von der großen Nachbarinsel Gaya herüber. Vor der Eiszeit bildeten die Inseln einen Teil der Crocker-Kette und gehören jetzt zum Tunku Abdul Rahman Nationalpark. Zum ersten Mal sehe ich beim Schnorcheln am Riffabhang einen etwa zehn Zentimeter langen, fast schwarzen Harlekin-Geisterpfeifenfisch (*Solenostomus paradoxus*); bedeckt mit fransenartigen Hautauswüchsen wirkt er stachelig. Ähnliche Hautanhänge hat ein grünlichgrauer Feilenfisch (*Monacanthus nematophorus*). In Blasenanemonen (*Entacmaea quadricolor*) mit ihren rot gespitzten Verdickungen an den Tentakelenden schaukeln Samtanemonenfische (*Premnas biaculeatus*). Gruppen kleiner Kardinalfische (*Apogon hartzfeldii*) halten sich geschützt zwischen den 30 cm langen, dünnen Stacheln der Diadem-Seeigel (*Diadema setosum*). Begeistert sehe ich, wie ein dicker, gut 30 cm langer Anglerfisch (*Antennarius commersoni*) auf seinen paarigen Flossen wie ein Vierfüßer bedächtig über die Korallen schreitet. Fünfeckige *Culcita*-Kissenseesterne liegen am Boden, auch viele der mit ihnen und Seeigeln verwandten Seegurken (Holothurien). Sie sind hier im Nationalparkgewässer sicher. Aus anderen Gegenden werden von ihnen allein nach China jährlich etwa fünftausend Tonnen eingeführt, aufgeschnitten, ausgeweidet, getrocknet, gekocht oder geräuchert zu „Trepang" verarbeitet. Gegen solches Einsammeln in großem Stil sind die Tiere wehrlos. Natürlichen Feinden können sie entkommen: Sie opfern ihre Eingeweide, pressen sie samt Darmkanal und Wasserlunge durch den After ins Freie; dann kriechen sie im verbleibenden Hautmuskelschlauch langsam davon.

Wunderbarerweise wachsen ihnen in zwei bis fünf Wochen alle verloren gegangenen Organe neu nach.

Uns transportiert ein Regierungs-Trawler. Das Schiff kommt aus Schottland, die Maschine aus Deutschland. Vor dem nachgezogenen Netz springen fliegende Fische (*Cheilopogon suttoni*) aus dem Wasser, gleiten auf ihren breiten Brustflossen knapp über der Wasseroberfläche durch die Luft und holen nach einigen Metern Flug mit der wieder eingetauchten Schwanzflosse neuen Schwung. Aus dem Netz greifen die Fischer etliche kleinere Garnelen, eine Riesen-Tigergarnele (*Penaeus monodon*) und mehrere meterlange Krokodil-Hornhechte (*Tylosurus crocodilus*). Daraus wird auf Kohlenfeuer am Strand ein leckeres Abschiedsessen zubereitet.

Tagebuch: Museen

Am nächsten Tag besichtigen wir im noch behelfsmäßig eingerichteten Museum in Kota Kinabalu Steinwerkzeuge und Töpfereischerben aus dem hiesigen Neolithikum (3000–1000 v. Chr.), eine hierher gehandelte Bronzeaxt mit gerundeter Schneide aus der Bronzezeit (um 500 v. Chr.) sowie verschiedenes Metallgerät und importierte Glasperlen aus der Eisenzeit ab 700 n. Chr. Einige Krüge aus der Ming-Dynastie haben ehemals menschliche Skelette enthalten. Die zugehörigen Schädel waren eingesetzt in Öffnungen an einem Langhaus-Firstbalken, der in einen Vogelkopf endet.

Mich interessieren vor allem Gegenstände aus den Kalksteinhöhlen am Kinabatangan-Fluss. Diese Höhlen dienten Jahrhunderte lang – kleine Höhlen bis in die Gegenwart

– den dort lebenden Orang Sundai als Begräbnisstätten. Die großen Höhlen sind außerdem schon seit vordenklicher Zeit von Salanganen (*Collocalia maxima*) besiedelt, die in ausgedehnten Kolonien hoch oben an den Wänden ihre tassenförmigen Nester aus Speichel bauen. Zoologisch sind die Salanganen berühmt, weil sie und der mittelamerikanische Fettschwalm (*Steatornis caripensis*) sich als einzige Vögel, ähnlich wie Fledermäuse, im Höhleninneren mit Echolotpeilung orientieren. Ab 1368 – mit Beginn der Ming-Dynastie – begann ein schwungvoller Handel nach China mit den essbaren Salanganen-Nestern, während eingehandelte chinesische Textilien und Waren aus Porzellan, Messing und Gold den in der Höhlenregion lebenden Orang Sundai in den nächsten zweihundert Jahren beträchtlichen Wohlstand brachten. Als fortschrittsorientierte muslimisch beeinflusste Händler, die Nestbestände immer stärker ausbeuteten, wurden jedoch die Geister der Verstorbenen in den Höhlen zunehmend belästigt. Um ihren traditionellen Begräbnisort zu verteidigen, haben konservativ gesonnene Orang Sundai schließlich große Mengen Damar-Baumharz in der größten Höhle verbrannt und die Salanganen ausgeräuchert. Obwohl Nesthändler in einem neuerlichen Gegenzug 1923 alle Grabbeigaben und Särge aus der Höhle schafften, kamen die Vögel nach dem großen Feuer nie wieder; die Höhle ist den Toten geblieben.

Bewohnt waren die Höhlen schon vor 6000 Jahren; *Homo sapiens* hinterließ Nahrungsreste von Wildrind, Stachelschwein und verschiedenen Affen. Das Museum zeigt Tontöpfe und Tonschalen mit Opferresten, die neben den Särgen der Orang Sundai am Boden standen. Weil der dick mit Salanganenkot bedeckt ist, wurden die Särge für begüterte Verstorbene auf verzierten Balkengestellen höher positioniert. Die Särge wurden in den Familien lange im Voraus angefertigt und das Hartholz an Kopf- und Fußbrettern mit geschlechtstypischen Schnitzereien versehen: Männersärge sind gekennzeichnet durch Tierköpfe, Frauensärge durch große Bogenornamente, die an einen gegabelten Fischschwanz (oder gegrätschte Beine?) erinnern. Weitere Schnitzwerkmotive am Sarg konnte sich der noch Lebende selbst wünschen.

Das Museum bewahrt auch einen Bericht über den Mythos der *Vagina dentata*, der bezahnten Vagina. Das arabisch geschriebene Dokument ist in der Sprache der Idahan abgefasst, die das Höhlenrecht am Kinabatangan innehatten. Ihr Stammbaum reicht bis etwa ins Jahr 1000 zurück und setzt ein mit einem Urvater Besai und einer Urmutter Mnor. In der sechsten Generation taucht eine Tochter Dulit auf, genannt Dulit Nipon Wong, wegen ihrer beängstigenden Fähigkeit, mit der Vagina zu beißen. Sechs Ehemänner waren schon beim Koitus gestorben. Der siebente, Teripo, erhielt im Traum die Weisung, eine Beluno-Frucht aus dem Dschungel zu holen. Er steckte sie in der Hochzeitsnacht in Dulits Vagina, die sich darin festbiss. Teripo zog die Frucht mit aller Kraft heraus, mitsamt den Vaginazähnen (seither schmeckt die Beluno-Frucht bitter) und heiratete Dulit; beide wurden Stammeltern vieler Generationen. Weltweit sind über eine *Vagina dentata* verschiedene Mythen verbreitet. Sie haben selbstverständlich auch Sigmund Freud beschäftigt. Ich wüsste gern, welche phallischen Geräte, die hier zur sexuellen Befriedigung der Frauen in Gebrauch sind, mit diesem Thema zusammenhängen. Ob auch die in vielen Volksgruppen übliche Entjungferung der Braut durch eine Amtsperson oder einen Priester mit dem Mythos um die gefährliche Vagina zusammenhängt? Aber für meine Fragen reicht die Zeit im Besuchsplan nicht. Zum Trost überreicht mir David McCredie, Kurator des Sabah-Museums, die *Prehistory of Sabah*, verfasst von Tom und Barbara Harrison, die alle Höhlenfunde und manche zugehörigen Geschichten ausführlich erläutern.

Tagebuch: Kuching

Mittags fliegen wir weiter nach Kuching. Während eines knapp einstündigen Zwischenaufenthalts in Miri, der zweitgrößten Stadt des Staates Sarawak, beköstigt uns am Flughafen der Bezirks-„Bürgermeister" mit Sandwichs, Tee und Kaffee. Er ist, ebenso wie seine Frau, in einem Langhaus aufgewachsen, besucht es jedes Jahr wieder und will nach seiner Pensionierung ganz in einem Langhaus leben, im Gegensatz zu seinen Kindern, die sich dort nur zu Pflichtbesuchen sehen lassen.

In Kuching empfängt uns feierlich der Gouverneur des Staates Sarawak in seinem Palast, einem alten, original erhaltenen Haus, in dem er mit Familie wohnt. Um das Haus stehen schlanke Siegellack-Palmen (*Cyrtostachys renda*), prächtig anzusehen mit ihren knallroten, wie lackiert glänzenden alten Blattrippen, die am grünen Stamm abwärts stehen. Wachsoldaten am Eingang klopfen Gewehrgriffe und stampfen mit den Füßen, als wir die Empfangshalle betreten. Lautlose Ventilatoren arbeiten an der Decke. Wir werden durch die Wohnung geführt. In unaufgeräumten Zimmern mit furchtbar vielen herumstehenden Schuhen, meist Hausschuhen, werden zahlreiche Vögel in Käfigen gehalten. In einem Raum steht eine elektrische Orgel mit amerikanischem (fächerartig angeordnetem) Pedal. Das Untergeschoss birgt die „Sammlung" des Gouverneurs, ein tolles Sammelsurium von alten Fotos, Schränken voller Porzellan und seltsamer Gegenstände, dazwischen ein quadratischer weißer Badezuber. Weitere Schaubadewannen stehen im Garten hinter dem Haus.

Die Hafenstadt Kuching am Sarawak-Fluss wirkt auf mich im ersten Moment altmodisch gemütlich; der Teil, in dem wir sind, weist zwischen einzeln stehenden kleinen und größeren Häusern viele Grünanlagen auf. Die Verbindung zum quirligen Geschäftsteil mit Hochhäusern und dem Bazarzentrum, voller Ladenzeilen und verstopfter Einbahnstraßen, bewerkstelligen kleine Boote. Sie pflügen, da die Flut gerade die Strömung umkehrt, eilig durch unglaublich verschmutztes Wasser. Während in vielen Landstädten Afrikas gleichartige Geschäfte im selben Straßenzug nebeneinander liegen, es sozusagen Gewürzstraßen, Textilstraßen, Geschirrstraßen usw. gibt, treffen wir hier in buntem Nebeneinander auf Brautkleider, Gewürze, Bücher, eine Autoreparaturwerkstatt, eine Schmiede, alle direkt zur Straße offen, und einen Dentist hinter halbhohem Milchglas.

Herr Au Yong Nag Yip, Besitzer einer Esso-Station und Im- und Exporteur von Orchideen, führt Loki und uns durch die Pracht seiner Dendrobium-Züchtungen. Er ist ein Self-made-Profi und zieht die Orchideen aus Samen, und zwar in Flaschen (wie wir sie im Labor zur Taufliegenzucht benutzen) auf Agar, dem etwas Kokosmilch und Stückchen von Banane oder anderem Obst zugefügt sind.

Geduld ist freilich gefragt, denn er sieht erst nach zwei Jahren, was bei einer neuen Kreuzung herauskommt.

Das Sarawak-Museum nötigt Ehrfurcht, wegen seiner berühmten Sammlungen. Vögel und Säuger sind zwar wie fast überall uralt und schlecht ausgestopft, faszinierend aber ist die riesige Insektensammlung mit unzählbar vielen Mimikry-Beispielen. Zu diesen Sammlungen hat vor 130 Jahren auch Alfred Wallace beigetragen. Er verfasste hier im Februar 1855 einen Aufsatz, in dem er behauptete, dass immer wieder neue Arten entstehen, jede aus einer vorher existierenden nah verwandten Art. Wie das passiert, kümmerte ihn noch nicht. Drei Jahre später, als er auf den Molukken malariakrank daniederlag, kam ihm das *Essay über das Bevölkerungsprinzip* des Ökonomen Thomas Malthus ins Gedächtnis und damit blitzartig die Erkenntnis, dass der am besten Angepasste überlebt. Er schrieb seine Idee an zwei Abenden auf und schickte sie an Darwin, den er damit zwang, nun auch seine eigene gleichlautende Selektionstheorie zu publizieren.

Im Museum demonstriert eine nachgebildete Salanganen-Höhle, wie man mit Leitern an die Nester kam und mit Bambusspitzen-Gittern auch die Vögel fing, um sie zu verspeisen. Eine Felsmalerei zeigt einen großen Hornvogel mit einer Salangane im Schnabel – Phantasie? Ein sorgfältig gegen Feinde, Ungeziefer und Feuchtigkeit auf hohen Stelzen gebautes Dajak-Langhaus mit Gitterlattenfußboden, zur kühlenden Ventilation und Abfallentsorgung, enthält eine Feuerstelle, Palmmatten, Töpfe, Krüge, Gong und weitere hübsche Einrichtungen. Den Firstbalken zieren innen Menschenköpfe. Jeder männliche Dajak musste nämlich, ehe er heiraten durfte, einen Kopf erbeuten, meist im Krieg mit den Iban. Die Trophäe wurde dann zu Hause von begeisterten Frauen festlich in Empfang genommen. Andere menschliche Skelettteile stammen aus uralten Gräbern, zum Beispiel solchen der Kelabit von vor 500 Jahren. Die legten ihre Toten in geschnitzte hölzerne Särge mit einem Bambusrohr im Boden, um die Leichenflüssigkeit abzuführen. War die Leiche getrocknet, wurde sie feierlich zusammen mit Werkzeug des Toten beerdigt, gern in einem chinesischen Krug.

Wir bekommen viele geschnitzte Holzfiguren zu sehen, roh geschnitzte männliche und weibliche, die einst als Schutz vor Bösem an Wegen und Feldern standen, große Phallus-Figuren, die helfen sollten, Frieden zu stiften, und Figuren, die einen Geist darstellen, der für eine bestimmte Krankheit verantwortlich gemacht wird. Dazu wurde die Figur mit Bethelnuss und Blättern bespuckt, zusammen mit dem Patienten mit Wasser übergossen und in den Wald zum Wohnbaum des Geistes getragen, mit der Bitte, den Kranken nun zu verlassen. Kleine Brettchen zeugen von der noch in junger Zeit üblichen Praktik, sie den Säuglingen stramm vor den Kopf zu binden, um die Stirn flach fliehend zu formen. Die Sitte war an vielen Orten der Erde verbreitet, wir kennen sie schon von Maya-Schädeln. Ein halbmeter langes hölzernes Congkak-Brettspiel in Schiffsform enthält zwei Reihen von je acht Mulden und an der Spitze ein Fach für die Spielsteine, hier kleine dicke rundliche Schalen von *Nerita piperina*, einer Meeres-Napfschecke der Gezeitenzone. Auch dieses Mancala-Spiel kennen wir schon aus Afrika. In einem feinen Holzbehälter liegen aus Metall gearbeitete künstliche Sporne für Kampfhähne.

Draußen vor dem Museum ragt ein vorn reich geschnitzter und mit chinesischen Porzellanschalen geschmückter Holzstamm hoch zum Himmel, ehedem errichtet zu Ehren eines Fürsten. Er erinnert daran, dass noch vor 70 Jahren beim Tod des Fürsten ein Sklave in eine Grube gelegt und vom Pfahl erdrückt wurde; eine Sklavin wurde am Pfahl hochgezogen und starb dort. Beider Seelen mussten dem Fürsten im Jenseits dienen. Ihre Knochen sind in Krügen hinten im Pfahlbaum in Aushöhlungen aufbewahrt.

Abends empfängt uns der Vorsteher des Staates. Herren und Damen sitzen getrennt, die Damen im Sonntagskleid, steif und wohl nur als Zierde, denn die meisten sprechen kein Englisch. Die Männer tragen bunte Batikhemden über ihren Hosen. Gereicht wird leckeres Essen, aber wegen der gastgebenden Moslems nur Wasser als Getränk. Loki gibt ein kleines Kolleg über die Exportabhängigkeit Deutschlands, erwähnt Dollarschwäche und Arbeitslosigkeit. Ich komme ins Gespräch mit dem sehr an Wissenschaft interessierten Minister für Erziehung und Schule und dann mit einem Mediziner, der mir erzählt, in Singapur werde aus lebenden Schlangen mit kleinem Schnitt die Gallenblase ausgedrückt und in Tee getrunken; das soll Stärke verleihen.

Wir besuchen am nächsten Vormittag einen chinesischen Tempel. Ein großer müsste vier Wächterfiguren mit verschiedenen Waffen haben; also ist das hier nur ein kleiner, gebaut wie ein altes chinesisches Haus, mit roten Wänden und grünem Dach. Opfergaben für viele Götter und Göttinnen liegen auf Tellern, von denen sich die Geister bedienen; anschließend nimmt man die Gaben mit heim – ganz ähnlich wie bei uns zum Erntedank Speisen in der Kirche gesegnet und dann nach Hause mitgenommen werden. Man baut für die Ewigkeit vor und verbrennt in kleinen Öfen spezielles „Geld", Papier in Form eines Blusen-Schnittmusters, das in der Mitte golden oder silbern gefärbt ist. Vor einem Altar kniet ein Mädchen auf einem Kissen, hat ein Bündel Räucherstäbchen angezündet, schwenkt sie vor und zurück und steckt sie dann in Sandschalen, jeweils mindestens drei pro Gott an verschiedenen Stellen des Tempels. Dann schüttelt sie aus einem Bambusköcher einen Holzstreifen und bringt ihn zu einer Nebentheke, wo eine junge Frau die Nummer abliest und dem Mädchen vom Zettelbrett einen Papierstreifen reicht, auf dem die Antwort auf ihre dem Gott gestellte Frage gedruckt ist. Da sage einer, die Götter antworteten nicht!

Tagebuch: Rückflug

Der Rückflug führt uns zunächst wieder nach Singapur, wo wir eine heftige Gewitterlandung erleben. Weil das Anschlussflugzeug einen Blitzschlag erlitt, geht es erst nach langer Verzögerung weiter nach Kuala Lumpur, wo unsere Reise in Malaysia begonnen hatte. Wieder begleiten uns Polizeisirenen zunächst zum Hotel The Regent of Kuala Lumpur, dann zur abendlichen Einladung beim deutschen Attaché, der wissen möchte, was jedem von uns in Malaysia am meisten beeindruckte. Wir berichten und erfahren von ihm, dass die Sultane immer noch großen politischen Einfluss haben; als feudalistischen Rest tragen ihre Autos, auch die der Söhne und Töchter, keine Nummern-, sondern Namensschilder. Am folgenden Vormittag gibt Loki im Hotel einen Empfang, bedankt sich bei den Herren Datuk Yap Pak Leong, Minister of Environmental Development and

Manpower, sowie John Chin, Director Sabah Tourism Promotion Corporation, die auf Borneo unsere Reiseroute und Besuchsorte arrangiert haben. Der Rückflug nach Deutschland gelingt erst mitten in der Nacht, da die Belgier streiken. In einem übervollen Flugzeug finden wir (abgesehen von Loki und Herrn Guttmann) gerade noch auf Sitzen der Crew Platz.

Im Kanzlerbungalow erzählt Loki zum Abschied locker Einiges, was sie erlebt und was sie für die botanischen Gärten in Bonn und Hamburg mitgebracht hat. Im neuesten Heft (Nr. 3, 1978) von *Wings of Gold*, dem Quarterly Inflight Magazine des Malaysian Airline System, finden wir in einem Artikel „National Park Safari" Fotos von uns – eine Bestätigung, dass sich diese Reise mit Loki anders als die vorigen gestaltet hat. Diesmal waren wir, zusammen mit den Vertretern des Nationalparks und zehn Mann einheimischer Sicherheit, insgesamt bis zu zwanzig Personen, zu viel fürs Beobachten von größeren freilebenden Tieren. Loki sah deswegen nur einmal zwei junge Elefanten durchs Buschwerk brechen, bekam aber ansonsten kaum große Tiere und auch sonst nicht so viel von der Tierwelt zu sehen wie auf unseren ersten gemeinsamen Reisen. Sie war zwar unverändert wissbegierig und privat fraulich engagiert, aber es gab keine neugierigen und unbekümmerten Unternehmungen auf eigene Faust. In Nakuru konnte sie stundenlang neben einer Akazie zusehen, wie ein Webervogel-Männchen sein Nest aus langen Halmen flocht, auf der Insel Santa Cruz geduldig einen Kaktusfinken verfolgen, wie er seine Nahrung auch ohne Werkzeug sammelte. In Kenia boten die warmen Quellen am Bogoria-See Gelegenheit zur Morgenwäsche zwischen Pavianen und Meerkatzen, in Galápagos verführten plötzlich erscheinende Humboldt-Pinguine zu sofortigem Mitschwimmen. Diesmal aber war immer ein öffentliches Auge auf sie gerichtet, und es war genau festgelegt, was zu besichtigen war und auf welchen Wegen wir dorthin kamen. Loki hat mich später, bei fröhlicher Umarmung auf öffentlichen Veranstaltungen der Max-Planck-Gesellschaft, gern an unsere allererste geheim gehaltene Reise unter afrikanischen Feldbedingungen erinnert.

5
Südamerika

Im April 1979 wollte Bundeskanzler Helmut Schmidt Brasilien, Peru und die Dominikanische Republik besuchen. Zu unserer Überraschung erhalten Uta und ich eine Einladung als Ökozoologen in die begleitende Delegation. Am 23. Februar finden wir uns zu einer planenden Vorbesprechung im Kanzlerbungalow ein. Loki macht uns mit vier Archäologen bekannt: Henning Bischof vom Museum Mannheim, Udo Oberem von der Universität Bonn, Victor Oehm aus Neckargemünd und Wolfgang Wurster vom Deutschen Archäologischen Institut.

Im weißen Wohnzimmer auf weißen Sesseln sitzend erfahren wir den Zweck der Reise mit dem Kanzler, die vom 3. bis 13. April geplant ist, und was unsere Aufgaben dabei sein werden. Helmut Schmidt wird „der erste Chef einer deutschen Regierung, der in der langen und reichen deutsch-lateinamerikanischen Tradition zu einem Besuch nach Lateinamerika kommt". Im Vordergrund des Besuchs sollen politische und wirtschaftliche Interessen stehen. Zugute kommen konnte dem Unternehmen das hohe Ansehen, das die deutsche Wissenschaft in Lateinamerika genießt, vorrangig begründet durch archäologische Forschungen, die weiter unterstützt werden sollten. Loki plant in diesem Zusammenhang eine vierwöchige, archäologisch geprägte Vorreise vom 7. März bis 3. April zu wichtigen, von deutschen Archäologen bearbeiteten Orten in Ecuador, Peru und Bolivien. Auch dazu sind wir eingeladen. Für Uta und mich haben beide Reiseabschnitte, erst mit Loki und den Archäologen und dann mit dem Kanzler, neue zoologisch-wissenschaftliche Arbeitsgebiete eröffnet, was freilich zunächst nicht abzusehen war.

Geschichtliches

In meiner Schulzeit hatte ich als Hauch von Weltgeschichte gelernt, dass die Spanier bei ihren Eroberungen in Südamerika das große Reich der Inka zerstört haben, in ihrer Gier riesige Goldmengen erpressten, dabei unermessliche Kunstschätze vernichteten und im Gegenzug den dortigen Heiden das Christentum aufdrängten. Wer diese Heiden eigentlich waren, wurde uns nicht näher erklärt. Nur ihre Kultur blieb im Gedächtnis, bei mir wie allgemein in der Öffentlichkeit. Die Inka dienten unberechtigt als Aushängeschild für Alt-Südamerikanische Kultur. Zum Beispiel hieß noch 1984 eine Ausstellung in der Villa Hügel „Peru durch die Jahrtausende. Kunst und Kultur im Lande der Inka". Die Inka-Zeit reicht aber gerade mal von 1450 bis 1532, die Ausstellung hingegen umspannte die Zeit zwischen 2000 vor bis 1800 nach Christus. Ebenso hieß 1992 eine Ausstellung im Haus der Kulturen der Welt „Inka-Peru. 3000 Jahre indianische Hochkulturen"; doch diese Hochkulturen waren nicht inkaisch.

Dass da etwas Beachtenswertes vor den Inka war, haben Archäologen aus dem Boden erfahren, nicht aus der Erinnerung der Lebenden. Pfeilspitzen als Reste menschlicher Besiedlung Südamerikas datieren ab 9000 v. Chr. Von da an werden sie mit der Zeit immer kleiner – ein Anzeichen dafür, dass wegen Klimaänderungen das Großwild abnahm? Mörser und Mahlsteine dokumentieren, dass Menschen in Südamerika bald in großem Stil Pflanzen verarbeitet haben. Seit dem 7. Jahrtausend wurden Pflanzen, seit dem 5. Jahrtausend auch Mais kultiviert. Kameloide (Lama, Alpaka, Guanako, Vicuña) sind seit 6000, Meerschweinchen seit 5000 Jahren gezüchtet worden. Die berühmten Inka sind als Besatzungsmacht das Ende, aber nicht der Anfang einer kulturellen Entwicklung gewesen, die vor 10.000 Jahren begonnen hatte.

Vor allem Ausgrabungen deutscher Wissenschaftler haben wichtige vorinkaische Kulturen ans Licht gebracht und damit den heutigen Bewohnern dieser Länder ihre eigene Geschichte zugänglich gemacht. Als Beginn der wissenschaftlichen Erschließung Iberoamerikas gilt Alexander v. Humboldts große Forschungsreise von 1799 bis 1804. Obwohl er in Peru nur kurz, von August bis Dezember 1802, weilte, ist das Gedächtnis an ihn so wach, dass am 14. September, seinem Geburtstag, in Peru die Kinder schulfrei haben, nicht nur die der Humboldt-Schulen. Außer dem von ihm zuerst vermessenen Humboldtstrom (der allerdings, wie er anmerkt, schon „im 16. Jahrhundert jedem Schiffsjungen bekannt gewesen" ist) gibt es Humboldt-Denkmäler, Humboldt-Berge und Humboldt-Flüsse. In der „langen und reichen deutsch-lateinamerikanischen Tradition" hat Deutschland auf der politischen Ebene ebenfalls besonderes

Ansehen in Südamerika gewonnen. Das verschafft schließlich uns deutschen Besuchern einen zuvorkommenden Empfang.

Tagebuch: Die Reise mit Loki

Am 7. März beginnt unsere Reise mit Loki Schmidt und ihrem Personenschutzbeamten Günter Warnholz, den wir schon von Kenia her kennen. Mit von der Partie sind ferner Ulrich Voswinkel von der Hauni-Stiftung in Hamburg und Alf Dickfeld, der – bewährt durch die meisten unserer bisherigen Afrikareisen – auch diese Reise organisiert. Unsere Archäologiekollegen sind bereits unterwegs und werden in Quito zu uns stoßen.

Der Flug geht von Frankfurt nach Zürich und von da über Lissabon nach Rio de Janeiro, erster Klasse mit der VARIG. Sie hat für diesen Flug ihren Chefpiloten und ihren Chefsteward eingesetzt, die beide gut deutsch sprechen. Wir genießen eine sehr zuvorkommende Bedienung und bekommen in der Pilotenkanzel der DC10 gezeigt, wie das automatische Fliegen mit Bordcomputern (einer aktiv, zwei in Reserve) funktioniert. Stolz erzählt der Pilot, dass der Computer nach dem Start anhand zuvor eingegebener Daten das Flugzeug lenkt, die jeweiligen Positionen aus den zurückgelegten Wegstrecken errechnet und am Ziel des Fluges auch automatisch landen kann. Der Computer gleicht wieder aus, wenn auf einem Radarschirm außer Küsten und Städte auch Kumuluswolken zu sehen sind, die von Hand umflogen werden.

Tagebuch: Rio de Janeiro

Am 8. März, um 10.00 Uhr Ortszeit erreichen wir den Flughafen Rio Galeáo auf der Governor's Insel vor der Stadt. Der Name „Rio de Janeiro", „Fluss des Januar", tradiert den Irrtum von Gaspar de Lemos, der am 1. Januar 1502 die Guanabara-Bucht entdeckte und für die Mündung eines großen Flusses hielt. Heute wird die Bucht von einer 14 km langen Autobahnbrücke überspannt, die an ihrer höchsten Stelle 70 m hoch ist und so auch großen Schiffen unter ihr Platz gewährt. In diese Bucht ragt eine Landzunge mit dem fast 400 m hohen Granitfelsen „Zuckerhut", dessen nördliche Seite wir vom Flughafen aus sehen. An der südlichen Seite des Zuckerhuts liegen die berühmten kilometerlangen Strände Copacabana, Ipanema und Leblon. Wir fahren durch einen neuen Tunnel unter dem Corcovado, auf dem die Christusfigur steht, ins Sheraton Hotel am Leblon-Strand.

Gleich am Nachmittag stürzen wir uns auf die Sehenswürdigkeiten der Stadt. Wolfgang Wurster ist spezialisiert auf Architekturgeschichte und wird uns auf der ganzen Reise besondere Bauten zeigen und erläutern. Er beginnt im historischen Stadtzentrum, neben dem Santo-Antônio-Kloster, mit der Kirche „São Francisco da Penitência", erbaut von 1653 bis 1773. Sie gibt außen nicht viel her, ist aber innen prachtvoll (ich finde übervoll) barock geschmückt. Jede verfügbare Fläche und Kante ist mit Gold bedeckt. Angeblich enthält diese Kirche mehr Gold als irgendeine andere der Neuen Welt. Am Altar steht eine ungewöhnliche Christusfigur mit sechs Flügeln, üblicherweise das Zeichen für Cherubine. (Das ist am schönsten zu sehen an den großen Engel-Fresken von 1160 in der Krypta des Benediktinerstifts Marienberg in Burgeis in Südtirol.)

Wir gehen weiter zur Klosteranlage de São Bento des Benediktinerordens. Auch die Fassade dieser Kirche aus dem Jahr 1589 und die beiden Glockentürme wirken recht nüchtern. Hinter dem Eingangsportal steht frei im Raum als weitere Tür ein Catavento, ein Windfänger, und dann sehen wir das barocke Innere, mit einem hölzernen Tonnengewölbe aus bemalten Kassetten. Die Kirche ist an den Wänden und Altären reich ausgestattet mit vergoldetem Schnitzwerk aus dunklem Palisanderholz. Der Kirchenführer behauptet, die Schnitzer seien Bayern gewesen, aber Pater Dom Policarpo sagt, es waren Portugiesen. Die Chorkapelle mit 14 kunsthistorisch bedeutsamen Gemälden begeistert die Historiker unter uns.

Rio wirkt sehr sauber. Kleine alte Häuschen mit bunten Fassaden und Dächern aus gewölbten Ziegeln stehen eingezwängt zwischen riesigen neuen Wohnblocks. In der Abendsonne heben sich helle Hochhäuser malerisch vom Hintergrund der dunklen Bergkegel ab. Hoch über der Stadt in einem „Dornröschenschloss" neben Araukarien, auf denen blühende Tillandsien hängen, empfängt uns der Generalkonsul der BRD zu einem Abendessen. Als Nebenbei-Getränk wird Guarana angeboten, alkoholfreier „Apfelsaft" aus Beeren, die am Amazonas wachsen, gewürzt mit einem Schuss Rum und etwas, das an den Geschmack von Gummibärchen erinnert.

Am nächsten Morgen mischen wir uns am Strand unter die Menge sportlicher, sich gebräunt zeigender Morgengymnasten und genießen den feinen dünnen Salznebel aus der Gischt des ständigen starken Wellengangs. Fregattvögel kreisen über uns. Von einem hohen Bergkegel oberhalb vom Interconti-Hotel starten Drachenflieger und beenden ihren Flug zwischen den Badenden. Durch den sehr lebhaften Straßenverkehr (Vorfahrt hat, wer 10 mm weiter nach vorn reicht) kommen wir zum Historischen Nationalmuseum, ein sehr hübscher Bau aus dem 16. Jahrhundert, das Dach gedeckt mit italienischen Mönch-und-Nonne-Fayance-Ziegeln. Das Museum widmet sich der nationalen Geschichte seit der Kolonialzeit und zeigt Ölbilder und überlebensgroße weiße Steinbüsten wichtigster Hoheiten neben alten Kutschen und Möbeln aus dunklem Jacaranda-Holz. Mich beeindrucken eine hölzerne Schiffsmadonna, in deren hohlem Inneren Gold und Diamanten geschmuggelt wurden, sowie eine aus Indien stammende holzgeschnitzte Wohnzimmergarnitur, Tisch mit Stühlen und zwei Sesseln, Stuhlrücken, Sesselrücken und -lehnen in völlig durchbrochenem Hohlsaumstil gefertigt, einschließlich der mitgeschnitzten Tischdecke.

Die moderne Catedral Metropolitana de São Sebastião liegt über dem historischen Zentrum der Stadt. Der gewaltige Rippenklotz aus Eisenbeton ist konstruiert als 75 m hoher konischer Kegelstumpf mit einem Basisdurchmesser von 106 m. Wir betreten die Monsterkirche durch das 18 m hohe, mit 48 Relief-Bronzetafeln geschmückte Eingangsportal und stehen in farbigem Sonnenlicht. Es kommt durch vier motivlose, zehn Zentimeter dicke, grün, rot, blau und gelb abgestimmte Buntglasfenster, die 60 m gradlinig von unten bis oben reichen. Sie setzen sich in breite Fensterstreifen fort, die in der 30 m großen Dachfläche ein weißes Kreuz bilden. Insgesamt hat das Licht die Vorherrschaft im Raum. Die Raumhöhe ist ganz raffiniert gestaltet:

Während nämlich die gewaltigen Fenster auf ganzer Länge gleich breit bleiben, dem Auge also nur entfernungsoptisch verjüngt erscheinen, werden die gittrigen Betonsektoren nach oben tatsächlich sehr viel schmäler. Mein Blick wird dadurch automatisch nach oben gezogen. Wir kommen uns allerdings etwas verloren vor in dem Innenraum, denn mit 96 m Durchmesser bietet er bis zu 20.000 stehenden Menschen Platz. Für gewollt fromme Erinnerungen zeigen die Marmorwände in der Sakristei Inka-Prozessionen mit Blasmusiken hinter voranschreitenden Geistlichen. Supermodern, wie eine riesige Anlage von Schließfächern, erscheint mir unten in der Kathedrale eine Grablege mit 26.000 Plätzen. Hier können die Gebeine von Verstorbenen nach fünfjähriger Ruhe auf einem Friedhof für teures Geld aufbewahrt werden. Mir gefällt draußen vor dem Gotteshaus eine große schöne Bronzefigur des Franz von Assisi mit ausgebreiteten Armen und einer Taube auf der Hand. Von hier aus gesehen wirkt die Kathedrale fast wie ein *drive in*-Gebäude. Auf dem die Kirche weiträumig umgebenden Parkplatz steht ein sehr luftiger Kampanile, eher Aussichts- als Glockenturm.

Selbstverständlich fahren wir auch per Bahn durch einen Nebelwaldgürtel auf den 710 m hohen Corcovado und besichtigen aus der Nähe die 30 m hohe Christusfigur aus Stahlbeton, überzogen mit einem Mosaik aus Speckstein. Vom Aussichtspunkt Floresta da Tijuca im Nationalpark werfen wir von oben einen Blick auf den Wald mit Hibiscus, Baumfarnen, Bambus und Balsabäumen und genießen die eindrucksvolle Sicht auf das Häusermeer der Stadt, mit ihren weitflächigen Friedhöfen, und auch auf das sogenannte Armenviertel, die Favelas, die im Süden die Berghänge bis hoch hinauf besetzen. Es gibt darin Wohnungen, die aus Blech und Pappe zusammengebaut sind, aber dennoch Kühlschrank und Fernseher haben. Die Favelas sind zwar berühmt, zählen aber nicht zu den Wahrzeichen der Stadt. Schon der Name „Favela" ist wenig schmeichelhaft; er bedeutet soviel wie „Unkraut". Es ist die Bezeichnung der Eingeborenen für ein kniehohes Wolfsmilchgewächs (*Cnidoscolus froesii*) mit Brennhaaren auf Blättern und Stängeln, das in den halbwüstenartigen Sertáo-Landschaften im Binnenland wuchert. Dann erwartet uns ein Mittagessen im Waldrestaurant Os Esquilos (zum Eichhörnchen, engl. *squirrel*).

Tagebuch: Lima

Spät abends fliegen wir mit der VARIG in fünf Stunden nach Lima und kommen dort im reizenden kleinen, etwas verlotterten Hotel Country Club unter. Obwohl es hier angeblich nie regnet, wirkt alles feucht. Die Luftfeuchte beträgt 96%. Der Zimmerschrank hat Heizstangen zum Trocknen der Kleidung.

Gerda Leixner, eine gebürtige Deutsche, die schon 40 Jahre in Lima lebt, zeigt uns am nächsten Tag, dem 10. April, die Stadt. Gegründet hat sie 1535 Francisco Pizarro. Man erwähnt ihn immer wieder fast anerkennend als historisch wichtige Person, obwohl er ein unbarmherziger, grausamer und skrupelloser Eroberer war, der seinem Taufnahmen keine Ehre gemacht hat. Die Stadt hat er wie alle alten Kolonialstädte angelegt, schachbrettartig in gleich großen quadratischen Blöcken (*manzanas*), sodass die senkrecht zum Meer verlaufenden Straßen kühlen Wind bringen konnten. Ein Block in Stadtmitte blieb frei als *Plaza de Armas.* Dort wurden einst im Falle feindlicher Angriffe Waffen an die Verteidiger ausgeteilt. In jeder größeren Stadt stehen an diesem Platz gewöhnlich Regierungsgebäude, kulturell bedeutsame Bauten und Hauptkirchen.

Historisches

An Limas Plaza de Armas ist es die Sankt Johannes Kathedrale mit drei Front- und 14 Seiteneingängen. Sie hat in den ersten Jahrhunderten nach ihrer Gründung durch schwere Erdbeben gelitten und musste immer wieder repariert werden. Ihr nüchtern helles Inneres ist überwölbt von vergoldeten Deckenbögen. Für die reichen Schnitzereien, besonders am Chorgestühl, wurden wertvolle Hölzer verwendet, die der Holzwurm nicht befällt: Zedrele (*Cedrela odorata*), Jacaranda (*Jacaranda mimosifolia*) und Kaoba (echter Mahagoni *Swietenia macrophylla*). Im Stadtzentrum finden wir an fast jeder Blockecke eine Kirche, nachhaltige Zeichen dafür, wie streng die missionierende Katholische Kirche gegen die religiösen Sitten, Riten und Heilpraktiken der eingeborenen „heidnischen" Bevölkerung vorging. Für Architekturstudenten ist vor allem die Jesuitenkirche San Pedro interessant, denn durch die Bauzeit von mehr als 200 Jahren ist eine Mixtur von Stilen entstanden. Ihr einfaches Mittelschiff betont die verpflichtende Armut, die Altäre in den Seitenschiffen aber sind prunkvoll blattvergoldet, vor allem die Altäre des Heiligen Ignatius von Loyola und der Heiligen Lucia. Auf einer mit Gesicht versehenen Mondsichel steht eine Madonna, genannt die Mutter des „O" (o selige, o gnädige, o barmherzige). In der Krypta liegen zahlreiche menschliche Schädel in Steintrögen.

Als eindrucksvollstes Beispiel kolonialer Architektur in ganz Lateinamerika gilt die Basilica di San Francesco nahe dem Plaza de Armas. Die gelb leuchtende Kirche fällt auf durch die einzige Frühbarockfassade Perus. Abgepuffert gegen Erdbeben (das letzte war 1975) ist sie durch Katakomben, die den ersten Friedhof der Stadt enthalten. Hier sollen 75.000 Gebeine ruhen. In den Gängen sehen wir an den Wänden große Tröge voller Beinknochen, oft in Fischgrätenmuster geordnet. Ein gemauerter, 30 m tiefer Brunnen ist angefüllt mit Schädeln. Diese liegen schichtweise, jeweils getrennt durch eine Kalkschicht. Das sind die Grabstellen der Armen gewesen. Reiche sind verziert in Familiengräbern aufgestellt, bevorzugt an der besonders teueren Stelle direkt unterm Hochaltar. Eine Wand im Kirchenschiff trägt das Franziskanerzeichen: unten am senkrechten Kreuzstamm zwei sich kreuzende Arme, einer mit Kutte, einer nackt, als Zeichen für die Stigmatisierung des Hl. Franziskus. Ihm erscheint auch hier, wie schon in São Francisco in Rio, ein Christus mit sechs Cherubflügeln. Ein anderes Bild zeigt einen Franziskanermönch mit Geige. Es ist der Heilige Franziskus Solanus, der im 16. Jahrhundert in Peru als Missionar tätig war und die Eingeborenen damit erfreute, dass er ihnen Melodien auf seiner Geige vorspielte.

In den Franziskanerorden aufgenommen wurde um 1600 auch ein Barbier, Sohn eines spanischen Adeligen und einer Negerin, der heilige Martín de Borres; heilig gesprochen wurde er von Papst Johannes XXIII. An einen anderen Martin, den General José de San Martín, erinnert sein Reiterstandbild auf dem weiträumig offenen Plaza San Martín.

Es macht nicht mehr her als irgend ein anderes Reiterstandbild. Aber am riesigen Sockel steht eine Frauenfigur, die Madre Patria. Die Statue war von Spanien aus in Auftrag gegeben und sollte eine Flammenkrone bekommen. „Flamme" heißt auf Spanisch *llama*. Das ist doppeldeutig und kann auch „Lama" meinen. Den peruanischen Handwerkern war das Lama bekannter und so setzten sie der Madre Patria ein kleines Lama auf den Kopf.

Lima war immer die reichste Stadt in Südamerika. Angeblich wurden für den Herzog von Peralta 1682 zwei Straßen 12 ½ Zoll dick mit Silberbarren gepflastert. Das glänzend blanke Steinplattenpflaster der Einkaufstraße mag daran erinnern. An diese Zeit erinnern außerdem noch viele alte Kolonialbauten, meist Einfamilienhäuser mit ein bis drei Stockwerken. Das schönste erhaltene Kolonialgebäude, das Palacio Torretagle von 1635, ist heute Außenministerium. Obwohl gerade Minister tagen (am Samstag), dürfen wir ausnahmsweise den mit Gallionsfiguren geschmückten Arkadenhof besichtigen. Eine der Gallionsfiguren stammt von einem englischen Piratenschiff. Viele Hausfassaden im historischen Zentrum der Stadt tragen noch hängende dunkelbraune maurisch-spanisch vergitterte oder mit kleinen Scheiben verglaste Holzbalkone. Dort saßen die Damen, selbst unsichtbar, aber mit gutem Blick von ihrem luftigen Sitz auf das, was auf der belebten Straße vor sich ging, zum Beispiel eine vorbeiziehende Hochzeitsgesellschaft. Noch heute sind Hochzeiten mit sehr viel Aufwand verbunden, für den es lange zu sparen gilt. So kommt es vor, dass die Braut „etwas vorgegriffen" und inzwischen mehrere Kinder hat.

Tagebuch: Quito

Mit Aero Peru fliegen wir am folgenden Mittag dem Äquator entgegen, links flache Wüste, rechts hohe Berge in Wolken. In der Trockenzone wird Mais angebaut, indem man die Erde bis zur Grundwasserfeuchte aufgräbt, dann Maiskörner ins Maul eines toten Fisches legt und eingräbt; so hat die Pflanze Dünger zum Wachsen.

Nach zwei Stunden fliegen wir direkt über den Krater des Cotopaxi – er gilt wegen seiner perfekten Kegelform als schönster Vulkan der Region – und landen in Quito. Die Archäologen sind von Bogota kommend fünf Minuten vor uns gelandet, zusammen mit Hendrik Hoeck, derzeit Direktor an der Charles-Darwin-Station auf Galápagos, der seine Eltern in Kolumbien besucht hat und uns jetzt ein paar Tage Gesellschaft leisten wird. (Er hatte vor drei Jahren in Nairobi unseren Landrover zurückgestohlen). Botschafter Nagel und seine Frau geleiten uns ins Hotel Colon.

Den 12. März beginnen wir mit einem 70 km weiten Ausflug auf die Nordhalbkugel nach Cochasquí. Hier, 3000 m hoch, ist es trotz Äquatornähe frühmorgens empfindlich kalt, so lange, bis die Sonne höher steht. Häufiger Regen erlaubt in dieser Gegend Regenfeldanbau von Mais und Kartoffeln. Agavenreihen am Straßenrand dienen als Feldbegrenzungen. Menschen haben hier seit 3000 v. Chr. gesiedelt. Aus der Zeit seit 950 n. Chr. sind massive, jetzt grasbewachsene Erdbauten erhalten. An einer davon, Cochasquí, haben nach dem berühmten deutschen Archäologen Max Uhle auch Udo Oberem und Wolfgang Wurster gearbeitet. Sie erklären uns die ganze Anlage, die insgesamt 15 Pyramidenstümpfe umfasst. Neun davon haben lange Lehmrampen, einst der Aufweg für feierliche Prozessionen.

Eine 200 m lange Rampe führt 20 m hinauf auf den höchsten Stumpf, der oben eine 80 mal 90 m große Plattform trägt; Pfostenlöcher kennzeichnen die Wände eines ehemaligen Rundbaues mit zentralem Stützpfeiler für das Kegeldach. Die Wände bestanden aus Flechtwerk mit Lehmverputz. Das weiß man aus Pyramidenminiaturen, die als Beigaben in nahegelegenen Gräbern lagen. Ein Rundgrab unter einem acht Meter hohen Hügel barg in der Grabkammer Skelette und Schädel ohne zugehörige Unterkiefer. In einem Rundbau (einem Tempel?) ist im Boden beiderseits vom Eingang je eine genau horizontal ausgerichtete lange, aus feinem Lehm modellierte Rinne eingelassen, mit Dreiergruppen von Zapfen am Rand, genau passend für dreibeinige Kochtöpfe, die hier gefunden wurden. In den Rinnen hat Feuer gebrannt, wie Holzkohlenfunde belegen. Auf das, was hier gekocht wurde, gibt es keine Hinweise.

Von Cochasquí aus gesehen auf der anderen Seite des Mojanda-Berges liegt das Dorf Otavalo mit dem großen samstäglichen Textilmarkt, auf dem wir vor zwei Jahren waren. Auf der Fahrt zurück nach Quito sind in der Ferne die teils schneebedeckten Gipfel der knapp 6000 m hohen Vulkane Cayambe, Antisane und Cotopaxi zu sehen.

Quito ist zwar stolz auf einige der ursprünglichsten kolonialen Anlagen Lateinamerikas. Aber mit der Spanischen Conquista begann die gründliche Zerstörung Jahrtausende alter schriftloser Hochkulturen. Entscheidend für diese waren, wie Wolfgang Wurster erklärt, das Verhältnis zwischen Mensch und Welt, der Einklang mit Natur und Umwelt und unabänderliche Zeitläufte, die auf Wiederholung gegründet waren – ganz verschieden von der altweltlichen Vorstellung von Zeit als linearem Fortschreiten der Geschichte.

Die Kolonisation brachte einen einzigartigen Massenmord mit sich: 90 % der ursprünglichen Bevölkerung wurden ausgerottet, besiegt, erschlagen, durch Zwangsarbeit und eingeschleppte Seuchen zugrunde gerichtet. Als Indianer schließlich knapp wurden, holte man schwarze Sklaven aus Afrika.

Am Nachmittag besuchen wir, wie schon vor zwei Jahren, Quitos Museo del Banco Central, die bedeutendste archäologische Sammlung Ecuadors. Diesmal hilft uns Hendrik, von alten Klanggeräten, die wir schon kennen, Tonaufnahmen zu machen. Das sind zum einen Petrophone, lange, frei aufgehängte klingende Steine, die, mit einem Klöppel angeschlagen, glockenartig klingen. In Äthiopien sind an mittelalterlichen Kirchen ähnliche Steingeläute aus der Zeit um 1300 bis 1400 bis heute in Gebrauch, werden aber allmählich durch gegossene Glocken ersetzt. Sanftere Töne erzeugen aus der Chorrera-Kultur (1500 v. Chr.) stammende doppelbauchige Tongefäße. Ein Tonrohr verbindet zwei Wasserkammern, die oben in je eine Tülle mit einer Figur, zum Beispiel einem Vogelkopf mit enger Öffnung, enden. Wenn man sie so hin und her schwenkt, dass das Wasser durch das Verbindungsrohr aus einer Bauchhälfte in die andere fließt, drückt es die Luft aus der engen Öffnung und erzeugt so verschiedene Pfeiftöne. Es ist nicht bekannt, ob es sich um Zeremonialgeräte handelt oder um Vorläufer der Transistorradios unserer Zeit, mit denen man spazieren ging. Aber ging man damals überhaupt spazieren? Zum Abendessen sind wir beim Botschafter Nagel eingeladen. Als wir dorthin gehen, ziehen schon wieder Wolken durch die Straßen.

Am 13. März besuchen wir die 30 km entfernte Hazienda La Herreria („die Schmiede") aus dem 17. Jahrhundert, eine wunderschöne Anlage in spanisch kolonialer Klassik mit unzähligen Zimmern, klosterartigen Innenhöfen mit plätschernden und gurgelnden Wasserführungen. Eine weite, halbkreisförmige Treppe führt zum Eingang des Herrenhauses. Eingerichtet hat es Dona Lola, eine geborene Gangotena, die zu den reichsten Familien Ecuadors gehörte und alles an Bildern, Skulpturen und Möbeln sammelte, was ihr qualitätsvoll erschien. Auch Kirchenschätze wurden ihr heimlich zum Kauf angeboten. Das Haus ist originalmöbliert und wird noch als Sonntagshaus genutzt. Es enthält eine Hauskapelle mit Sakristei und einen großen Saal mit Bühne. Tapetentüren führen in die Bibliothek, in Ankleidezimmer und in Schlafzimmer mit Himmelbetten und einer vergoldeten Wiege. In den Wohnräumen stehen blattgoldverzierte Möbel, hängen Gemälde aus mehreren Jahrhunderten und große Familienbilder. Engel und Heilige, eine barocke Madonna und Altarsäulen aus Kirchen verbreiten einen heiligen Schein.

Tagebuch: Guayaquil, Santa Elena und zurück nach Quito

Am Nachmittag bringt uns ein 45-minütiger Flug nach Guayaquil mit einem Blick auf den 150 km entfernten Chimborasso. Honorarkonsul Liske begrüßt uns. Guayaquil ist eine Schweiß treibende Tropenstadt, überlieferte Eindrücke schwanken zwischen Perle und Pestloch am Pazifik. Es ist nur Zeit für einen kurzen Besuch am zentralen Platz und einen Blick in die zweitürmige Kathedrale. Im

Jahr 1924 fertiggestellt, repräsentiert sie die Macht der katholischen Kirche in Lateinamerika. Entsprechend beeindruckend ist ihr Inneres. Der weite Raum ist schlicht und im neugotischen Stil gestaltet, mit wenig Gold, aber sorgfältig ausgeführten Marmorarbeiten an Säulen, Altären und im Chorraum. Zahlreiche Heilige, vorallem die in Ecuador besonders verehrten, sind auch in den bunten Fenstern abgebildet. In der Kirche herrscht mitten in der Woche reges Leben. Betende knien vor farbigen Heiligenbildern. Eine schwer atmende Frau streichelt den Fuß einer kreuztragenden Christusfigur. Andere stellen Votivkerzen auf. Eine Frau kommt auf Knien nach vorn gerutscht, in einer Hand eine brennende Kerze, die andere hält den Kleidsaum. Vor ihr laufen zwei Kinder spielend umher. In den Bänken sitzen Schulklassen, eine mit einem Pater, eine andere mit Lehrer. Die Kinder schreiben eifrig. Eine Gruppe übt Kniebeugen. Am Portal der Kathedrale werden Lose und Devotionalien verkauft.

Im Park vor der Kathedrale tummeln sich Grüne Leguane (*Iguana iguana*), die hier gefüttert werden wie in europäischen Städten die Tauben. Neben einer Statue von Simon Bolivar bieten fünf- bis siebenjährige Jungen ihre Dienste als Schuhputzer an; jeder hat seinen Arbeitskasten über die Schulter gehängt. Ein alter Fotograf macht mit einer Plattenkamera Besucherbilder, eine Parkbank dient als Studio; über die Bank ragt zur Bildbegrenzung ein roter Galgenstab. In den Straßen ist es schwül-heiß, 40 °C, zur Freude der Eiswasserverkäufer. Und deutlich spürbar ist die Stadt auch Heimat scharf stechender Moskitos. Wir bestaunen noch den 1823 gegründeten historischen Friedhof, allerdings nicht so sehr die Mausoleen wichtiger Persönlichkeiten, die Ecuadors Kultur, Politik, Musik und Kunst geprägt haben, sondern eher die über 700.000 Grabstätten in dem weißen Hochhausblock, der wie ein Appartmentgebäude wirkt, mit neben- und übereinander liegenden Wohnungen in Sargformat. Mich erinnern diese riesigen Schrankwände an die Beerdigungs-„Schliessfächer" von São Sebastião in Rio.

Und dann transportiert uns ein weder komfortabler noch eiliger Bus auf guter Straße nach Punta Carnero an der Halbinsel Santa Elena. Die 140 km lange Fahrt führt zuerst durch schöne, grün bewaldete Hügel, dann durch bebuschtes Land mit hohen Kapokbäumen (*Ceiba pentandra*), für die Indios der Weltenbaum im Zentrum der Schöpfung. Zuletzt geht es durch trockene Grassteppe, in der verzweigte Kakteen ihre Arme zum Himmel recken. Ein überfahrener Esel liegt tot am Straßenrand, umringt von schwarzen Karakaras. In der Halbwüste nahe der Küste treffen wir auf Reste von Ausgrabungen der Valdivia-Kultur. Sie existierte von 3200 bis 1800 vor Beginn unserer Zeitrechnung. Hier ist Henning Bischof zuständig.

Im Boden wurden fingerlange Tonfigurinen gefunden, nur Frauenoberkörper mit fein modelliertem Gesicht, betonten Brüsten und gesträhntem, lang herabhängendem Haar. Real Alto war die älteste planvoll angelegte Siedlung Südamerikas mit elliptischen Hütten, Gemeinschaftsbauten und einem Zeremonialzentrum. Ein Beinhaus enthielt gebündelte Knochen, wohl von Würdenträgern. Viele Skelette liegen nur 30 cm tief im Boden, nahe an den ehemaligen Wohnungen. Auffällig und anrührend ist ein Paar, das sich in den Armen hält. Die beiden waren 20 bis 25 Jahre alt und sind offenbar unverletzt zu Tode gekommen.

Sie hält den Kopf ihm zugewandt und ein Bein unter ihn geschoben, er liegt auf dem Bauch und hält die Hand auf ihrem Becken. Welche Schätze und wichtigen Zeugnisse aus den Kulturen vergangener Jahrtausende der Boden enthalten hat, kann man nur mehr erahnen. Das offizielle Ecuador war, anders als das benachbarte Peru, erstaunlich desinteressiert am eigenen Kulturerbe. Der Staat sorgte sich kaum um Raubgrabungen an 80 % der Fundorte und gab unbekümmert archäologisch wichtige Flächen für Fabriken, vor allem für die Ölindustrie frei.

Santa Elena ist eine Ölraffinerie-Stadt. Im Sand an der Küste stochern Ölförderpumpen, dieselben wie im Marchfeld bei Wien. Das verarbeitete Öl wird mit Tankwägen landeinwärts gefahren; daher die durchgehend glatt asphaltierte Straße. Nahe am Hotel Punta Carnero wird Salz gewonnen, neben viereckigen Laken stehen kleine weiße Salzkegel. Darüber fliegen Fregattvögel und in langen Ketten Pelikane. Vor der Küste kann man Fischer sehen, die noch wie in präkolumbischer Zeit mit segeltuchbespannten Balsaflößen aufs Meer hinausfahren.

Früh am nächsten Morgen starten wir hinweg über die Ärmstenviertel von Guayaquil. Zwischen Wasserläufen eingezwängt liegen Hütten dicht an dicht; sie wirken von oben gesehen wie angeschwemmtes Treibholz. Einen sehr schönen Blick haben wir auf den Chimborazo. Andere Schneekegel blicken durch die Wolkendecke nach oben. Nach 70 Flugminuten landen wir in Quito, steigen um und sind zwei Stunden später wieder in Lima. Der Himmel ist halb bedeckt, es ist sehr heiß, und wir ziehen wieder in den Country Club. Abends genießen wir an festlich gedecktem Tisch ein Essen bei Kerzenschein im Casa de Aliaga, einem alten Patrizierhaus, das auf einem Inka-Heiligtum gebaut wurde. Es ist normal bewohnt, prächtig eingerichtet, hat eine Hauskapelle und offene Höfe mit Umgängen und ist seit 400 Jahren im Besitz derselben Familie.

Tagebuch: Pisco

Der nächste Tag, der 16. März, verspricht erlebnisreich zu werden. Ganz früh am Morgen steigen wir auf dem Militärflughafen in eine Propellermaschine und fliegen 240 km nach Süden zur kleinen Hafenstadt Pisco, der Heimat der vorkolumbischen Paracas-Kultur (1300 v. Chr. bis 200 n. Chr.). Fliegend begegnen wir einem großen Schwarm der chilenischen Flamingos (*Phoenicopterus chilensis*). Ihre lang nach hinten gestreckten grauen Beine mit den roten Gelenken sind gut zu erkennen. In Pisco begrüßt uns der Standortkommandant, seine Soldaten stehen stramm, Gesicht zur Sonne, bis unsere Wagen vorbei sind. Die bringen uns zum Hotel Paracas. Von dort geht es sofort weiter mit einer kleinen Jacht zu einem Kurzausflug zu den Ballestas-Inseln, dem peruanischen Galápagos. Wir fahren an der Halbinsel Paracas entlang (Abb. 5.1).

Oben auf ihr ziehen gelbe Sandsturmschleier davon. An ihrem weiten flachen Hang ist die Sandoberfläche mit Salz und Nitraten so verhärtet, dass absolut nichts wächst. Der eingescharrte, riesige, dreistämmige Kandelaber, der schon im 17. Jahrhundert beschrieben wurde, könnte als Pflanzenattrappe gemeint sein, wären da nicht die zusätzlichen schrägen und ganz unbiologischen Streben zur Basis. Wie und warum dieses Gebilde geschaffen wurde, ist ein ungelöstes Rätsel.

Abb. 5.1 Zu den Ballestas-Inseln fährt das Boot gegen einen kräftigen, kühlen Wind (1979). © Wolfgang Wickler

Im Wasser beobachten wir viele riesige, orange bis grünliche Quallen mit zwei bis drei Meter langer Tentakelschleppe. Sie wirken mindestens halbtot, einige sind ganz an den Strand gespült. Ab März nehmen Quallen und Algen überhand, das Meer wird „krank", verfärbt sich und riecht. Eine Gruppe Delphine begleitet uns kurz und taucht dann ab. Hier, am zehn bis elf Kilometer tiefen Lima-Graben hat sich die Erde im Tertiär (vor 50 bis 30 Mio. Jahren) stark und nach geologischem Maßstab relativ schnell bewegt. Entsprechend stark zerklüftet sind die Ballestas-Inseln. Ihre Brandungssockel sind geziert mit Seepocken und roten Seesternen. Auf flachen Uferfelsen liegen Seelöwen und Seebären mit winzigen Jungen. Große Männchen patroullieren im Wasser. Ihr lautes Brüllen übertönt das Brandungsrauschen. Zwei Bullen haben große Kehlwunden, Blessuren aus Revierkämpfen. Unten auf den Felsen stehen Humboldt-Pinguine (*Spheniscus humboldtii*) mit Jungen, auf Felsvorsprüngen darüber sitzen Sturmschwalben (*Oceanodroma tethys*), taubengroße Kapsturmvögel (*Daption capense*) und kleinere peruanische Lummensturmvögel (*Peleanoides garnotii*). Daneben begrüßen sich zwei Kormorane (*Phalacrocorax olivaceus*), einer bringt ein Bündel Tang im Schnabel.

Blaufußtölpel (*Sula nebouxii*) mit Jungen haben mehrere Felsschrägen besetzt. Ich kenne dichte Kolonien der Basstölpel (*Sula bassana*) auf Felsinseln der Hebriden im Atlantik vor Schottland und Seevogelkolonien in der Nordsee auf den Farne Islands vor der Nordostküste Englands, mit getrennt brütenden Tordalken, Krähenscharben, Trottellummen, Papageitauchern, Möwen, Eiderenten und Küstenseeschwalben. Hier auf den Felsen aber sitzen und stehen dicht bei dicht Wasservögel verschiedener Arten. So etwas habe ich noch nie gesehen. Wo da oben überhaupt ein Vogel stehen kann, da steht auch einer. Im Fernglas erkenne ich Gruppen von Pelikanen (*Pelecanus thagus*), Guanotölpeln (*Sula variegata*), dunklen Guanaykormoranen (*Phalacrocorax bougainvillii*) und bunten Gaimardi-Kormoranen (*Phalacrocorax gaimardi*) mit roten Füßen, gelbem Schnabel und orangefarbener Schnabelbasis. Sie alle leben von Fischen, die der Humboldtstrom ernährt. Wenn der sich alle sieben Jahre etliche Kilometer weit von der Küste entfernt, werden Sardinen und Anchovies auch für die Fischer knapp.

Die Flächen der Ballestas-Inseln sind mit Guano bedeckt, das abgebaut wird. Um das Begehen und Abbauen zu erleichtern, wurden Mauern gezogen. Kleine Hütten für die Arbeiter und Verladegestelle betonen den Einzug des arbeitenden Menschen in dieses felsige Paradies. Für Besucher ist das Betreten jedoch verboten. Das Entstehen von

Guano auf den Inseln hatte schon Alexander v. Humboldt studiert und 1800 als Erster größere Proben dieses Düngemittels nach Europa gebracht.

Tagebuch: Nazca-Scharrbilder

Kurz vor Mittag sind wir zum Frühstücksbuffet wieder im Hotel. Baden kann man neben dem Hotel nicht, denn der ganze Boden ist mit Stachelrochen bedeckt. Vergebens hat man versucht, sie mit pferdegezogenen Rechen zu vertreiben. An anderen Stellen verhindert gefährlicher Sog, dass man weiter als hüfttief ins Wasser steigt. Das haben wir aber sowieso nicht vor, denn im Hotel wartet Frau Maria Reiche.

Die 77 Jahre alte, hagere Mathematikerin aus Dresden lebt seit über 30 Jahren für die weltbekannten Geoglyphen auf der Steinwüste oberhalb von Nazca. Sie erklärt uns ihre Arbeit anhand eines Skizzenblocks. Wolfgang Wurster hat Frau Reiche vor 13 Jahren schon einmal besucht und findet jetzt ihr Haar noch ausgebleichter, ihre Haut noch mehr wettergegerbt, ihre Wangen noch eingefallener. Sie spricht sehr leise, ist teilweise erblindet, schaut dennoch scharf und ist in ihrer drängenden Begeisterung faszinierend. Auf einer Hochebene 400 km südlich von Lima untersucht sie ein ausgedehntes, bereits 1548 erwähntes, reichlich wirres Netzwerk am Boden. Es besteht aus bis zu 10 km langen Geraden und Zickzacklinien, Dreieck- und Viereckflächen und zeigt bis zu 300 m große Tierfiguren, die allerdings erst von oben, aus größerer Höhe, zu erkennen sind. Das hat zu abstrusen Theorien geführt, von wem und wozu diese Bodenzeichen angefertigt sein könnten.

Klar ist, wie die Scharrbilder hergestellt worden sind. Die flache, im Hintergrund von Bergwänden begrenzte Schotterfläche ist dadurch entstanden, dass ständiger Seewind den leichten, hellen Wüstensand wegblies und nur Gesteinsschutt zurückließ. Die 10 bis 15 cm großen Steinchen haben durch Temperaturwechsel und stete Sonneneinstrahlung eine dunkle, eisenoxid-braunrote Farbe angenommen; die Geologen nennen es Wüstenlack. Der so gefärbte Schotter, die Pampa Colorada, heizt sich tagsüber auf und strahlt die Wärme nachts wieder ab. Dadurch entsteht über der Ebene eine dünne Schicht warmer Luft (am Tag 35 °C, nachts 8 °C), die den Seewind ablenkt und weitere Winderosion verhindert. So bleiben die dunklen Steine mit natürlichem Gips auf dem Untergrund festgeklebt und der einmal erreichte Zustand über lange Zeiten unverändert bestehen. Menschen der Nazca-Kultur, die unterhalb der Schotterebene in Taloasen lebten, haben zwischen 200 v. bis 540 n. Chr. die Bodenzeichnungen hergestellt, indem sie die dunklen Steinchen zur Seite räumten und den darunter liegenden hellen Tonsand freilegten. Als Grundmaß sowohl für die schnurgeraden, oft auf eine Bergspitze zulaufenden Linien, wie auch für die Figurlinien schwört Frau Reiche auf die Elle, nämlich 33 cm. (Sie hält eine Schnur zwischen Daumen und Zeigefinger fest und zieht sie zur inneren Armbeuge). Tatsächlich sind die Umrisslinien je nach Figurgröße 33 oder 66 cm breit und maximal 30 cm tief, da die weggeräumten Geröllsteinchen am Rand zu begrenzenden Wällen aufgehäuft wurden. Diese sehr exakten Formen erforderten zunächst eine kleinere Planzeichnung. Die musste dann sorgfältig auf den Boden übertragen werden, allerdings in dann nicht mehr als Einheit überschaubarer Vergrößerung.

Frau Reiche zeigt uns als Skizzen etwa ein Dutzend Figuren: Vögel, Fische, Eidechsen, Spinnen, Affen und vielleicht Seetang-Gewächse sowie zahlreiche Spiralen. Sie betont, dass fast alle figürlichen Darstellungen jeweils aus einem ununterbrochenen Linienzug bestehen, dessen Anfang und Ende nahe beieinander liegen. Die Breite von ca. 60 cm weist darauf hin, dass diese Linien als Pfade gedacht waren, auf denen man die Form abschreiten sollte – vermutlich zu einem rituellen Zweck (Abb. 5.2).

Solchermaßen vorbereitet, fliegt uns das Luftwaffengeschwader Nr. 3 mit einem Helikopter zu Frau Reiches Arbeitsgebiet. Im Anflug über die Wüstenberge sehen wir unten die noch ununtersuchte alte Ruine und Pyramide Kauachi. Dann werden zuerst Teile vom großen Liniennetz erkennbar, das insgesamt über 500 km² reicht. Nahe am Abhang zum Ingenio-Tal geht der Pilot tiefer und lässt uns nach links und rechts auf die Figuren hinabschauen. Da ist die 45 m große Spinne, der ebenso große Affe mit dem riesigen mehrfach eingekringelten Schwanz, eine doppelt so lange Echse, mehrere große und kleine Vögel mit langem Schnabel, gefächertem Schwanz und ausgebreitet gespreizten Flügeln, ein stelzbeiniger Hund, ein walartiges Tier und dazwischen kleinere Gebilde: ein paar Hände, Spiralen und pflanzliche Formen. Deutlich zu erkennen ist die Panamericana, die zwischen Palpa und Nazca durch das Geoglyphenfeld hindurchführt. Da man die Bilder vom Boden aus nicht erkennt, wurden etliche Linienführungen schon unbedacht (oder gar mutwillig?) zerstört.

Abb. 5.2 Unterwegs zu den berühmten und rätselhaften Geoglyphen auf der Hochebene von Nazca. Loki und Alf Dickfeld folgen
der voranstürmenden Maria Reiche, der „Hüterin der Scharrbilder" (1979). © Wolfgang Wickler

Ungelöst ist das Rätsel, wozu diese Bilder verhelfen sollten. Sie waren nicht dafür gedacht, von Menschen betrachtet zu werden. Dass wir moderne Menschen sie aus dem
Hubschrauber oder Flugzeug bewundern, war nicht vorgesehen. Viele der langen Geraden zeigen fast unvermeidlich
auf irgendwelche Sterne am Himmel. Ebenso unvermeid-

lich sind mögliche astronomisch-kalendarische Zuordnungen umstritten. Und welche Lebewesen was bedeuteten, wird unklar bleiben, solange sie nicht identifiziert sind. Ein als Kolibri katalogisierter Vogel könnte zwar auch ein fliegender Ibis sein, aber der einmal in der Literatur archivierte Name Kolibri bleibt ihm. Unerklärt sind ferner Merkwürdigkeiten, wie die Anzahl der Finger an den Händen des Affen: links sechs, rechts vier. Auch Hände menschlicher Figuren haben abnorme Fingeranzahlen. Ich weiß nicht, ob ähnliche „Fehler" auch anderswo auftauchen. Wolfgang Wurster berichtet jedenfalls von ähnlichen Linien und Figuren auf der Halbinsel Paracas, in einigen Tälern der peruanischen Nordküste und im nördlichen Chile bei Arica.

Spät am Tag fliegt uns eine Militärmaschine von Nazca nach Norden an der Küste entlang über Paracas zurück nach Lima. Wir blicken auf die insgesamt 900 km lange Küstenwüste mit ihren schönen, abwechslungsreichen Formationen und Gruppen von Sicheldünen, die hintereinander her wandern. Immer wieder sehen wir die Panamericana, die von oben betrachtet wirklich als Traumstraße erscheint. An einigen Stellen ist der Boden grün. Wo ein Wasserlauf kommt, wird Baumwolle, Mais, Reis, sogar Wein angebaut. Eine große Erzmine hat neben sich ein dunkles Abraumplateau in den Sand gesetzt. Kurz vor Lima überfliegen wir im Süden die Lehmruinen von Pachacámac, einem heiligen Ort, der schon 1000 Jahre vor den Inka bestand und von ihnen übernommen wurde. Und dann sind wir wieder in Lima.

Tagebuch: Limas Museen

Der nächste Tag ist Museen gewidmet. Im Goldmuseum interessieren wir uns weniger für die Fülle an Uniformen und Waffen vom Mittelalter bis zum Zweiten Weltkrieg. Bestaunen können wir im unteren Geschoss die Goldgegenstände, zum Beispiel Götter- und andere Figuren verschiedener vorspanischer Andenkulturen, Gestalten, die wir schon von Geweben und Tontöpfen kennen, hier nun in Gold. In kostbare Trinkschalen sind Perlmutt und Halbedelsteine eingearbeitet. Mich begeistert vor allem Zierrat aus der gelb-roten *Spondylus*-Muschel, flache scheibchenförmige Perlen („mullus") und ganze kunstvoll zusammengestellte Halsketten. Die Stachelauster (*Spondylus princeps*) wird 20 cm groß. Zu Schmuck verarbeitet wird ihre dicke rechte, obere Schale, die zapfen- oder stachelförmige Auswüchse trägt. Mit ihrer linken Schale ist die Auster am Substrat festzementiert. Erfahrene Taucher, die mit Rettungsseilen an Balsaflössen hingen, holten sie im wärmeren Wasser vor der Küste Ecuadors aus etwa 60 m Tiefe herauf. Die Muschel ist essbar, aber wertvoll waren für die Moche, Chimú und Inka die Muschelschalen, die sie auf seetüchtigen Booten an der Küste entlangtransportierten und gegen Gold eintauschten. Deshalb wird die *Spondylus*-Auster auch „rotes Gold" (spanisch *oro rojo*) genannt. Sie war übrigens auch in verschiedenen Kulturen Südosteuropas beliebt: Im National-Historischen Museum in Sofia sind Schmuckstücke ausgestellt, die um 4000 v. Chr. aus den Schalen von *Spondylus gaederopus* aus der Ägäis hergestellt worden sind.

Wir wissen, dass hier im Museum nur magere Reste der einstigen Goldschätze zu sehen sind; denn Tausende Goldobjekte wurden noch aus dem Nationalmuseum gestohlen.

Was überhaupt einmal vorhanden war, kann man erfahren aus den erhaltenen Transport- und Einfuhrlisten der Schiffsladungen, die Hernando Cortés an den spanischen König, Karl V., geschickt hat. Der hielt gerade Hof in Brüssel, als im Juli 1520 dort eine staunenerregende Sammlung von Juwelen und Gold ankam, die Cortés vom Herrscher der Azteken Montezuma in Mexico geraubt hatte. Karl stellte die Schätze zunächst in einer Ausstellung zur Schau. Unter den zahlreichen Besuchern war auch Albrecht Dürer. Er schildert in seinen Notizen Waffen, Schmuck, Gebrauchsgegenstände aller Art und als spektakulärstes Stück eine goldene Sonnenscheibe von zwei Meter Durchmesser: „In allen Tagen meines Lebens sah ich nichts das mein Herz so beglückt hat wie diese Dinge. Denn ich sah darunter merkwürdige und hervorragend gearbeitete Gegenstände, bewundernswert feinste Schöpferkraft der Menschen in fernen Ländern. Mir fehlen Worte um die Dinge zu beschreiben, die ich sah." Karl ließ dann alle Goldgegenstände, auch die Sonnenscheibe, in den königlichen Münzstätten von Sevilla, Toledo und Segovia zu Barren einschmelzen. Noch im 19. Jahrhundert hat die Bank von England mehrere Hundert Kilogramm prä-kolumbisches Gold eingekauft und eingeschmolzen.

Mit dem ersten Gold, das die Spanier von den Völkern Mexikos und Perus erpresst hatten, ließ Papst Alexander VI. 1535 die berühmte Kassettendecke der Basilika Santa Maria Maggiore in Rom verkleiden. Manche Schönheiten haben halt einen erbärmlichen Ursprung. Auch war es keine neue Idee, unrecht erworbenes Edelmetall ins Gotteshaus zu schaffen; schon Judas warf seine durch Verrat erworbenen Silberlinge schließlich in den Tempel (Mt 27, 38).

Im Zentrum der Stadt besuchen wir die weltweit größte Privatsammlung aus 3000 Jahren vorspanischer Kulturen. Zusammengetragen wurde sie von Señor Rafael Larco Hoyle, einem reichen Großgrundbesitzer, der an der peruanischen Nordküste in der Umgebung seiner Zuckerrohrplantagen auf Gräber mit Grabbeigaben stieß und darüber zum Hobbyarchäologen wurde. Zu Ehren seines Vaters gründete er das berühmte archäologische Museo Rafael Larco Herrera in einem hellen Kolonialbau aus dem 18. Jahrhundert, der auf einem Pyramidenrest aus dem 7. Jahrhundert steht. Im Eingang schreitet man über Steinplatten, die als Ballast mit spanischen Schiffen kamen, wenn sie Gold holten. Die Museumssammlungen umfassen 45.000 Exponate aller Materialien. Ich konzentriere mich auf die berühmte Abteilung für Tonwaren. Nahezu fassungslos stehe ich vor Wandregalen, in denen auf zehn Etagen dicht gedrängt meisterhaft ausgeführte Tonskulpturen vor allem der Moche-Kultur aufgestellt sind. Als Grabbeigaben waren die Gefäße für Wasser oder Chica (heute Inka-Branntwein) gedacht. Sie sind ganz verschieden gestaltet, viele in Langhals- und Flaschenkürbisform, am häufigsten als sogenannte Steigbügelgefäße. Der Bügel diente zur Handhabung und hat ein senkrechtes Ausgießrohr. Die naturnah gestalteten und bemalten Gefäße führen figürlich vor Augen, was den Kulturen von 500 v. Chr. bis 800 n. Chr. (mit Schwerpunkt von 200–300 v. Chr.) im nördlichen Peru wichtig war. Darunter Hausmodelle, Alltagsgerätschaften und Musikinstrumente, etwa eine einmal gewundene Tontrompete mit Tierkopf als Schallöffnung. Die vielen Darstellungen von Pflanzen, Früchten und Tieren – Krebse, Frösche, Eidechsen, Vögel, Fledermäuse, Nagetiere, Beutelratten, Hirsche,

Hunde, Jaguare, Affen – verlocken dazu, Paläobiologie zu betreiben.

Eine Tonfigur aus Nazca, vermutlich einen Wal darstellend, ist völlig formgleich mit einem der Scharrbilder in der Nazca-Wüste. Aus menschlichen Lebensbereichen sieht man Handwerker und Krieger, Jagd- und Opferszenen, Heilung, Geburt, Strafen, Tanz und Krankheit. An Keramiken mit Arm- oder Beinamputierten erkennt man, welche Muskeln am Stumpf verblieben. Fast fotografisch genau wiedergegeben sind Blindengesichter, Leprakranke, Syphiliskranke mit Salbentöpfen. Syphilis holten sich Hirten angeblich durch Verkehr mit Lamas. In einem anderen Regal ist eine grausame Bestrafung dargestellt: Dem an einen Pfahl gefesselten Opfer haben große Raubvögel die Augen ausgepickt und fressen jetzt an seinen Eingeweiden. Die Vögel sind offenbar Geierfalken. Wahrscheinlich ist es der Schopfkarakara (Carancho, *Polyborus plancus*), der gern Aas frisst und auch neugeborene Huftiere anfällt. In Nachbarregalen geben Hunderte von männlichen Büsten und Porträtköpfen mit nachdenklichen, zornigen, lächelnden, gramvollen, schmerzverzerrten oder fragenden Mienen bestimmte Personen und Emotionen wieder. Drei völlig gleich geformte Tongesichter sind nur verschieden gefärbt; es gab also Serienherstellung, vielleicht für verschiedene Auftraggeber.

(Mir fällt zwei Jahre später in der Ausstellung „Kunstschätze aus China" im Völkerkundemuseum Berlin-Dahlem auf, dass als Grabbeigaben der Tang-Dynastie 618–906 n. Chr. ebenfalls naturgetreu gefärbte und bemalte Tonfiguren, auch abgewandelte Tierdarstellungen Mode waren, ganz ähnlich wie in den zeitgleichen Moche-Gräbern.)

Neben den statischen Momentaufnahmen der Tonfiguren schildern kunstvoll bemalte Tongefäße aus Nazca ganze Szenarien und Handlungsabläufe. In Kriegszügen werden Gefangene gemacht und geopfert; Fischer und Taucher erbeuten allerlei Meeresgetier vom Floß aus; Landtiere werden mit Netz und Pfeilschleudern gejagt; Stafettenläufer überbringen Lederbeutel mit Botschaften, die als Punktmuster auf Bohnen codiert sind. Jeder Läufer rannte damals, oft auf schmalen Felswegen, fünf bis acht Kilometer und gab, was er trug, an den nächsten Staffettenläufer weiter. So bekamen die Inka noch 450 km vom Meer entfernt außer Nachrichten auch frischen Fisch auf den Tisch.

Tagebuch: Erotische Kunst

Ein Raum, die Sala Erótica, zeigt Paarungen unter gehalfterten wie ungehalfterten Lamas, südamerikanischen Felsenratten und Kröten. Am häufigsten dargestellt sind Variationen des menschlichen Sexualverhaltens. Präzise ausgeformt sind isolierte Genitalien, Selbstbefriedigung, Oral- und Analverkehr in verschiedenen Stellungen, gegenseitige Stimulation der Geschlechtsorgane, ein Mann zwischen zwei Frauen, manchmal einer jungen und einem Skelett, seltener ausdrücklich der normale Geschlechtsverkehr. Regelmäßig sind die Paare als Pfeifgefäße gearbeitet, deren Wasserfüllung beim Schwenken Luft durch oben gelegene Löcher ausstieß oder einsog und dabei Töne erzeugte.

Diese Skulpturen stammen nicht nur aus Gräbern von verstorbenen Erwachsenen, sondern auch aus Kindergräbern. Sie sind zwar datiert und nach Stilmerkmalen verschiedenen Kulturabschnitten zugeordnet, aber selbstverständlich – da unprofessionell geborgen – nicht den Gräbern bestimmter Verstorbener und deren übrigen Grabinhalten zuzuordnen. Deshalb kann man nicht wissen, ob ein Zusammenhang bestand zwischen dem Verstorbenen und einem bestimmten Typ der Darstellung. (Derartige Figuren besitzt auch das Rautenstrauch-Joest-Museum in Köln.)

Peru gilt als das bedeutendste Zentrum der erotischen Kunst in Amerika, eins der wichtigsten in der ganzen Welt. Aber was bedeutet diese Fülle erotischer Szenen? Ihre Urheber hatten keine Schrift; was sie hinterließen, sind sehr genaue piktographische Darstellungen. Waren die aus ihrer Lebenswelt gegriffen, realistisch, humoristisch oder moralisch belehrend gemeint? Normale und unnatürliche Begattungsszenen, in denen die Frau ein Kind an der Seite hält oder säugt, könnten Fruchtbarkeit symbolisieren. In den allermeisten Fällen aber handelt es sich um explizit unfruchtbaren analen oder oralen Verkehr. Señor Hoyle (etwa in seinem Bildband „Checan"; Nagel-Verlag, München, 1965) interpretiert das als Auswuchs von Sinneslust, Laszivität und geschlechtlichem Verlangen. Er unterstellt den Mochicas hypertrophierte Erotik, meint, Liebestechniken *contra naturam* zeigten sexuelle Verirrungen, zuweilen mit humoristischer Note, Ausschreitungen der Wollust, wobei der Mann seinen unmäßigen geschlechtlichen Appetit auslebt und zugleich die Empfängnis verhütet. Skelette beim Liebesakt verkünden demnach die Moral, dass geschlechtliche Freuden im Übermaß genossen den Leib zerstören. Bilder von Hautkrankheiten in der Genitalregion, Gesichtsverstümmelungen und Opfer am Schandpfahl zeigten dann Strafen für sexuelle Vergehen. Darstellungen des Koitus *per anum* mit einer Mutter, die ihr Kind dabei hat, bedeuten vielleicht, dass der Mann mit einer stillenden Frau nicht normal verkehren soll.

Ich kann diese Deutungen weder bewerten noch widerlegen, bin aber sicher, dass man zum Verständnis der dargestellten Sexualpraktiken auch die sozio-sexuelle Seite des geschlechtlichen Verhaltens berücksichtigen müsste, dasjenige Verhalten also, das von der Fortpflanzungssexualität abgekoppelt ist und sozio-sexuelle Funktionen hat. Die Bibel schildert so etwas von Onan (Gen. 38,9), der den sozio-sexuellen Akt mit der Witwe seines Bruders klar von der Reproduktionsfunktion trennte.

Manche peruanische Darstellung, in der die Frau mit ihren Beinen die Hüften des auf ihr liegenden Mannes umfasst und ihn mit ihren Händen an seinen Schultern festhält, zeigt wohl tatsächlich ein Liebespaar. Aber wenn die Frau wie unbeteiligt ausgebreitet vor dem Mann liegt oder anal penetriert wird oder offenbar unterwürfig eine Fellatio an ihm vollzieht, scheint es sich eher um einen Akt der Erniedrigung, vielleicht um eine Vergewaltigung der Frau nach einem kriegerischen Ereignis zu handeln. Das gilt auch für homosexuelle Paarungen. Überall auf der Welt kommt bis heute bei kriegerischen Begegnungen sexuelle Erniedrigung und Vergewaltigung der Besiegten und Gefangenen vor, was nichts mit gezielter Empfängnisverhütung, lockerer Sexualmoral oder geschlechtlicher Verirrung zu tun hat.

Ein Zeichen der Macht bedeuten wohl Figurengruppen, in denen ein Mann mit üppigem Kopfschmuck mit einer Frau kopuliert, während mehrere weibliche Figuren mit entblößtem Unterkörper daneben liegen. Das scheint mir ein Szene zu illustrieren, wie sie das Alte Testament (2 Sam. 2,22) schildert, als nämlich Absalom zur Demonstration der Machtübernahme öffentlich mit den Nebenfrauen seines Vaters David schlief. Nimmt man noch die häufigen ornamentalen und figürlichen Bemalungen dieser Tongefäße hinzu, dann steht noch viel detaillierte Deutungsarbeit aus.

Tagebuch: Gräberarchäologie

Das „Nationale Museum für Archäologie, Anthropologie und Geschichte von Peru" präsentiert sich am Plaza Bolivar in einer alten Villa aus der Kolonialzeit, dem ehemaligen Wohnsitz des Vizekönigs. Es ist das größte und älteste staatliche Museum Perus und verfügt über unglaublich reichhaltige Nachweise präkolumbischer Handwerkskunst. Diese Menschen brauchten nicht erst von Europa aus zivilisiert zu werden!

Von unklarer Bedeutsamkeit sind zwei steinerne Monumente aus der Zeit um 1000 v. Chr., nämlich die zwei Meter hohe Raimondi-Stele, eine glatte Granitplatte mit verwirrendem Flachrelief, und der 2,5 m hohe Tello-Obelisk, der auf allen vier Seiten ebenso verwirrende Gravuren aufweist. Wir bekommen tiefe Eindrücke von den alten tönernen und hölzernen Gegenständen, die zum Tagesgebrauch, zu rituellen Feiern oder als persönlicher Schmuck gedient haben. Immer wieder taucht die Frage auf nach der Bedeutung mancher Pflanzen- und Tierform, die sich auf verschiedenen Materialien und in verschiedener Zusammenstellung wiederfindet. Das ist eine unausgeschöpfte Fundgrube für Biologen.

Viele über 2000 Jahre alte Menschenschädel, zum Beispiel aus Gräberfeldern der Halbinsel Paracas, zeigen, dass in jungen Jahren der Hinterkopf künstlich verformt wurde.

Dazu wurden auf Stirn und Hinterkopf Bretter gelegt und fest mit Bändern verschnürt, sodass der Kopf nach oben hinten in die Länge wachsen musste.

Zum staunenden Bewundern lädt die große Kollektion an Textilien und märchenhaft schönen Tüchern ein. Sie umspannt die Kulturen der Vicus, Mochica, Nasca, Lambayeque, Chimu, Chancay, Chavin und Inka. Textilien spielten im Andenraum seit dem neunten Jahrtausend v. Chr. vor allem im Grabkult eine bedeutende Rolle. Sie sind im trockenen Klima sehr gut erhalten, als Grabbeigaben und als Kleidung an den trocken mumifizierten Toten, die in Matten eingewickelt bestattet wurden. Das beliebteste textile Rohmaterial wurde seit dem Beginn ihrer Kultivation um 3600 v. Chr. Baumwolle; hinzu kamen Wolle der Kameloiden Lama, Alpaca, Guanaco und vor allem die sehr feinen Haare des Vicuña. Die Paracas-Leute spannen Fäden von heute nicht mehr erreichter Feinheit, färbten sie in vielen Farbnuancen und webten etwa seit 2000 v. Chr. Textilien in allen möglichen Varianten: spinnwebzarte Schleier und Gazestoffe, Mehrfachgewebe und darauf kunstvolle, komplizierte Stickereien in leuchtenden Farben.

Um 1000 v. Chr. scheinen die Bewohner an der Südküste Perus in der Paracas-Nazca-Kultur fast davon besessen gewesen zu sein, ihre Toten mit Mengen an Tüchern und Kleidern auszustatten. Nackte Mumien waren mit bis zu 40 zusammengefalteten Totentüchern versehen. Der Archäologe und Senior der Peruforschung, Julio Tello, fand 1928 Mumien in flachen Korbschalen mit Hemden, Röcken, Lendentüchern, Ziertüchern, Turbanen, Haarnetzen, Gürteln und reich bestickten Überwürfen. Eingewickelt waren sie in riesige Tücher, die über 30 m lang und 24 kg schwer waren. Diese Textilien wiesen keinerlei Gebrauchsspuren auf, waren also speziell fürs Grab gemacht. Ging es den Menschen damals, oder wenigstens einigen von ihnen, also mehr ums Jenseits als ums Diesseits? So wie zur gleichen Zeit auch in den prachtvollen Gräbern der altägyptischen Herrscher der Mensch erst als Repräsentant der Ewigkeit vollgültig ausgeschmückt wurde?

Dafür spricht unter anderem ein ganz besonderer Totenkult, für den Max Uhle um 1910 und seither chilenische Archäologen bei Arica, der nördlichsten Stadt Chiles am Pazifik, Beweise fanden, nur wenige Kilometer entfernt von der Grenze zu Peru. Es handelt sich um Mumien, die auf Schilfmatten liegen, mit Lehmgesichtern und Perücken, die mit Lamafell oder Pelikanbälgen zugedeckt waren. Sie stammen von einem frühen Andenvolk, den Chinchorros, die von 8000 bis 2000 v. Chr. am Rande der chilenischen Atakama-Wüste im Tal von Arica in Dörfern am Meer lebten. Mit diesen Mumien, die im zwölf Kilometer von Arica entfernten Archäologischen Museum San Miguel im Azapa-Tal zu sehen sind, hat es mehrere Besonderheiten. Es wurden nicht nur Erwachsene und Würdenträger mumifiziert, sondern auch Klein- und Kleinstkinder, sogar bereits im Mutterleib Gestorbene. Zur Mumifizierung wurde dem Toten zuerst die Haut abgezogen, Fleisch, Eingeweide und Gehirn wurden entfernt, das Skelett wurde mit Stäben versteift und mit Schnüren fixiert. Dann wurde alles mit Wolle und Pflanzenfasern ausgestopft und die in Rauch getrocknete Haut wieder übergezogen und vernäht. Schließlich hat man die „Menschenpuppen" rot oder schwarz bemalt und ihre Gesichter und Genitalien fein aus hellem und dunklem Lehm nachmodelliert. Manche bekamen eine kunstvolle

Perücke. Die Chinchorro-Mumien gehören zu den ältesten Mumien der Welt und wurden ähnlich kunstvoll für ein Dasein nach dem Tode zubereitet wie die Mumien im alten Ägypten.

Aus der Zeit um 1000 n. Chr. sind Tuniken, Hemden, Lendenschürzen und Mäntel auch als Kleidung der Lebenden erhalten, diejenigen für Vertreter der Oberschicht sind mit Perlen und Federn tropischer Vögel geschmückt. Die Inka schließlich verordneten je nach sozialem Stand und lokaler Herkunft verschiedene Kleidertrachten. Die Herrscher selbst ließen sich aus feinster Alpaca- und Vicuñawolle Prachtgewänder von Spezialistinnen herstellen, den sogenannten Sonnenjungfrauen, über die wir später in Cuzco mehr erfahren.

Zu Kopf und Füssen eines verstorbenen Herrschers der Moche-Kultur, wohl eines Priesterfürsten, lagen als Grabbeigabe zwei junge Frauen. Auch ein Fürstengrab des Chimú-Reichs bezeugt, dass eine größere Anzahl junger Frauen den Herrscher ins Jenseits begleiten mussten. Wie wir schon bei den Chullpas von Sillustani erfuhren, wurden Personen aus dem Umfeld des Toten gezwungen, ihm ins Grab zu folgen, weil er im Jenseits Dienstpersonal oder standesgemäße Gefolgschaft braucht.

Wir sind streng genommen gar nicht berechtigt, die aufwendigen Bearbeitungen der Verstorbenen, ihre reichen Textilausstattungen in den Paracas- und Nazca-Kulturen und die prachtvollen Grabbeigaben in den Gräbern hier und im Alten Ägypten zu bewundern. Denn wir vergessen dabei, dass all das nicht mehr für menschliche Augen, sondern für eine jenseitige Ewigkeit gedacht war. Damit dokumentiert ist eine intensive Beschäftigung der Menschen mit dem Jenseits, schon zu einer Zeit, die viel weiter vor der christlichen Zeitrechnung liegt, als mit ihr bis heute verstrichen ist.

Zu ewigem Gedächtnis?

Die Sorge um das Wohlergehen der Verstorbenen scheint nur zu wirken, solange Nachfahren noch eine Beziehung zu ihnen haben, sie noch kennen. Eine Hilfe ist es, die Gräber nicht anonym zu lassen, sondern, wie es heute die Regel ist, sie mit dem Namen des Verstorbenen zu kennzeichnen, und zwar von außen sichtbar, nicht erst innen, wie im ägyptischen Tal der Könige. Im Alten Ägypten wurden den Körperteilen der Toten zusätzlich himmlische Schutzwesen zugeordnet. Daran knüpft, durch arabische Literatur vermittelt, der (aus der Oper Hänsel und Gretel von Humperdick) bekannte Abendsegen für die nur Schlafenden: „Abends will ich schlafen gehn, vierzehn Engel um mich stehn. Zwei zu meinen Häupten, zwei zu meinen Füßen...". Die Beschützerinnen, das Göttinnenquartett Selket, Neith, Nephthys, Isis, waren im Grab des Tutanchamun wunderschön erhalten. Aus anderen Gräbern war aller Schmuck längst verschwunden. Ziemlich regelmäßig werden Schätze oder Geräte, die den Toten fürs Jenseits zugedacht sind (aber erfahrungsgemäß unbenutzt bleiben), bald von Lebenden wieder fürs Diesseits gestohlen.

Als ich 1990 in der lybischen Wüste mit einer Touristengruppe zur Nekropole El-Bagawât in der Oase El Kharga geführt wurde, griff ein Wächter eine nackte, brettsteife Mumie aus dem frühen 4. Jahrhundert aus einer unterirdischen Grabkammer heraus und warf sie für Fotos auf den Sand; Grabbeigaben waren längst verschwunden, bestenfalls in ein Museum gelangt. Therese, Prinzessin von Bayern, fuhr im September 1898 von Pachacámac zum 38 km entfernten Gräberfeld von Ancon, „dessen Öde und Verlassenheit sich bedrückend auf das Gemüt legt. Überall sind durch das Suchen nach Leichenkammern große Löcher in den Sand gegraben, liegen Knochen und Schädel, einige noch mit Haaren, Hände und Füße, an denen Haut und Nägel erhalten sind, Hundereste, Gewebefetzen, Teile von Mumiennetzen, Gefäßtrümmer und allerhand Gerät herum". In der Umgebung von Lima liegen mehr als 500 archäologische Orte, die erforscht werden müssten, wenn denn Geld und staatliches Interesse dafür vorhanden wäre. Limas Hauptstadt wächst inzwischen nach Süden so nahe an das ehemalige Heiligum Pachacámac heran, dass die Behörden eine schützende Sperrmauer errichten mussten. Andere geschichtlich wichtige Orte werden überwuchert. Es kann sein, dass man schließlich den Huaqueros dankbar sein muss für das, was sie rechtzeitig „gerettet" haben.

Tagebuch: Barranco und Miraflores

Der Nachmittag bringt uns ans Meer. Stellenweise besteht das Ufer nur aus Geröllsteinen, die mit jeder ablaufenden Welle ein kollerndes Geräusch erzeugen. Im Fischerdorf Barranco sind die Fänge der Fischer ausgelegt: Frische Fische aller Art und Größe, Schnecken und Muscheln, violette Krabben. Am begehrtesten ist Corvina, der Adlerfisch (*Argyrosomus regius*), ein Muss bei Festessen. Dichtes Menschengewühl herrscht um die Verkaufsstände, denn sie bieten Fisch zu einem Viertel des Marktpreises in der Stadt an.

Hier unten im schmalen Streifen an der Steilküste regnet es nie, alles wirkt staubig. Nur der unterste Rand des lehmigen Steilufers ist örtlich leicht begrünt. An einigen Stellen sickert Grundwasser hervor. Dort sehen wir die ganz Armen Schlange stehen, entweder, um spärliches Wasser zu sammeln oder, um sich an Ort und Stelle zu waschen. Das entgegengesetzte soziale Extrem ist nur 100 m von hier entfernt, allerdings in der Vertikalen. Oben auf dem Steilufer liegt Miraflores, ein 10 km² großer Stadtteil, „die" Gegend Limas, das Viertel der Reichen und Schönen. Da gibt es viel zum Bestaunen: gute Restaurants und Cafés, kunstgewerbliche Läden, reihenweise Boutiquen, Antiquitätenläden, Bäume am Straßenrand, Reste von Olivenplantagen, Gärten mit Maulbeer- und Gummibäumen, riesige Weihnachtssterne und hohen Bambus. In hübschen Siedlungen stehen ältere Sommerhäuser, in denen man von Januar bis März lebte (immer noch sind diese drei Monate schulfrei). Hier finden sich auch viele Clubs, zu denen man nach englischer Manier gehören muss.

Tagebuch: Puruchucu

Am folgenden Tag besuchen wir ein paar Kilometer östlich außerhalb Limas einen vorinkaischen Huaca (heiligen Ort), der dann ein Zeremonial- und Verwaltungsplatz der Inka wurde: Puruchucu. Ein um 1400 n. Chr. gebauter Palast ist in Lehmbauweise sorgfältig rekonstruiert worden. Das widerstrebt zwar streng archäologischen Regeln, vermittelt uns aber einen handfesten historischen Eindruck. Wolfgang

Wurster erläutert, dass Häuser aus „tapia", lehmgestampften Wänden, oder aus „adobe", luftgetrockneten Lehmziegeln, oder in „bahareque"-Technik, aus einem mit Lehm überschmierten Flechtwerk oder Gerüst aus Ästen und Stangen gebaut wurden. Hier sind die sehr dicken Wände mit ungebrannten Adobe-Lehmziegeln originalgetreu restauriert worden. Bis heute erhaltene originale Wandstücke zeigen, dass gebrannte Ziegel unnötig waren, denn ein schräges Grasdach darüber schützt solche Lehmziegelwände auch im Bergland vor Regen. Einfache Wohnhütten hatten nur einen Türeingang und einen Lüftungsspalt hoch oben. Geschlafen wurde auf einem erhöhten Lehmpodest auf Schilfmatten; als Zudecke nahm man Felle. Beeindruckend sind 1,30 m hohe Tongefäße, die ohne Drehscheibe in Wulsttechnik aufgebaut und gebrannt wurden. Sie dienten der Aufbewahrung von Flüssigkeiten. Im Museum haben wir aber auch gebrannte Riesenurnen gesehen, in denen eine ganze menschliche Leiche zu liegen kam. In Puruchucu wurden unter anderem viele Kipus gefunden, die berühmten komplizierten Systeme aus nebeneinander hängenden verschieden farbigen und verschieden langen Schnüren, in die Knoten geknüpft sind. Ihre Funktion ist heute im Detail noch nicht durchschaut, es muss aber wohl eine Form der Buchhaltung für Steuern und Erträge gewesen sein.

Puruchucu umfasst einen weiten Audienzplatz mit Bühne für die Obrigkeit bei Tributzahlungen, religiösen Festen und Zeremonien und daneben einen kleinen Hof mit Terrasse sowie eine Wohnung. Sie hat eine Küche, ausgestattet mit großen Vorrats-Tonkrügen und Koch- und Kornmahlgeräten, ein Schlafgemach mit erhöhter Bettbühne und Wohnräume. Alle Räume sind streng viereckig, mit Stufen überwindet man die verschieden hohen Böden. Die engen Türöffnungen waren offen, ohne Vorhänge. Sichtschutz gewähren die fast labyrinthartig gewinkelten schmalen Gänge, die jeweils nur für eine Person bemessen sind. Wasch- und Toilettenräume fehlen; dazu ging (und geht man immer noch) ins Freie. Über den Wohn- und Sitzungsräumen sind von Bambus getragene Dächer rekonstruiert, flache Schilfmatten mit dünner Lehmschicht. In den Räumen ist es angenehm kühl. Ein „Sitzungsraum" misst 40 m² und hat in der Wand direkt unter dem Dach mehrere Aussparungen zur Belüftung. Einen Ritualplatz betritt man gebückt durch eine niedrige Bogenöffnung; eine Reihe von Wandnischen ist jetzt leer. Ein offener Platz mit vertiefter Mitte und kleinen Randabdeckungen war als Tummelplatz für die Meerschweinchen gedacht. Außen erreicht man über Rampen eine erhöhte Stelle, von der aus man von oben in die Anlage hineinsehen kann.

Zehn Jahre nach unserem Besuch wurden in der Umgebung des Palastes Tausende von Mumienbündeln aus der Inka-Zeit gefunden. Bis 180 kg schwere Bündel enthielten ganze Familien, Männer, Frauen und Kinder, eingehüllt in Rohbaumwolle und exquisite Textilien. Ein Herrscher war von 150 kg feinstem Tuch umhüllt und trug einen Federhut. Puruchucu heißt „gefiederter Helm" in Quechua.

Zum Mittagessen gehen wir ins Granja Azul. Ein Schweizer führt diesen Gasthof in einem Hoteldorf mit Post, Kirche, kleinen Straßen, Läden und Cafés. Hoch am Hang warten Bungalows mit Swimming Pool auf Honeymooner. In einigen Höfen sehen wir auf kahlem Lehmboden kleine Kakteen wachsen. Fast überall quarrt nahezu tonlos unter würgenden Verbeugungen eine kleine Taube mit hübscher gelber Schnabelbasis, die Tortolita-Taube (*Columbina cruziana*). Auf dem Dorfplatz begegnen wir einem klein gebauten Nackthund mit langem Schwanz, auffällig großem Penis, grauschwarzer Haut, wenigen einzelnen Borsten am Körper und etwas Fell auf dem Kopf.

Tagebuch: Cuzco

Nachdem wegen Nebel auf dem gefährlichen Cuzco-Flughafen vier Flüge ausgefallen sind, starten wir am folgenden Vormittag (19. März) schließlich kurz vor 10 Uhr mit AERO PERU. Wir überfliegen fruchtbare Berggegenden mit kleinen Dörfern. Zu ihnen führen an den Hängen und Bergrücken stark geschlängelte Wege auf rotem Boden. Nach nur einer Stunde Flug vom Meeresniveau auf 3400 m Höhe und kurvenreichem Anflug zwischen Berg-Almen landen wir in Cuzco. Gleich zum Empfang am Flughafen und wieder im Hotel Libertador (mit schönem spanischem Innenhof) wird uns Coca-Tee serviert. Der schmeckt und sieht aus wie dünnes Spinatwasser und wirkt der Höhenkrankheit entgegen, die sich bei mir nur wenig, aber beharrlich bemerkbar macht. Es wird empfohlen, sich langsam zu bewegen und viel Zeit zu lassen, was in einer so besonderen Stadt gar nicht so einfach ist. Auch sie überragt ein weißer Christus.

Im Kontrast zur Hitze an der Küste herrscht hier ein angenehm kühles Klima. Unsere Archäologie-Freunde leben auf und erklären die wichtigsten Bauwerke der Hauptstadt des ehemaligen Inka-Reiches, beziehungsweise deren imposante Reste, soweit sie noch als solche erkennbar sind.

Auf einigen alten Inka-Gebäuden stehen Kirchen; auf dem Inka-Sonnentempel die Iglesia de Santo Domingo mit der einzigen runden Außenmauer, auf dem ehemaligen Viracocha-Palast die Kathedrale mit ihrem protzigen Renaissanceportal aus rötlichem Stein, das wie ein nach außen gerichteter holzgeschnitzter Altar wirkt. Die Innenaltäre der Kathedrale strahlen von Silber, auch der neu für die zum Volk gerichtete Zelebration vor den Hochaltar gestellte Altar. Schon die Inka holten Gold- und Silberschmiede aus dem Chimú-Reich von der Nordküste nach Cuzco. Die Maria-Angela-Glocke der Kathedrale ist im Bergland 20 km weit zu hören. Eine große von Kerzen schwarz geräucherte Christusfigur wird einmal im Jahr zum Schutz vor Erdbeben durch die ganze Stadt getragen. Wir bewundern nicht nur das reich geschnitzte Chorgestühl am Hochaltar, sondern auch ein Gemälde, das Christus und seine Jünger beim Abendmahl zeigt; sie speisen örtliches Gemüse und haben auf einer Platte auf dem Tisch ein gebratenes Meerschweinchen vor sich. Auf dem Platz vor der Kathedrale handeln Indios, Indiofrauen spinnen und weben Tücher und Decken.

Pflichtpunkt in jedem Besichtigungsprogramm ist das *Acllahuasi*, der Palast der Sonnenjungfrauen. Unsere Archäologie-Kollegen erklären an dem alten Gebäude, wozu es einst diente und was sich in den Häusern der Sonnenjungfrauen abspielte. Im Alter von fünf bis acht Jahren wurden die schönsten Inka-Mädchen ausgesucht. Sie erhielten eine besondere Ausbildung und lebten in strenger Abgeschiedenheit als *Acllas*, als „erwählte Jungfrauen", im Haus der Sonnenjungfrauen. Angeblich waren dessen Räume prunkvoll mit Gold ausgestattet. Für die Orte, aus denen *Acllas* stammten, war das eine Ehre, und die Jungfrauen genossen großes Ansehen. Sie selbst aber gerieten in eine Art Arbeitslager, überwacht und instruiert von Matronen und Lehrerinnen (Mamaconas). Sie verbrachten zunächst ihr Leben mit Spinnen und Weben der feinen Textilien für die Kleidung der Inka und seiner gesetzlichen Gattin und bereiteten auch Maisbrote für Opferhandlungen. Ihr Dienst für den Sonnengott (*Intip acllan*) und den Inka als Sohn der Sonne (*Inkap acllan*) war eine heilige Aufgabe.

Zutritt zum Acllahuasi hatten nur der Inka und seine Gemahlin und ihre Töchter; sonst durfte niemand, auch kein Dienstpersonal, die Schwelle ins Innere übertreten. Waren die Mädchen zehn oder dreizehn Jahre alt, wurde unter ihnen neuerlich ausgewählt. Einige mussten zu ihrer Familie zurückkehren. Die Verbleibenden erlernten Gebete und Kulthandlungen des Sonnenkults und konnten nach ihrer Geschlechtsreife als anmutige und geschickte Hausfrauen vom Inka an Adelige und Würdenträger verschenkt werden. Nur diejenigen, die sich zu völliger Keuschheit verpflichteten, bekamen schließlich ein weißes Ordensgewand mit Schleier und halfen bei religiösen Zeremonien. Der Inka selbst durfte mit ihnen verkehren, sonst aber war ihre Jungfräulichkeit strengstes Tabu; dessen Verletzung zog den Tod des Verführers und der Verführten, mitsamt ihren Verwandten, sogar ihrer Tiere und Pflanzen, nach sich. Dementsprechend kulturzerstörend benahmen sich in der Zeit der Conquista die Spanier, als sie unbedarft, wie sie waren, die Jungfrauen der Sonne für Tempeldirnen hielten und vergewaltigten.

Tagebuch: Urubamba-Fahrt

Am 20. März steht Machu Picchu auf dem Reiseplan. Eine Straße von Cuzco dorthin gibt es nicht. So ist uns eine dreistündige Bahnfahrt gegönnt. Wir fahren die 110 km nicht mit einem der üblichen Züge, sondern in einem einzelnen Triebwagen mit neun Sitzplätzen. Die Schmalspurstrecke ist eingleisig. Der Zugführer bekommt bei der Abfahrt einen Zettel mit Fahrzeiten und den Haltepunkten, an denen er auf einem Ausweichgleis warten muss. Er führt Werkzeug mit, um den Wagen, falls er entgleist – was manchmal passiert – wieder auf die Schiene zu hebeln (dafür veranschlagte Dauer: zwei Stunden). Außerdem hat er ein Telefon, das er unterwegs anschließen und eine Station anrufen kann.

Ab Cuzco, Estacion San Pedro, führen die Schienen zunächst im Zickzack über einen steilen Berghang bis auf 4000 m Höhe. Das heißt, es geht einige Zuglängen aufwärts zu einem waagerechten Gleisstück, das an einem Prellbock endet. Der Zugbegleiter stellt per Hand eine Weiche, und wir fahren eine Steigung in entgegengesetzter Richtung bis zum nächsten Prellbock. Aus dieser Höhe betrachtet, ist die Stadt Cuzco überraschend großflächig. Nach zwei Vorwärts-Rückwärts-Zickzacks rollen wir dann durch eine sagenhaft schöne Bergwelt immer tiefer in die Schlucht des Urubamba, der südöstlich von Cuzco entspringt, zuerst Rio Vilcanota heißt, mit dem Rio Tambo vereint zum Rio Ucayali wird und nahe am Äquator mit dem Río Marañón zum Amazonas zusammenfließt.

Die hochgelegene Pampa de Anta ist hier eine weite, besonders fruchtbare Ebene. Felder sind bis über 4000 m Höhe bestellt. Wer da um acht Uhr mit der Arbeit beginnen will, geht von seinem Heim um fünf Uhr los. Zur Feldarbeit dient der traditionelle Grabstock mit Metallspitze, einer Tretstütze unten und dem zweiten Handgriff an der Seite. Angebaut werden Kartoffeln und besonders hoher Mais, gemischt mit Ackerbohnen (*Vicia faba*), die mit ihren Knöllchenbakterien für Stickstoffbindung sorgen. Ferner gedeihen Hirse und Quinoa (*Chenopodium quinoa*), bis in 3000 m Höhe auch Pfirsichbäume. Mir fallen die vielen Trauerweiden auf. Sie sind eingeführt worden, weil ihr Wurzelwerk die Ränder der Entwässerungsgräben verfestigt. Wir sehen schwarzbuntes Vieh und ab und zu Pferde.

Einmal müssen wir wegen Gleisarbeiten anhalten; wahrscheinlich wurden wieder einmal Gleisschwellen als Brennholz entführt. Vor uns räumen die Arbeiter ihr Schienenwägelchen leer, ziehen es auf ein lose auf die Fahrschiene gelegtes Schienenstück mit einem Bock darunter, drehen darauf das Wägelchen auf der Hilfsschiene zur Seite, schieben es weg, nehmen auch den Bock mit den Drehschienen weg und geben unsere Fahrt wieder frei.

Der Bevölkerung dienen die Gleise als Fußweg und lokale Hauptstraße. Deshalb muss vor jeder Kurve laut gehupt werden: es gibt auf der Strecke fast nur Kurven. Bald hält der Zugführer erneut an, steigt aus und legt sein Ohr auf die Schiene; er horcht nach einem Zug vor uns. Den überholen wir an der nächsten Station auf einem Ausweichgleis. Dazu öffnet der Begleiter das Sicherheitsschloss der Weiche, stellt sie und schließt hinter uns wieder ab. Solche Haltepunkte entlang der Strecke gehören zu einsamen Flecken, wo wir etwas vom Landleben sehen. Indios verkaufen Obst, vorwiegend Opuntienfrüchte, die gerade jetzt häufig sind, bunte Tücher und selbstgefertigte Püppchen. Nachdem eine rote Signalscheibe eingezogen wurde und wir weiterfahren dürfen, stürmen Hunde lange neben uns her. Zwischen den Lehmziegelhütten laufen gezüchtete Moschusenten (*Cairina moschata*), deren Wildform in Südamerika weit verbreitet ist.

Auf kleinen Terrassen hoch an den Seitenwänden des Urubamba-Cañons tauchen Inka-Ruinen auf, auch in den Fels gehauene Treppen, die in die wolkenumhüllten Bergkuppen hinaufführen. Je tiefer wir in die Urwaldzone kommen, desto reicher wird der Pflanzenwuchs. Neben den Schienen blühen prächtig farbige Sträucher und Blumen. Hier gedeihen 3000 verschiedene Pflanzen, darunter 200 Orchideenarten. Bromelien wachsen an den Felsen und auf Bäumen, überall hängen Tillandsien. Der Cañon wird enger und bietet bald nur noch Platz für das Bahngleis neben den wilden Stromschnellen des wasserreichen gelbbraunen Urubamba. Einige Inka-Terrassen und Inka-Pfade an den Berghängen überm jenseitigen Ufer werden offenbar bis heute benutzt.

Wir fahren durch tropischen Regenwald und sehen von der Schiene aus Baumfarne (*Cyathea delgadii*), Zedrelen (*Cedrela*), breitblättrige Papaya (*Carica*), prächtig blühende und als Medizinlieferanten auch bei den Inka hochgeschätzte Trompetenbäume (*Tabebuia*), verschiedene Bambusarten (*Chusquea*) und nah und fern violette *Epidendrum*- und gelbweiße *Maxillaria*-Orchideen. Als die Gleise ganz dicht am Wasser entlangführen, sehe ich auf einem Felsbrocken in einer Stromschnelle zwei schlanke Sturzbachenten (*Merganetta armata*) ausruhen. Diese Ente kann in reißendem Wasser tauchen und stromaufwärts schwimmen. Sie erinnert mich an Diskussionen mit Peter Scott vom Vogelzoo in Slimbridge über Tiere, die in Wasserfällen leben. Zur Erklärung zeichnete er mir die *Merganetta* präzise auf ein Stück Notizpapier; er begann die Zeichnung vom Schwanz her.

Die Bahnfahrt endet an der Talstation Machupicchu. Sie liegt, umgeben von Nebelwald, 2040 m über Meereshöhe am reißenden Urubamba, nahe Aguas Calientes, dem Ort der heißen Quellen, in einem Talkessel zwischen hohen Bergen. Deren fast senkrechte Gesteinswände sind überwachsen mit gelblich grünen Bromelien und meterlang hängenden Orchideen. Die Inka-Stadt Machu Picchu ist von hier unten nicht zu sehen. Erst als ein betagter Bus sich mit uns an Bord in einer ziemlich steilen Serpentinenfahrt 600 m nach oben schleppt, kommt in einer Straßenkehre schlagartig das vielleicht berühmteste historische Baudenkmal Lateinamerikas in Sicht.

Tagebuch: Machu Picchu

Am Touristenhotel, das wie ein Landgasthof oder eine Pilgerherberge wirkt, erwartet uns Professor Chavez, die örtliche Machu-Picchu-Koryphäe. Zusammen mit unseren Archäologie-Kollegen zeigt und erklärt er uns die unglaublich eindrucksvolle Anlage. Auf einem Granit-Bergkegel, den auf drei Seiten tiefe, unzugänglich steile Hänge begrenzen und unten eine weite Mäanderschleife des Urubamba umfließt, hat der Inka-Herrscher Pachacútec Yupanqui um 1450 diese „Siedlung in den Wolken" gegründet. Sie war 100 Jahre lang von vielleicht 1000 Menschen bewohnt, wurde dann verlassen und entfiel 400 Jahre lang dem allgemeinen öffentlichen Gedächtnis. Sie blieb den spanischen Eroberern verborgen und so von deren perfider Zerstörungssucht verschont.

Nicht so sehr die Höhe als vielmehr der Anblick dieser unglaublichen Stadt nimmt mir den Atem. Überwältigt verschaffen wir uns einen ersten Überblick über das, was da vor uns liegt und wirklich bis in die Wolken hinaufreicht. Die ganze Siedlung ist von Norden nach Süden 700 m lang und 500 m breit. Professor Chavez berichtet, dass 216 Gebäude – Wohnstätten, Wachtposten, Paläste, Vorratshäuser, Tempel – in zwei Hauptteile der Siedlung aufgeteilt sind, einen oberen, angeblich männlichen, artistokratischheiligen Sektor „Hanan", und einen unteren, angeblich weiblichen, urban-handwerksbezogenen Sektor „Hurin". Elegant und unübersehbar sind die beiden Bereiche durch Treppenstraßen verbunden; es sollen mehr als einhundert sein. Deren Stufen (über 3000) sind, wo es möglich war, sehr geschickt aus dem gewachsenen Fels herausgehauen und durch genau daran angepasste Steinstufen ergänzt.

Die Gebäude sind mit verschieden großen Steinen aus dem bergeigenen grauen Granit errichtet. Schwere Blöcke sind nach klassischer „ashlar"-Inka-Bauweise äußerst genau zugeschnitten und ohne jedes Mörtelmaterial aneinandergepasst, so genau, dass keinerlei Fuge zwischen ihnen bleibt. Wolfgang Wurster schwärmt von der Hausarchitektur im Stadtbild. Die Häuser hatten Holzdachstühle und Schilfdächer; aus manchen Firsten ragen noch die Steinzapfen zum Anbinden der Dachbalken. Manche Häuser waren zweistöckig, wie innen an den Steinzapfen für eine Zwischendecke zu erkennen ist. Für Inka-Siedlungen typisch sind Häuser und Hausgruppen als ummauerte Gevierte um Innenhöfe herum anglegt. Voneinander getrennt sind die Viertel durch steile Treppen oder gepflasterte Gassen, die den Hangkonturen folgen. Ganz ungewöhnlich sind drei trapezförmige Fenster im sogenannten Tempel, die ins Nichts hinausblicken lassen.

Nach inkaischem Glauben war der Kosmos in drei Welten, in der Quechua Sprache „pachas", geteilt: die göttliche Oberwelt Hanaqpacha, die irdische Welt Kaypacha und die Unterwelt Ukhupacha. Nach dem Tod ging der Leib ins Ukhupacha zur Pachamama, der Mutter Erde, die Seele ins Hanaqpacha. Zuständig für die Verbindung der irdischen Welt zur Unterwelt war in dieser Glaubensvorstellung die Schlange, für die Verbindung zur Oberwelt der Kondor. Jetzt stehen wir am Tempelplatz vor einem großen flachen, dreieckigen Stein im Boden, der vorn einen in Aufsicht eingemeißelten Kondorkopf mit der typischen Halskrause hat und direkt vor seinem Schnabel eine halbmondförmige Rinne wie eine Tränke. „Hier trinkt der Kondor?"

Auf einer Granitklippe läuft ein zweigeschossiger Mauerwinkel in einen halbrunden Anbau aus, den die Spanier Torréon nannten. Diese einzige Rundmauer am Ort hat eine Fensteröffnung nach Südosten und innen in der Mitte einen großen, flach gerundeten Steinblock, ist nicht überdacht gewesen und war offenbar ein Heiligtum. Darunter steigen wir über einen schön gestuften Felseingang in eine Grotte, die am Ende eine Nische mit einem „Peil-Stein" aufweist, welcher den Blick genau auf eine Kerbe zwischen zwei Bergen lenkt. Hier fand man eine männliche Mumie mit reichen Grabbeigaben, vermutlich einen Fürsten; sollte er von hier aus für alle Zeiten den Himmel beobachten können?

Nahe beim Torréon gibt es eine Reihe von steinernen Wannen, wohl zum Baden, durch Wasserführungen untereinander verbunden. Wenige Schritte davon entfernt, betreten wir unter schweren Türstürzen hindurch saalartige Räume; vielleicht ehemals ein Palast. Im oberen Bereich der Stadt führt eine Treppe auf eine glattpolierte Klippe. In deren Mitte steht ein abgestufter, speziell prismatisch geformter, mit dem gewachsenen Fels verbundener Steinpfeiler, der „Sonnenstein" Intihuatana. Gedeutet wird er als Gnomon, Schattenwerfer für Sonnenbeobachtungen. Angeblich steht die Sonne mittags am 21. März und am 21. September genau über diesem Pfeiler, „sitzt" auf ihm, sodass er gar keinen Schatten wirft. Vom Tor aus, oben am Berg, wurde die Stadt bewacht; ein Haus mit vielen Türen diente wohl als Garnison. Davor steht ein Stein mit gebohrter Öse; vielleicht um ein Opferlama anzubinden?

Von hier aus wurden über Zwischenstationen auf Bergkuppen Nachrichten nach Cuzco übermittelt, tagsüber mithilfe von Rauch, nachts mithilfe von Feuer. Neben der Stadt liegen die Ackerbauterrassen als landwirtschaftliche Zone, die einst etwa 1000 Bewohner ernährte. Von Stützmauern gehaltene „hängende Gärten" (*andenes*) folgen bis an die höchsten Stellen des Berges geradlinig oder gekrümmt seiner Kontur und sind ein Meisterwerk eigener Art. Ein Anden kann zwanzig oder mehr als 100 m lang sein, 7–8 m breit und 2–3 m hoch. Die Erde für die Terrassen ist in Körben auf Menschenrücken vom Tal hier heraufgeschafft und auf einer wasserdurchlässigen Schicht aus Kies und Sand verteilt worden. Durch Neigung der Terrassen und Rinnen konnte Regenwasser von einem Anden zum nächsten und über die verschiedenen Stufen laufen. (So angelegte moderne Felder haben wir im vorigen Jahr auf der Schering-Versuchsfarm in Ecuador gesehen). Wasser für die Stadt wurde von außerhalb gelegenen Quellen in Steinkanälen hangabwärts in kaskadenförmig gestaffelte Brunnenbecken geleitet. An einer Stelle zwischen den Häusern kreuzt eine Abwasserrinne eine Trinkwasserleitung: Dem Abwasser ist ein Sprungstein quer in den Weg gebaut, sodass es an dieser Stelle die offene Frischwasserrinne überspringen muss.

Als Entdecker von Machu Picchu wird Hiram Bingham gefeiert, Professor in Yale für lateinamerikanische Geschichte, der im Juli 1911 hierher kam. „Entdeckt für die Wissenschaft", muss es korrekt heißen, denn Machu Picchu lag auf dem Pachtland eines Bauern Agustín Lizárraga aus dem Urubambatal, der die vorzüglichen Inka-Terrassenfelder schon seit 1902 landwirtschaftlich nutzte.

Am späteren Nachmittag steigen wir langsam in die tropische Bergwelt des 2700 m hohen „Zuckerhuts" Wayna Picchu hinüber. Auf einem Mauerstück sitzt ein dickschnabeliger, männlicher, schwarzköpfiger, unterseits gelber Goldbauchkernbeißer (*Pheucticus aureoventris*) und singt vor sich hin, ähnlich wie ein Star. Etwas abseits hockt in einem Baum bewegungslos wie ausgestopft ein wunderhübsch rot und grün gefiederter Maskentrogon (*Trogon personatus*). Unser Blick geht zu den Stadtruinen mit dem Berggipfel darüber, zu den mit Urwald bedeckten Bergen und schneebedeckten Bergspitzen im Hintergrund. Am schmalen Pfad blühen wilde Gladiolen und Zinnien. Ein amselgroßer Tanager (*Thraupis cyanocephala*) mit blauem Vorderkörper und grüngelben Flügeldecken begleitet uns ein Stück weit. Zum Geifen nah sind viele leuchtend bunte Orchideenblüten; die hohe *Sobralia* wächst am Boden, dichte *Epidendrum*-Blütenstände hängen von Baumzweigen herab, ebenso wachsen als Epiphyten auf Bäumen die kleine *Telipogon*, die kaum größer wird als ihre Blüte, und die einblättrige *Stelis*, mit dem langen Stand kleiner, weißlicher Blüten.

Ein Ästhet unter unseren Kollegen ist begeistert und spricht von purer, verschwenderischer, natürlicher Blumenschönheit, die sich dem Menschen hier offenbart. Solch poetische Naturbetrachtung, meine ich, gewinnt noch an Faszination, wenn man sie biologisch-realistisch ergänzt. Die wunderschönen Orchideenblüten sind schließlich Fortpflanzungsorgane. Sie sind nicht fürs menschliche Auge gemacht (wenn auch Liebhaber kräftig daran herumzüchten), sondern zielen auf ihre Bestäuber. Denen aber bieten etwa ein Drittel aller Arten – auch unsere heimischen Ragwurzarten (*Ophrys*) – nicht Nektar als Botenlohn für den Pollentransport, sondern täuschen Nektar nur vor oder locken mit einem Sexangebot. An diesen Blüten imitieren die Lippen den weiblichen Hinterleib bestimmter Insekten und duften zudem genau so wie das paarungsbereite Insektenweibchen. Die Männchen der betreffenden Arten lassen sich täuschen, versuchen mit der Blüte zu kopulieren, bekommen dabei die Pollen angeheftet und tragen sie weiter zum nächsten „Bordellbesuch". Die Namen unserer heimischen Bienen-Ragwurz (*Ophrys apifera*) und Hummel-Ragwurz (*Ophrys holoserica*) dokumentieren, dass auch dem menschlichen Beobachter die Ähnlichkeit zwischen Blüte und weiblichem Insekt auffällt; unser Gesichtssinn funktioniert weitgehend ebenso wie der der eigentlichen Adressaten. Das Bestäuben besorgen übrigens nicht Honigbienen, sondern verschiedene solitäre Bienen (zum Beispiel *Osmia*-Arten). Schon ehe die ersten Weibchen im Frühjahr auftauchen, schlüpfen im Wetteifern um jede Paarungsgelegenheit deren Männchen;

Ragwurz-Orchideen, die in diese Phase hinein blühen, sichern sich dadurch die Chance einer Bestäubung durch frustrierte *Osmia*-Männchen.

Das Fortpflanzungsabenteuer der Orchideen reicht aber noch tiefer. Sie produzieren typischerweise außerordentlich viele Samen, über 25.000 im Jahr. Diese sind entsprechend so winzig, dass in ihnen nicht genügend Mitgift zum Start in ein eigenständiges Dasein Platz hat. Sie sind stattdessen davon abhängig, dass ihnen Bodenpilze mit Nährstoffen und Mineralien helfen, auszukeimen und eine erste Wachstumsstufe zu erreichen. Vom Pilz aus gesehen, ist das zunächst rein altruistisch. Später entwickelt sich daraus eine Symbiose, indem die Orchidee aus ihrer Photosynthese gewonnene Kohlehydrate an den Pilz abgibt und von diesem dafür Nährsalze empfängt. Die an dieser Symbiose beteiligten Pilze sind oft ihrerseits mit Bäumen vergesellschaftet; dann stammen die Nährstoffe, von denen die Orchidee lebt, von Bäumen und werden ihr über die Pilze vermittelt. Einige Orchideen, die selbst kein Blattgrün enthalten – etwa unsere heimische Nestwurz (*Neottia nidusavis*) – bleiben ihr Leben lang bei dieser parasitischen Lebensweise.

Um 17 Uhr wird die Stadt geschlossen. Und um 22 Uhr geht in der Herberge das Licht aus; es bleibt nur knappe Zeit für die vielerlei Tagesnotizen. Ganz früh am nächsten Morgen gehe ich noch einmal in die alte Inka-Stadt. Jetzt wirkt sie auf mich wie der gigantische Szenenaufbau einer Naturbühne, der die Schauspieler fehlen. Zwischen 10 und 15 Uhr werden wieder Zuschauer ungeordnet durch die Kulissen wuseln, noch aber ist es fast geheimnisvoll still. Gleich geht die Sonne auf; aus den Bergschluchten steigen Wolken hoch und ziehen als Nebel an mir vorbei, leichter

Wind weht sie aufwärts und schafft zwischen abziehenden Wolkenflecken Klarzonen am blauen Himmel fürs Sonnenlicht, zuerst an den Gipfeln, dann überall. Aus der Tiefe höre ich hangseits den Urubamba rauschen, sehe unten feuchte Flecken blinken, genieße das Glitzern des Taus überall in den Moosen und entdecke weit oben auf einer Steinstufe Henning Bischof sitzen. Ganz still, wie versunken in eine melancholische Abschiedsstimmung. Abschied von einem sowohl technischen wie ästhetischen Wunderwerk, einem der weltweit bedeutendsten Beispiele dafür, dass Architektur aus naturgegebenem Rohmaterial vollendet in die gewachsene Umgebung eingefügt ist. Aber, obwohl erstaunlich gut erhalten, eben doch eine tote Stadt. Wie muss sie mit ihren original bunt gekleideten und geschäftigen Urbewohnern einst ausgesehen haben?

In Grotten an einem Berggipfel hat man 150 Mumien von jungen, ehemals besonders hübschen Frauen gefunden. Waren es „die letzten Sonnenjungfrauen, die mit knapper Not aus dem Acclahuasi von Cuzco entkommen waren?" und so der Schändung durch die anrückenden Fremden entgingen, fragt Simone Waisbard, die 15 Jahre vor Ort geforscht hat.

Tagebuch: Ollantaytambo

Nach einem kurzen Frühstück setzen wir die Fahrt im Schmalspurtriebwagen fort nach Ollantaytambo. Unterwegs sehen wir verschiedene Tangare (*Thraupis-* und *Euphonia-*Arten), Ohrflecktauben (*Zenaida auriculata*), mehrmals Paare von Rosenkopfpapageien (*Pionus tumultuosus*) und an einer Stelle die lauten Grünschnabel-Stirnvögel (*Psaro-*

colius atrovirens), die wegen ihrer hängenden Nester auch Beutelstare genannt werden. Einmal halten wir an und dürfen eine Indiowohnung anschauen. Wie üblich hat die einfache Lehmhütte ein Strohdach, nur eine Tür und keine Fenster. Der Tür gegenüber stehen auf einem Wandbrett diverse Schuhe; auf dem gestampften Lehmboden liegt neben der Tür ein Mahlstein auf steinerner Unterlage, in einer Ecke flackert ein kleines Feuer unter einem Wassertopf. Trinkgeschirr hängt an Haken von der Decke. Das breite Bett nimmt fast ein Drittel der Hüttenfläche ein; daneben verdeckt ein Tuchvorhang vermutlich Kleidung. Meerschweinchen laufen überall umher. Draußen wachsen Kürbisse und Tomaten, scharren einige Hühner und steht ein Baum, dessen Samen als Fischgift aufs Wasser geworfen das Angeln ersetzen.

Von der Bahn steigen wir um in einen Bus. Wir sind im heiligen Tal der Inka (Quechua: *Willka Qhichwa*), ihrem landwirtschaftlich bedeutendsten Hochtal. Das streckenweise über drei Kilometer breite Tal war ursprünglich tief und hat sich in geologischer Zeit mit Schwemm-Material angefüllt, das bis heute ertragreichen Ackerboden bildet, insbesondere für den Maisanbau. Außerdem sind die Hänge der umliegenden Täler bis hoch hinauf mit Terrassenmauern gestuft. Das verhindert nicht nur Bodenerosion, sondern schafft gut brauchbare Ackerfläche. Die auf insgesamt mehr als 150 km Länge gewonnene Terrassenoberfläche soll 7500 ha umfassen. Die aufgefüllten Felder sind noch immer in Betrieb. Hoch oben sind Reste von Stadtfestungen und Tempelanlagen zu sehen.

Auf einem hohen Hang steht neben gewaltigen Ackerterrassen eine Mauer aus sechs senkrecht aneinander gestellten Steinblöcken. Wir klettern hinauf an die mächtige Inka-Anlage Ollantaytambo, in einer Höhe von 2792 m. Die sechs Mauerteile aus leicht rosafarbenem Porphyr sind knapp vier Meter hoch und glatt poliert. Sie gehören zu einer unvollendeten Tempelanlage. Es ist nicht nur mir völlig rätselhaft, wie sie hier heraufgeschafft worden sind, denn der Porphyr stammt von einer gegenüberliegenden Bergwand. Die Archäologen sind sich sicher, dass die Inka das Rad gekannt, es aber nicht für Transportzwecke eingesetzt haben. Ich muss das glauben, zum Verständnis trägt es allerdings nicht bei. Wir sind zuvor an einem Lupinenfeld entlanggefahren, dessen blaue Blütentrauben eben aufgehen. In dem Feld liegt ein mehrere Meter großer Steinklotz aus demselben Porphyrmaterial. Ganz offenkundig ist er auf dem Weg vom Steinbruch zur Festung liegen geblieben. Wie nur hatte man ihn bis hierher geschafft? Man schätzt, dass 2000 bis 2500 Menschen zum Bewegen der größten Blöcke nötig waren. Die Inka müssen erstens eine uns nicht nachvollziehbare Technik des Umgangs mit riesigen Felsblöcken gekannt haben und zweitens eine Fähigkeit, die Blöcke millimetergenau rund zu schleifen, trotz unregelmäßiger Formen fugenlos aneinanderzupassen und die Steinflächen hautglatt zu polieren. Weiter steigen wir bewundernd durch ein Tor in Inka-Ruinen, auf Steintreppen, die bis über die Terrassenanlage hinaufführen. Ihre Stützmauern sind aus besonders sorgfältig bearbeiteten Steinen gebaut, höher als anderswo üblich. Daraus ragen flache Steine hervor, stufenweise diagonal in aufeinanderfolgenden Ebenen angeordnet als „fliehende Treppen" von einem Anden zum nächsten.

Interessanter als das Ruinenfeld aus ehemaligen Verwaltungs-, Militär- und religiösen Einrichtungen ist für mich der gegenüber in einem Seitental liegende Ort Ollantaytambo am Fuß des Festungsberges. Der alte Teil des Dorfes aus der Mitte des 15. Jahrhunderts ist noch fast im Urzustand erhalten und bis heute bewohnt. Wolfgang Wurster führt Uta und mich durch das einzig verbliebene Beispiel für Stadtplanung aus der Inka-Zeit. Enge, gerade, kopfsteingepflasterte Gassen bilden ein Netz aus 15 rechteckigen Wohnblöcken, Canchas. Jeder Block ist von Mauern umgeben, die unten aus unregelmäßigem Mauerwerk, oben aus Lehm bestehen. Am Rande der Gassen fließen Wässerchen in steingemauerten Rinnen. Über sie hinweg führt jeweils eine breite Steinplatte zu einem Eingang in einen Innenhof. Jeder Hof ist umgeben von vier rechteckigen Häusern in Lehmbauweise. Sie haben nach außen zur Gasse hin weder Fenster noch Tür. Durch eins der steilen Grasdächer strömt Rauch. Im Hof steht eine Ziege, neben ihr laufen ein paar Hühner, in einem kleinen Stall hausen Dutzende von Meerschweinchen als Fleischvorrat. Dieses Gehöft, ebenso wie die benachbarten, ist seit mehr als einem halben Jahrtausend von Nachfahren der Inka bewohnt.

Dem, was mir in Machu Picchu fehlte, begegnen wir hier doch noch: dem originalgetreuen farbigen Leben in einer Inka-Siedlung. In einer Gasse geht vor uns eine ältere Frau mit dunkler Wolljacke, weitem, braunrotem Doppelrock und dunklem Topfhut; sie führt ein Kind an der Hand. In einem Innenhof arbeiten zwei Frauen. Jede hat – wie bei den Aymara-Indianern Brauch – ihr Baby in ein Tuch auf den Rücken gebunden. Beide tragen dunkle Schuhe an den dürr wirkenden Beinen, keine Hosen, sondern unter ihrem Überrock mehrere helle pollera-Röcke aus Baumwolle und auf dem Kopf einen steifen Hut. Wir treffen nur einen männlichen Bewohner; er trägt einen kurzen, roten Poncho und eine Wollmütze mit Ohrenklappen, beides mit geometrischen Figuren versehen.

Tagebuch: Pisac

Weiter an ausgeprägten Terrassen entlang fahren wir durch das Urubamba-Tal. Neben mancher Terrasse steht eine Lehmhütte für Wächter; alle Felder werden bewacht. In Felsnischen über den Terrassen sind Felsgräber angeheftet, wie Lehmnester mit Eingang. In Yucay machen wir Mittagspause nahe der Kirche Santiago Apóstol, in einem ehemaligen Jesuiten-Konvent, jetzt Hostel Alhambra. Ein Stock mit roter Plastiktüte am Ende ragt zur Tür heraus – unmittelbar verständlich: „Ausg'steckt is". Ich kenne das aus Niederösterreich und dem Burgenland, wo ein pflanzliches Bündel an der Tür anzeigt, dass der Buschenschank offen und der diesjährige („heurige") Wein im Angebot ist, zu genießen mit „Schrammel-Musik" und „Schmankerl"-Leckerbissen. Hier angezeigt ist frische Chicha, ein bierartiges alkoholisches Getränk, das schon zu Zeiten der Inka beliebt war und durch Fermentation aus gekeimtem Mais gewonnen wurde. Man nennt es auch „Spuckebier", denn aus Maismehl gebackene Fladen wurden von den Frauen durchgekaut, also durchtränkt mit viel Speichel, dessen Enzyme die Stärke in Zucker verwandeln, der dann aufgelöst in Wasser in Gärung gerät. Je nachdem, ob das Getränk zum täglichen Verzehr oder für besondere Feste gedacht ist, schwankt der Alkoholgehalt zwischen 1 % und 6 %. Wir bleiben abstinent. Leider ist heute Mittwoch und deshalb weder großer Sonntagsmarkt noch ein kleinerer, der dienstags und donnerstags stattfindet.

Von hier aus machen wir einen Umweg nach Süden und folgen dem Flusstal bis Pisac. Geblieben sind von dieser 2970 m hoch gelegenen Bergfestung der Inka nur fein gefügte und glatt polierte Steinmauern, Ruinen von Bädern, Palästen, Tempeln und einer Zitadelle. Im ehemaligen heiligen Bezirk erhebt sich mitten im Tempelbereich-Plateau ein mächtiger Felsbrocken aus Vulkangestein, das Intihuatana, wie in Machu Picchu. Die Stufen einer langen Treppe und die Aquaedukte sind auch hier aus dem gewachsenen Fels gehauen. Oberhalb der Ruinen liegen alte Gräber etwas versteckt zwischen Höhlungen und Felsüberhängen. Gräber, Wegkreuzungen und andere wichtige Stellen am Berg sind mit aufeinandergestellten Steinen gekennzeichnet, angeblich um Berggeister zu besänftigen. In dieser Funktion liegen in der Stadt vor der Kirche San Pedro de Apostolo ebenfalls Opfersteine vor einem Kreuz. Sogar die Kreuze auf den Dächern sind mit Amuletten versehen – wer muss da vor wem geschützt werden? Bäume und Telegrafendrähte auf dem Marktplatz hängen voller Tillandsien. Und an dem sehr weit ausladenden Korallenbaum (*Erytrina falcata*) baumelt, angeblich als Verspottung einer Klatschbase, eine Stoffpuppe mit einem kleinen Zelluloid-Puppenkopf an der Seite und einem Nachttopf neben der Schulter. Wenn der Baum wirklich, wie behauptet wird, 400 Jahre alt ist, könnten ihm noch die letzten ursprünglichen Inka begegnet sein.

Landschaftlich besonders schön sind die vielen, eng liegenden und dem runden Hang angepassten Terrassen unterhalb der Zitadelle. Sie erinnerten die Urbevölkerung an das Federmuster im Flügel eines Vogels mit dem Quechua-Namen *pisacca*. Nach ihm wurden der Ort und die Ruinen benannt. Den Vogel kann man hier im Gelände umhergehen sehen, am häufigsten in der Abenddämmerung. Er wird uns als Rebhuhn vorgestellt – falsch, aber verständlich. Das Tier ist ein Tinamu (*Nothoprocta ornata*), ein Vertreter der Steißhühner. Es ähnelt zwar in Körperbau und Lebensweise durchaus einem Rebhuhn, hat aber verwandtschaftlich nichts mit den Hühnervögeln (Wachtel, Rebhuhn, Fasan) zu tun, sondern ist verwandt mit den Nandus, den „Pampas-Straußen".

Die Selektion hat in vergleichbar steppenartigen Lebensräumen Europas, Afrikas und Südamerikas vergleichbar typische bodenlebende Vögel begünstigt: unter den echten Hühnervögeln in Europa und Asien Wachtel und Rebhuhn (*Coturnix*, *Perdix*), in Afrika die Frankoline (*Francolinus*) und in Südamerika unter den Steißhühnern das Tinamu. Solche Ähnlichkeiten sind Vorlesungsbeispiele für konvergente Anpassung an Umwelterfordernisse. „Ökologische Lizenz" nannte das Klaus Günther, als wir vor vielen Jahren in Berlin meine Untersuchungen an typischen Bodenfischen diskutierten, die ebenfalls weitgehende Ähnlichkeiten aufweisen, aber zu unterschiedlichsten Fischfamilien gehören.

Tagebuch: Sacsayhuaman

Von Pisac aus fahren wir bergan, wieder in Richtung auf Cuzco. Nach 16 km erreichen wir Puca Pucara, die „Rote Festung", eine halbkreisförmige Anlage aus Grundmauerresten, Treppen und Nischen. Sie soll ein Posten („Tambo") für die Nachrichtenläufer der Inka gewesen sein. Erzählt wird die Geschichte von einer Inka-Prinzessin, die an ihren langen Haaren aufgehängt wurde, weil sie den Fürsten nicht heiraten wollte.

Nach weiteren 10 km sind wir am sogenannten Bad der Inka, Tambo Machay. Ein inkaisches Tambo war eine staatliche Raststation. Das klare Wasser der umliegenden Berge wird mehrfach kanalisiert und fließt hier seit der Inka-Zeit durch vier an einem Hügel gestuft angeordnete Mauern wie aus einer steinernen Quelle in einen Steintrog. Kaum vier Kilometer davon entfernt liegt ein weiterer Ruinenplatz, Quenko. Ein schwer beschädigter Monolith steht neben einem halbkreisförmigen Amphitheater mit vielen Nischen (Sitzplätzen?) in der begrenzenden Mauer. Auffällg ist eine in Stein gehauene schlangenförmige Rinne („Quenko" heißt „das Gewundene" in der Quechua Sprache), die mit einer topfförmigen Aushöhlung des Felsens in Verbindung steht. Darin soll bei Totenriten vor der Bestattung Blut (oder Wasser oder Chicha?) in eine Felsenhöhlung geflossen sein. Da die Schlange für die Inka die Verbindung zur Unterwelt, zum Aufenthaltsort des toten Leibes symbolisierte, halte ich die sorgfältig geschlängelte Steinrinne in Quenko für das Gegenstück zur steinernen Kondorplatte in Machu Picchu, denn der Kondor war ja das Symbol für die Verbindung zwischen irdischer Welt und Oberwelt, wohin die Seelen der Toten kamen.

Zwei Kilometer nordöstlich von Cuzco stehen wir dann vor drei übereinander gelagerten, 600 m langen und insgesamt 24 m hohen Zickzackmauern: Sacsayhuaman. „Dies ist das größte und stolzeste Werk, das die Inca bauten, um ihre Majestät und Macht zu demonstrieren. Seine Größe ist unvorstellbar für alle, die es nicht gesehen haben", urteilte Garcilaso de la Vega (1539–1616), Sohn eines spanischen Konquistadors und einer Inka-Prinzessin. Im 15. Jahrhundert sollen unter den Herrschern Pachacutec und Tupac Yupanqui mehr als 30.000 Sklavenarbeiter Jahrzehnte lang daran gearbeitet haben. Mit Steinmeißeln wurden die riesigen Felstrümmer ganz individuell und an den Kanten abgerundet geschliffen und dann jeweils ihrer Form entsprechend passgenau und ohne Mörtel lückenlos zusammengefügt. Diese variablen Steinformen und die Neigung der ganzen Mauer nach innen waren eine Sicherung gegen Erdbeben. Die untere, 9 m hohe Mauer besteht aus den riesigsten Steinen; der größte wiegt geschätzt 155 t. Wieder ist unbekannt, wie derartige Steinbrocken aus den 20 km entfernten Steinbrüchen hierher geschafft wurden. Die Spanier machten es sich bequemer; sie benutzen die Inka-Bauwerke als Steinbruch und holten sich Steine aus dem Festungsbereich von den Wohn-, Militär- und Vorratsgebäuden und machten aus den Quadern Säulen ihrer Kathedralen und Fundamente der Kolonialhäuser. Zum Bewundern blieben in Sacsayhuaman nur die unhantierbar gigantischen Steinblöcke der wuchtigen Mauern.

Tagebuch: Juliaca

Unser nächstes Reiseziel ist der Titicaca-See, in jedem Reiseführer als höchstgelegener schiffbarer See der Erde angepriesen, 194 km lang und 65 km breit, 15-mal größer als der Bodensee. Aber um den See selbst geht es uns nicht, sondern um uralte Bauwerke in seiner Umgebung. In archaischer Zeit von 8000 bis 2000 v. Chr. haben Jäger und Nomaden dort nur Steinwerkzeuge hinterlassen. In der sogenannten Formativen Periode von 1200 v. Chr. bis 133 n. Chr. errichteten sesshafte Gesellschaften feste Steinbauten, in der Klassischen Periode bis 1200 n. Chr. schließlich gewaltige Tempel mit Toren und Vorhöfen, wie in der Stadt Tiahuanaco. Von 1200 bis 1300 dehnten sich die Colla- und Aymara-Kulturen bis nach Cuzco aus. Sie wurden dann ab 1430 von den Inka und ab 1532 von den Spaniern unterjocht.

Die 10-stündige Bahnfahrt von Lima bietet ausgiebig Gelegenheit, die Hochebene des Altiplano zu genießen, denn der Fernzug erklimmt das Hochland mit nur 30 km in der Stunde, nicht schneller als Autos in unseren Städten in verkehrsberuhigten Zonen fahren dürfen. Die Randberge sind bis hoch hinauf mit den harten Polstern von blassgrünem Ichu-Gras (*Stipa ichu*) bedeckt, ab und zu sind kahle Zacken und einige wenige Schneeberge zu sehen. Einzelne Reiter und auch Fußgänger wirken in der weiten Ebene wie verloren. Es gibt Wasserflächen auf der Ebene, sogar Flamingos stehen in manchen Laken. Viele Lehm- und Steinmauern teilen das Land, als Einzäunung für Vieh oder als Feldumrandung. Weit verstreut tauchen kleine Lehmgehöfte auf, ab und zu eingefriedete Vicunjas. Lehm ist hier der wichtigste Baustoff. An den Häusern ist nur der Firstbalken hölzern, nämlich ein verholzter Agaven-Blütenstand. Der Wind nimmt mit der Höhe zu. Indios stehen im Mauerschatten ihrer Häuser, Ohrenwärmer unterm Hut und schauen dem Zug nach. Viele von ihnen haben blaue Wangenflecken, angeblich durch Sonnenbrand oder Vitaminmangel. Immer wieder hält der Zug auf freier Strecke an, ohne Bahnsteig. Ob jemand zusteigt, ist nicht klar, denn in bunte Wollsachen gehüllte Indios drängen heran und bieten allerlei feil, Andenken, helle Kartoffeln mit rötlichen Flecken, als hätten sie die Masern, rohes und geräuchertes Fleisch, sogar Obst, das eigens zum Verkauf hier herauf transportiert wurde. Etliche Fahrgäste steigen aus, entweder, um etwas einzuhandeln oder sich umzusehen. Der Zug müht sich weiter bergauf und hält auf der Passhöhe von La Raya, 4313 m hoch. Wir schauen in eine kleine Kirche; sie ist innen kahl, nur geschmückt mit hinter Glas gerahmten bunten Heiligenbildern. Draußen stehen wollig-pelzige Kakteen neben kleinen Geysiren mit Schwefelausblühungen. Aber gleich mahnt ein langer Fanfarenton der Lok zum Einsteigen. Ab hier geht es bergab und somit schneller. Der Himmel wird dunkel, es wetterleuchtet in der Ferne. Wir fahren auf eine Gewitterwand mit heftigen Blitzen zu.

In Juliaca, es ist 18.00 Uhr und schon dunkel, hält der Zug mitten auf der Straße. Es stürmt und regnet. Unser staatliches Hotel wirkt wie ein Offizierskasino. Der Essraum ist kahl und erleuchtet von blassen Neonröhren. Wir sehen alle wie Wasserleichen aus und bestellen uns Kerzen auf den Tisch. Es ist kalt, trotz Heizöfchen im Zimmer. Wir hatten eigentlich in Puno unterkommen wollen, aber das neue Hotel dort ist noch nicht geöffnet.

Puno und Juliaca sind die wichtigsten Städte im Altoplano. In beiden spielt sich in der Altstadt das normale Leben in den Innenhöfen ab, von außen sind da nur braune Lehmmauern zu sehen. Lebendiger wird es an Markttagen. Abgehalten wird der Markt in Juliaca neben und auf den Eisenbahnschienen, die mitten durch die Stadt führen. Kommt ein Zug, so hält er in der Menschenmenge, wie an den Haltepunkten auf der Fernstrecke. Störende Gegenstände werden beiseite geräumt oder bleiben auch, wenn sie flach genug sind, zwischen den Schienen liegen bis der Zug weiterfährt.

Tagebuch: Zu den „Uru"

Nach einem problematischen Frühstück in Juliaca – die Bedienung ist durch uns 11 Personen völlig überfordert – bringt uns ein Bus nach Puno, 3820 m über Meereshöhe. Es ist herrliches Sonnenwetter, aber überall am Wegesrand liegen im Gras Schnee und dünnes Eis. Vom Hafen schippern uns kleine Holzkähne auf Kanälen durch den dichten Binsengürtel einige Kilometer weit hinaus auf den Titicaca-See zu den berühmten schwimmenden Inseln, den Islas Flotantes, und zu ihren Bewohnern, den ehemaligen Uru. Deren Urahnen hatten sich wahrscheinlich vor den Kämpfen auf dem Festland seit Ankunft der Spanier hierhin zurückgezogen. Der letzte Vollblut-Uru, eine Frau, starb allerdings 1959, und die Uru-Nachkommen haben sich mit den Hochland-Indios, den Ayamaras, vermischt und sind jetzt fast reine Aymaras.

Ihre Inseln machen sich die Bewohner selbst aus den überall am Seeufer wachsenden dunkelgrünen, 2–3 m hohen Tatora-Binsen (*Schoenoplectus tatora*). Deren daumendicke Stängel haben einen dreieckigen Querschnitt, und daran – wie an den verzweigten Blütenständen – erkennt man, dass es kein Schilf ist (wie der häufig verwendete Name „Schilf-Inseln" glauben macht), sondern ein Riedgras. Es ist weltweit verbreitet. Die langen Stängel wurden schon in vorspanischer Zeit von Südamerikas Küstenbewohnern zum Bau ihrer Binsenkanus verwendet. Auch die Titicaca-Indios bauen solche Kanus aus Binsenbündeln, wenn auch heute nur noch für Touristenfahrten. Für sich benutzen sie Holzkähne, mit denen auch wir zu den Inseln gebracht werden. Im Binsendickicht weichen vor unserem Kahn einige Andengänse (*Chloephaga melanoptera*) aus, die ich schon von Seewiesen kenne, wo Konrad Lorenz ihr Paar- und Familienverhalten untersuchte. Hastiger fliehen Zimtenten (*Anas cyanoptera*) und Punaenten (*Anas puna*), deren Auge in der schwarzen Kopfkappe versteckt ist. An der Grenze zwischen Dickicht und offenem Wasser begegnet uns ein Riesenblesshuhn (*Fulica gigantea*) mit einem Bündel Wasserpflanzen im Schnabel, also mit Nestbauen beschäftigt.

Die verschieden großen Inseln der Uru sitzen entweder im flachen, zwei bis vier Meter tiefen Wasser auf Grund oder werden mit Ankern gehalten. Die schwimmende, dicke und stabile Inselfläche entsteht, indem man die von Hohlräumen durchsetzten Binsenstängel in vielen Lagen kreuzweise aufeinanderschichtet. Darauf bauen die Uru aus getrockneten und gebündelten Binsen ihre rechteckigen oder kegelförmigen Behausungen mit niedrigem, möglichst nach Osten weisendem Kriech-Eingang. Meist leben mehrere Familien auf einer Insel. Sie nennen sich selbst „Kotsuña", „Menschen des Wassers". Sie begrüßen uns freundlich, sind längst auf Touristen eingestellt oder gar angewiesen. Die Frauen lassen sich fotografieren in ihren bunten Ponchos, den mehrschichtigen meist roten oder blauen Röcken; sie tragen lange schwarze Zöpfe, dunkle Topfhüte, helle Strohhüte oder wollige Mützen mit Ohrenklappen. Wir bewegen uns mit feuchten Füßen vorsichtig auf der strohfarbenen, wirren Tatora-Matte wie auf einem Schwingmoor. Die Temperatur des Wassers beträgt 14 °C, die der Luft im Schatten immerhin 20 °C. Vor einer Binsenhütte sind Fische in Reihen zum Trocknen ausgelegt; darunter einige 30 cm lange Andenwelse (*Trichomycterus rivulatus*) und viele kaum über sieben Zentimeter lange Anden-Zahnkarpfen (*Orestias ispi*). Frauen braten die Fische oder räuchern sie auf Steinen über dem Feuer in kleinen Binsen-Räucheröfchen. Über deren Dach erscheinen kleine Rauchfahnen. Auch die frischen Binsentriebe werden gegessen.

Die Hochlandkärpflinge der Gattung *Orestias* sind eine zoologische Besonderheit der Andenregion; sie haben ökologisch ganz verschieden spezialisierte Arten ausgebildet. Ihr Kennzeichen sind die fehlenden Bauchflossen. Hauptfang der Titicaca-Fischer war ehemals die größte Art *Orestias cuvieri*, der über 20 cm lange Amanto. Ihn gibt es nicht mehr, seit 1939 und 1941 Regenbogen- (*Salmo gairdneri*) und Lachsforellen (*Salmo trutta*) im See eingesetzt wurden; 1946 kam auch noch ein Ährenfisch aus Argentinien hinzu, der Pejerrey (*Basilichthys bonariensis*), der bis 50 cm lang wird. Gedacht waren diese Fremdlinge angeblich als Ernährungshilfe für die Indios. Aber gut gemeint, ist nicht immer auch gut gelungen. Lehrreich ist eine ganze Kaskade von Folgemaßnahmen und Kollateraleffekten, die Wolfgang Villwock beschreibt, die aber vermutlich nicht belehrend wirken. Mit den Forellen kam ein parasitisches Protozoon, *Ichthyophthirius multifiliis*, Aquarianern als Weißpünktchen-Krankheit wohlbekannt. Ihr fallen große Teile der Population des wichtigen, obwohl nur 10 cm langen Karachi (*Orestias agassii*) zum Opfer. Die eingeführten Fische räubern die Jungen des (noch zu erwähnenden) *Telmatobius*-Frosches. Der verkörpert den Indios die „Pachamama", die Mutter Erde; ein Feind der Pachamama darf aber nicht als Speise auf den Tisch kommen. Also kann man den Karachi nur verkaufen.

Weniger Schaden und mehr Ertrag entsteht vor Ort, wenn die Forellen nach japanischem Muster in Netzkäfigen heranwachsen und mit Pellets gefüttert werden. Die Pellets enthalten vorwiegend Fischmehl, gewonnen an der Küste Perus, aus den dortigen Sardinenschwärmen. Die fehlen nun nicht nur der Küstenfischerei, sondern auch den Guanovögeln. Je mehr diese abnehmen, desto weniger lohnt sich der Abbau von Guano.

Die Inselbewohner machen zuweilen mit mehreren Booten Treibjagden auf Enten und scheuchen sie in Netze. Sie töten die Tiere durch einen Biss in den Kopf, halbieren sie, nehmen sie aus und braten oder räuchern das Fleisch. Einige Inseln tragen ein kleines Gewächshaus mit Kräutern und Gemüse und daneben eine Anlage für Kartoffeln und Wurzelgemüse. Adventisten haben eine schwimmende Wellblechschule errichtet. Verstorbene werden in geweihter Erde am Festland bestattet und mit Steinen beschwert, damit sie nicht zurückkommen.

Beim neugierigen Umhergehen sehe ich an einer Hüttenwand zwei fast ausgewachsene Nachtreiher (*Nycticorax nycticorax*) stehen. Sie wurden aus dem elterlichen Nest geholt und dienen als lebende Fleischkonserve. Vom Rand der Insel flüchtet gerade mit hastigen Trippelschritten ein Lappentaucher übers Wasser. Er schlägt zwar heftig mit den Flügeln, aber die sind zu kurz zum Fliegen: Es ist der nur hier vorkommende flugunfähige Titicaca-Taucher

(*Rollandia microptera*). Aufgeschreckt haben ihn zwei Kinder, die sich jetzt zum Trinken hinhocken: Mit raschen Bewegungen der flachen Hand werfen sie Wasser aus dem See hoch und fangen es geschickt mit dem Mund auf. Vor ihnen scheint in einer Luftspiegelung das Ende der glänzend grauen Seefläche wie hochgesaugt in den Himmel überzugehen. Die Indio-Eltern erklären, da komme das Silber herunter.

Tagebuch: Sillustani

Nach einem kleinen Mittagessen in Puno gehen wir kurz in die Stadt. Die 1757 erbaute Kathedrale ist geschlossen. Ihre Fassade ist dekoriert mit bildhauerischen Elementen aus der hiesigen Tier- und Pflanzenwelt. Wir schlendern über einen Markt, der sich in mehreren Straßen abspielt. Es gibt kleine Masken zu kaufen, so variabel wie die großen, die beim Karnevalstanz La Diablada im Dezember mit Musik durch die Straßen laufen. Die Masken erinnern an Ostasien: Viele haben Glubschaugen, ein Teufelsgesicht mit Eckzähnen oder zeigen links einen Totenkopf und rechts ein Frauengesicht, alles verschnörkelt und bunt bemalt.

Dann fahren wir zurück Richtung Juliaca. Loki registriert bei jeder Gelegenheit die hochandine Flora der Puna-Region ringsum in 3000 bis 4000 m Höhe. Zwischen den harten Blattbüscheln des Federgrases *Stipa ichu* und den nährstoffarmen *Festuca*-Horstgräsern – Hauptnahrung für die langhalsigen Vicunjas – wächst hauptsächlich niedrige Strauchvegetation wie Tola (*Lepidophyllum quadrangulare*), Besenstrauch (*Baccharis salicifolia*), Kreuzkräuter (*Senecio*) und verbreitet ein Malvengewächs (*Nototriche*), nach dem diese Landschaft auch Nototrichenwüste heißt. Loki sucht nach dem unseren Alpenrosen ähnlichen Andenstrauch (*Escallonia*), nach kleinen Kakteen (*Lobivia*) und nach Pantoffelblumen (*Calceolaria*), Eisenkraut (*Verbena*) und einem Enzian (*Gentiana regina*); ich erfahre aber nicht, ob sie da fündig wird.

Nach halbstündiger Autofahrt ist etwa 30 km nordwestlich von Puno das archäologische Gebiet von Sillustani erreicht. Es liegt auf einer Anhöhe direkt über dem Ufer des kleinen Umayo-Sees. Wir ersteigen die Anhöhe, wegen der Höhe von 4000 m recht langsam. Weit und breit nur alpine Matten – es ist nach Tibet die größte Hochebene der Erde. Mich beeindruckt dieser Ort mit der herrlichen Aussicht auf den 150 m tiefer liegenden Umayo-See und die Berglandschaft auf der anderen Seite. Von unten höre ich Tauchervögel trillern. Ein Specht ruft. Grüne Papageien fliegen vorbei. Sonst ist es still. Nur leichter Wind weht. Hier oben haben die Kolla, ein Aymara sprechendes Volk, im 13. und 14. Jahrhundert einen gewaltigen Friedhof errichtet. Ihre normalen Sterblichen liegen unter flachen Steinen beerdigt, für die wichtigsten Persönlichkeiten aber wurden aus massiven, gerundeten und polierten Quaderblöcken runde Begräbnistürme gebaut, die Chullpas. Es gibt auf dem Altiplano ganz viele Chullpas, denn die Inka übernahmen im 15. Jahrhundert die Bestattungstradition; sie nannten das Gebiet Collasuyo. Die meisten Chullpas sind von Grabräubern gesprengt und ausgeraubt worden; die von Sillustani sind am besten erhalten.

Die über 10 m hohen Kolla-Chullpas messen unten etwa 5 m im Durchmesser und werden nach oben etwas breiter. In Wandnischen in bis zu fünf Etagen hockten die Toten, wahrscheinlich alle aus demselben Haushalt. Wenn ein bedeutender Herr starb, wurden 10–20 Lamas verbrannt und seine Angehörigen – Frauen, Kinder und Diener – entweder getötet oder ihm lebend eingeschlossen mitgegeben. Durch eine niedrige nach Osten zeigende Öffnung in der dicken Mauer konnten die Begrabenen in Richtung Sonnenaufgang blicken. Den Blick verstellt hier kein Baum, kein Gesträuch; bis zum Horizont gibt es in leicht hügeliger gelbbrauner Ebene nur niedrige Tola-Sträucher und dürres Gras.

Tagebuch: Der Chullpa de Lagartija

Vor mir steht mit zwölf Metern Höhe der angeblich höchste Chullpa in ganz Südamerika. Als Einziger trägt er außen auf dem glatten Steinrand ein Ornament: Auf halber Höhe, in der zweiten Steinreihe unter dem Kuppelkragen, ist ein kleines Relief in Form einer Eidechse in Aufsicht zu erkennen. Deswegen heißt der Grabturm „Chullpa de Lagartija" (lat. *lacerta* = Eidechse). Wie kommt man auf die Idee, ein riesiges Grabmonument mit einer kleinen Eidechse zu verzieren? Das muss einen besonderen Grund gehabt haben. Was hat die Eidechse mit den Toten zu tun? Ich komme ins Grübeln.

Das flache Relief zeigt zwar kaum Details. Aber angenommen, als Vorbild hätte ein echtes Reptil gedient, und es wäre vielleicht sogar in der hiesigen Umgebung zu finden, dann ist es leicht zu identifizieren. Denn das einzige Reptil hier oben ist der 10 cm große Erdleguan *Liolaemus multiformis*. Er ist im ganzen südlichen Peru verbreitet, auch im Gebiet um Puno, und er ist eine ziemlich extravagante Echse, nämlich spezialisiert auf das Leben in Höhen zwischen 4000 und 6000 m, unter Kältebedingungen, die jedem anderen Reptil den Tod brächten. Nach den Untersuchungen von Oliver Pearson ernährt sich *Liolaemus* von Insekten, Spinnen und Pflanzen; und während die meisten Echsen ihre Eier an Stellen ablegen, wo sie von der Umgebungswärme ausgebrütet werden, behält diese Art die Eier im warmen Körper der Mutter, ernährt die Heranwachsenden über eine Plazenta und bringt fertig entwickelte Junge zur Welt. Freilich war das alles den Erbauern der Chullpas wohl unbekannt.

Verantwortlich für die Abbildung am Grabturm könnte hingegen ein leicht zu beobachtendes Verhalten der Echse sein. Sie verbringt die Nacht etwa 30 cm unter der Oberfläche, gern in Gängen der Tukotuko Kammratte (*Ctenomys peruanus*). Eingänge zu deren Bauen sind Löcher im Boden, wie ich sie neben Tola-Sträuchern sehe. Morgens bei Lufttemperaturen von –5 °C kommt die *Liolaemus*-Echse dort heraus und beginnt den Tag mit einem bemerkenswerten Aufwärmritual. Notgedrungen langsam, bei einer Körperwärme von höchstens 4 °C läuft sie, oft über reifbedeckten Boden, zu einem Grasbusch als wärmeisolierende Unterlage. Dort postiert sie sich kopfaufwärts und den Rücken schräg der aufgehenden Sonne zugewandt. Ein Farbwechsel erleichtert dem Tier das Absorbieren von Wärme. So wärmt es sich auf, etwa ein Grad pro Minute, und erreicht innerhalb kürzester Zeit eine Körpertemperatur von 35 °C. Die einzigartige Kombination aus Physiologie und Verhalten ermöglicht es dem Tier, den Körper den ganzen Tag über etwa 30° wärmer zu halten als die Luft, die oft noch unter der Frostgrenze bleibt.

Ich kann mir gut vorstellen, dass die Gewohnheit des *Liolaemus*-Leguans, die Morgensonne zu begrüßen, Anlass gab, ihn als Symbol außen auf einem der Türme abzubilden. Ich vermute den Grund wieder einmal in der genauen Naturbeobachtung der Völker, die vor Jahrhunderten hier gelebt haben. An die Sonne kommt die Echse zudem aus dem Reich der Mutter Erde, der Pachamama, deren Verehrung im Gebiet um Cuzco und am Titicaca-See selbst in den Städten sehr lebendig geblieben ist: Zu wichtigen familiären Angelegenheiten, beim Hausbau oder vor der Aussaat, wird der Muttergottheit geopfert. Auch vor dem Trinken kommen einige Spritzer des Getränks auf den Boden „für Pachamama".

Alle Menschen machen die Erfahrung, dass das erste Tageslicht aus der Himmelsrichtung erscheint, die wir Osten nennen, wo der Horizont die Sonne freigibt. Mit dem Sonnenlicht kommt auch die Wärme. Viele Tiere reagieren darauf, zum Beispiel die von mir untersuchten *Phymateus*-Heuschrecken in Südafrika, die auf ihrem Schlafbaum morgens vor dem Abstieg zur Tageswanderung erst einmal den Rücken der Sonne entgegenkehren und sich auf „Betriebstemperatur" aufwärmen lassen. Auch die *Tropidurus*-Echsen auf Galápagos sahen wir vor zwei Jahren morgens so sitzen, dass sie viel Sonne auffangen können. Wir Menschen wissen: Ohne die Sonne gäbe es weder die Erde noch Leben auf ihr. Auch den Hochland-Indios und den Inka, wie vielen anderen Kulturen, ist die Sonne als Licht- und Wärmequelle verehrungswürdig gewesen. Und das tägliche Wiederkehren der Sonne wurde zum Symbol der Hoffnung auf ein neues Leben nach dem Tod. Aus diesem Grund war auch in der abendländischen Antike die Ausrichtung der

Gräber nach Osten weit verbreitet. Auf dem bedeutendsten Friedhof Armeniens, Noratus am Sevansee, sind alle Kreuzstein-Grabsteine, die Katschkare, geostet. Die Christen behielten diesen Brauch der Ostung bei: Ihre Verstorbenen wurden mit den Füßen nach Osten beigesetzt und konnten auf diese Weise nach Osten blicken, in Erwartung von Christus, dem wiederkommenden Licht der Welt. *Ex oriente lux*!

Das Verhalten der Echse in der Morgensonne und ihr Relief am Chullpa – all das bekommt plötzlich Sinn. Die kleine Echse wäre dann eine Parallele zum afrikanischen Pavian, der mit erhobenen Händen seinen unbehaarten Bauch zum Aufwärmen nach kalter Nacht der Morgensonne zuwendet und deshalb im Alten Ägypten ein Vorbild der Sonnenanbetung war, wie an der Stirnseite des Tempels in Abu Simbel zu sehen ist. In Tuna el-Gebel am westlichen Rand des Niltals erstreckt sich über mehrere Kilometer ein Tierfriedhof für Tausende mumifizierter Tiere. Seit der Spätzeit (664–332 v. Chr.) bis in römische Zeit hinein wurden hier in unterirdischen Gängen Tiermumien, meist Ibisse und Paviane, abgelegt. Besonders beeindruckt haben mich in Tuna el-Gebel die Paviankultstellen der frühen Ptolemäerzeit. In einer unterirdischen Kapelle thront die Statue eines Mantelpavians mit der Sonnenscheibe auf dem Kopf. Die katholischen Gläubigen preisen in der Osternacht Christus, das Licht und singen „Lumen Christi" als Ausdruck gläubiger Auferstehungshoffnung. Mir scheint, der Chullpa de Lagartija bezeugt die gleiche Hoffnung, nur anders verschlüsselt.

Am Nachmittag nimmt die in dieser Höhe über Tag ziemlich starke Sonne ab. Gegen 16.00 Uhr kommt, wie jeden Tag, kalter Wind auf. In der Ferne sind Gewitter und Blitze zu sehen. Es wird wieder eisig und Zeit für die Rückkehr ins Hotel in Juliaca.

Am Abend, beim Aufschreiben der Tagesnotizen vergleiche ich die Grabtürme von Sillustani mit den Turmgräbern auf Anhöhen westlich der Stadt Palmyra in Syrien. Die ältesten dieser bis zu 30 m hohen Bauten gehen auf 100 v. Chr. zurück. In ihnen wurden die Toten reicher Palmyrhener in Sarkophagen beigesetzt, allerdings viel komfortabler als in Sillustani. Von außen wirken die Turmbauten zwar unscheinbar, aber ich war überrascht, wie bewohnbar ihr Inneres mit Architekturdekor und Skulpturenschmuck erscheint. Ein Eingangsraum ist mit Pilastern und Büsten verziert und hat eine sorgfältig gearbeitete Kassettendecke. Manche Türme haben bis zu vier Stockwerke, die über ein Treppenhaus zugänglich sind, und bieten Platz für 200 Verstorbene. Im Turm Nr. 11 zum Beispiel gehen auf der ersten Etage in drei Richtungen kleine Gänge ab, in deren Wänden ein Grab neben und über dem anderen eingelassen ist. Jedes Grab ist mit einer verzierten Steinplatte verschlossen. Die Gangwände sind mit Schriften, Bildern und Reliefs geschmückt. Die Turmgräber wurden bis zur Mitte des 2. Jahrhunderts gebaut und dokumentierten die Machtstellung der betreffenden Familie, die sich für die Archäologen auch in gefundenen kostbaren Textilien zeigte.

Tagebuch: Über den See

Der nächste Tag beginnt mit der Abfahrt um 5.30 Uhr zum Frühstück nach Puno. Es ist sehr kalt, wieder liegt auf dem Boden neben der Straße dicker Reif. Man erklärt uns, dass auch die Indios in ihren Hütten frieren; sie schlafen in ihrer Kleidung, dicht aneinander gedrängt. In Puno sitzen dennoch schon um 6.00 Uhr, also ab Sonnenaufgang, die Marktleute auf Plastikstücken am Boden und warten auf Kunden. Mütter füttern ihre Kinder und stillen ihre Säuglinge. Straßenweise werden Obst- und Gemüse, Eisenwaren (Nägel, Hufeisen usw.) oder Stoffe und Felle angeboten. Nach einem kleinen Frühstück bringt uns ein Bus 80 km weiter nach Julí. Die Straße hat stellenweise tiefe Löcher, die der Bus mühsam und schaukelnd passiert. Auf vielen Feldern rechts und links wachsen Kartoffeln, blaue Lupinen und gelb-braun-rote Quinoa (*Chenopodium quinoa*), die auch Inka-Reis, Reismelde, Peruspinat und Andenhirse heißt. Es ist kein Getreide sondern ein Fuchsschwanzgewächs, wie an den fingerförmigen Teilblütenständen zu erkennen ist. Seine Zubereitung haben uns Uru-Frauen auf den Binseninseln gezeigt. Die kleinen Samenkörner haben eine Schale, die von schwarz bis rot reichen kann und abschreckende Bitterstoffe (Saponine) enthält. Deshalb ist Quinoa frisch geerntet ungenießbar, muss geschält und gewaschen und durch Reiben zwischen den Händen und Erhitzen entbittert werden.

Die Stadt Julí erleben wir als eine quirlige Kleinstadt. Von hier aus haben die Jesuiten in der zweiten Hälfte des 16. Jahrhunderts bis nach Paraguay missioniert, ein Gebiet, so groß wie Europa. Julí selbst hat viele Paläste und vier alte, große Kirchen, zwar von der UNESCO geschützt, aber leer. Drei in Lehmziegelbauweise müssen renoviert werden. In einigen sind noch Reste bunter Wandbemalung mit Darstellungen von Papageien und Affen zu sehen. Auf der Außentreppe einer Basilika lagert eine Herde Schafe.

Am besten erhalten ist die San Pedro Kathedrale aus dem Jahr 1560 an der zentralen Plaza.

Im Hafen neben dem gut bevölkerten Sandstrand besteigen wir ein Tragflügelboot. Es bringt uns schnell, laut und mit heftigen Stößen quer über die im See verlaufende peruanisch-bolivianische Grenze zunächst nach Copacabana. Hier kommt der deutsche Botschafter von Bolivien an Bord. Die Fahrt geht weiter, vorbei an der Sonneninsel, dem wichtigsten Inka-Heiligtum, das nur Männer und Sonnenjungfrauen betreten durften.

Der See ist fast 300 m tief. Am Grund unter uns, das wissen wir, lebt eines der merkwürdigsten und nur hier vorkommenden Tiere, der Titicaca-Riesenfrosch (*Telmatobius culeus*), der 30 cm Rumpflänge erreicht. Seine Besonderheit: Er verlässt auch als Erwachsener nie das Wasser und kommt nicht einmal zum Atmen aus der Tiefe an die Oberfläche. Seine Lunge ist reduziert, er atmet nur durch seine auf Rücken, Bauch und an den Beinen sehr stark sackartig gefaltete Haut. Er sieht aus, als habe er sich Kleidung drei Nummern zu groß eingehandelt. Zum „Atmen" macht er alle fünf Sekunden eine Liegestützbewegung, die seinen Hautsack auf und ab wedelt und das Wasser zum Gasaustausch an den Hautfalten entlangbewegt. Die Haut kann ganz schwarz gefärbt sein, aber auch olivgrün, am Bauch pfirsichfarben oder grau mit schwarzen und weißen Sprenkeln. Er ernährt sich von Würmern, Flohkrebsen, Wasserschnecken und in der Hauptsache von dem kleinen Andenkärpfling *Orestias ispi*, den wir auf der Binseninsel von den Uru zum Trocknen ausgelegt gesehen haben. Das Dauerleben unter Wasser schützt ihn vor den enormen Temperaturschwankungen und der starken UV-Strahlung, denen er an Land ausgesetzt wäre. Der Riesenfrosch wird an manchen Orten von der eingeborenen Bevölkerung gegessen, gilt auch als Heilmittel gegen alle möglichen Leiden und als Aphrodisiakum.

Wir passieren bei Tiquina die nur 800 m breite Engstelle zwischen dem Hauptteil des Titicaca-Sees, dem Lago Chicuito, und seinem kleinen Teil, Lago Pequeno, kreuzen die Fahrt einer Fähre, die gerade Autos von der Copacabana-Halbinsel zum Festland übersetzt, und beenden die Bootsfahrt in Guaqui, 3847 m ü. M., neben dem Endbahnhof der bolivianischen Eisenbahn. Auf dem Güterbahngleis warten wir auf einen bestellten Bus. Der hat Verspätung, weil er bei einem Ausweichmanöver steckengeblieben ist, was uns durchaus verständlich wird, als er uns dann nach Tiuahuanaco bringt. Die Straße ist eigentlich ein Feldweg, der an beiden Rändern aufgeweicht ist, auf dem es aber dennoch kräftig staubt. Der Bus schaukelt durch offene Flussdriften voller Steine und stoppt schließlich um 14 Uhr vor einem kleinen Landrestaurant. Es gibt ein einfaches Essen; die berühmten Titicaca-Riesenfroschschenkel lehnen wir ab. Wasser für die Toilettenspülung schöpft man mit einem Plastikbehälter aus einer Blechtonne.

Tagebuch: Tiahuanaco

Tiahuanaco: Die Archäologie-Kollegen schwelgen in Monumentalarchitektur angesichts einmaliger Perfektion der Steinbearbeitung. Menschen der Aymara-Kultur lebten in der Zeit von 1500 v. Chr. bis 1200 n. Chr. rund um den Titicaca-See. Das historische Tiahuanaco wurde von 300

v. Chr. bis 900 n. Chr. ihr Kultzentrum. Der Ort lag einmal direkt am See. Der aber trocknete immer mehr aus, und heute liegt Tiahuanaco fast 20 km vom Ufer entfernt auf einem 4000 m hohen öden Plateau. Was man nach den bisherigen Ausgrabungen auf 500 mal 1000 m sehen kann, sind eine 14 m hohe Stufenpyramide, Akapana, und direkt daneben die Kalasasaya, ein fast quadratischer Platz von etwa 120 m Seitenlänge, mit einigen kaum bearbeiteten Steinpfeilern und einem eingesenkten Hof. Den umgeben Steinmauern, eingesetzt zwischen etwas höhere Steinpfeiler. Aus dem Mauerwerk ragen ebenfalls in Stein gearbeitete Köpfe heraus, die ganz verschiedene Gesichter haben und vielleicht Ratsmitglieder zeigen, so wie in den Kapitelsälen unserer Klöster die historischen Äbte von der Wand herabblicken. Mich erinnern die Köpfe an die Tontopf-Gesichter im Museo Rafael Larco Herrera in Lima.

Aus dem eingesenkten Hof führen sechs riesig breite Steinstufen bis direkt unter das sogenannte Sonnentor. Diese bekannteste Sehenswürdigkeit von Tiahuanaco ist drei Meter hoch und ebenso breit und bestand aus einem einzigen, etwa 10 t schweren Andesitblock, der jedoch (bei einem Erdbeben?) in zwei Teile zerbrochen und jetzt wieder aufgerichtet ist. Oben zeigt ein ornamental steingeritzter Fries zentral eine Stabgottheit, die in jeder Hand ein Schlangenzepter hält. Ihr maskenhaftes Gesicht ist mit Strahlen umrahmt. In einiger Entfernung vom Tor steht ein einsamer imposanter, ebenso mit Ritzzeichnungen geschmückter Pfeiler in Menschengestalt.

Wolfgang Wurster wird nicht müde darauf hinzuweisen, dass die hiesigen gewaltigen handwerklichen Meisterleistungen ohne Eisenwerkzeuge vollbracht wurden, allein mit harten Steinhämmern und Schleifsand. Ganz abgesehen davon, dass das gesamte Steinmaterial aus 70 km Entfernung stammt.

Man kann es kaum glauben, aber Tiahuanaco, heute Nationalheiligtum, hat einst der bolivianischen Artillerie als Schießziel gedient. Als der junge deutsche Archäologe Max Uhle um 1900 gegen diese barbarische Zerstörung von Tiahuanaku protestierte, wurde er des Landes verwiesen. Außer als militärisches Übungsgelände wurde die Anlage auch als Steinbruch missbraucht. Die Quaderblöcke aus den Stufenmauern der Akapana-Pyramide sind in der spanischen Kolonialzeit zum Bau der Kathedrale in La Paz genommen worden.

Tagebuch: La Paz

Die Kathedrale von La Paz sehen wir am Tag darauf nur von außen, drinnen ist gerade Sonntagsgottesdienst. Frau von Vacano, die Frau des Botschafters, betreut uns und führt uns durch die Stadt. La Paz wurde 1548 gegründet und liegt in einem heute ganz von ihr ausgefüllten Bergkessel. Es ist die höchstgelegene Hauptstadt der Welt, liegt von 3200 bis 4100 m hoch, birgt also in sich einen Kilometer Höhenunterschied. Den großen Platz ziert eine Kopie des tiefgesenkten Hofes von Tiahuanaco, davor eine als Puma bezeichnete Stele aus dunklem Andesit-Gestein, die mich aus zwei Gründen beeindruckt: Sie wirkt fast modern abstrahiert und überhaupt nicht als Puma. Dem werde ich noch nachgehen.

Die Iglesia de San Francisco am Franziskus-Kloster ist die wichtigste christliche Kirche im Hochland, so alt wie die Stadt, aber nachdem sie 1610 unter Schnee einstürzte, wurde sie von Aymara-Handwerkern 1784 neu aufgebaut und verziert. Ihr barockes Portal ist ein berühmtes Beispiel für das Zusammenspiel katholischer und eingeborener Symbolik. Ganz oben das Kennzeichen der Franziskaner, zwei gekreuzte Arme vor einem Kreuz. Darunter steht Franziskus als Statue, beiderseits neben ihm hocken als Halbreliefs vermutlich Bilder der Erdgöttin Pachamama mit großen Brüsten und kleinem Ithyphallus, Fratzen mit sieben heraushängenden Zungen sowie Fruchtbarkeit anzeigende Früchte, Pinienzapfen, Vögel, Drachen und Rebengirlanden, ähnlich wie wir es schon an der Kathedrale in Puno gesehen haben. Innen sind das Langschiff oben mit einem Tonnengewölbe, die Seitenschiffe mit Kuppeln abgeschlossen. Die Barockaltäre sind reich vergoldet. Ganz nach ihren Vorstellungen haben die Aymara-Künstler die strengen Steinwände mit allerlei floralen Mustern versehen. Oben in einem Zwickel zwischen Säulen beschwört ein stilisiertes Halbrelief wiederum die Fruchtbarkeit: Umgeben von reichem Rankenwerk zeigt es unten aus einer Meermaid entwickelt einen weiblichen Schoß, darüber ein männliches Genital.

Das gewinkelte Dach der Kathedrale und der angrenzenden Klostergebäude ist kurios unregelmäßig gedeckt mit Ziegeln, die von den Dachdeckern an ihren eigenen Schenkeln geformt wurden, manche kurz und dick, andere lang und dünn: „Schenkelstil" (*estilo muslera*).

Neben der Kathedrale kann man auf einem Zaubermarkt allerlei kaufen: gedörrte Lamaföten zum Einbauen in die Hausmauer als Wohlstandsgaranten, getrocknete Sonnenseesterne gegen „Soroche" (Kopfweh, Fieber, Halsschmerzen), zauberkräftige Früchte, Kerne, Blätter und Wurzeln;

ferner geschnitzte Alabastersteine (*chacra* = das Feld) als Minidarstellungen eines Gehöftes mit angedeutetem Bewohnerpaar, nebst Vieh, Brunnen und Feld, zum Vergraben unter dem Haus als Haus- und Hofsegen. Ein Antiquitätenladen bietet altes Silber an, auch halbmeterlange aus Silber gearbeitete Fische in biegsamer Gliederbauweise, die von Frauen vorn am Körper als Fruchtbarkeitszeichen getragen werden.

Eines der größten und bekanntesten Museen in Bolivien ist das Museo Casa de Murillo, einst die Wohnung von Don Pedro Domingo Murillo, einem Anführer der La-Paz-Revolution vom Juli 1809. Es beherbergt eine berühmte Altertumssammlung, die der deutsche Kaufmann Fritz Buck nebenher angelegt hat. Hier läuft ein Forschungsprojekt der Universität Bonn, an dem unsere Bonner Kollegen interessiert sind. Die Sammlung umfasst aus der Kolonialzeit Möbel, Textilien, Medizin- und Musikinstrumente, Haushaltsgegenstände aus Glas, ehemals Eigentum der bolivianischen Aristokratie, Ponchos, die mit Mineralfarben gefärbt sind: grün von Kupferbergwerken, gelb von Vulkanschwefel. Aus Grabungen stammen vorkoloniale Schätze: Gegenstände aus Gold, Silber, Kupfer, Holz, Stein und Ton. Mir fällt ein sehr realistisch nachgebildeter Kopf eines Cacajao-Affen auf, der aber als große Katze ausgeschildert ist. Mehr als meterhohe Tongefäße der Tiahuanaco-Kultur sind mythologisch bemalt: Oben ein Kondor mit Händen und Füßen und einer Krone auf dem Kopf als Symbol des Tages. Er hält im Schnabel eine Schnur, an der er drei Sonnenscheiben heraufzieht, klein-groß-klein, für die aufgehende, die mittägliche und die sinkende Sonne. Unten, unter den Horizont gedrückt, kauert der Puma als Symbol der Nacht. Ein Gegenstück zeigt den Kondor zusammengedrückt unter dem Horizont und oben den Puma mit der Mondscheibe in der Hand.

Leider haben wir viel zu wenig Zeit für diesen Besuch, denn nach einem Kellerlokalbesuch mit bolivianischer Musikdarbietung befördert uns Lloyd Aereo Boliviano mittags nach Lima, wo Loki mit dem wieder Überarbeitung demonstrierenden Botschafter entschwindet und wir uns im Country Club erst mal ausschlafen.

Tagebuch: Nach Manaus

Den folgenden Vormittag nutzen wir für unsere Notizen und für den Abschied von den Archäologen. Zum Mittag ist unser Weiterflug nach Manaus geplant. Es geht aber nicht mittags los, denn dem Air France Jumbo ist überm Atlantik in 12 km Höhe ein Fenster rausgeflogen. Er musste sofort auf 3000 m sinken und kam mit seinem letzten Treibstoff bis Caracas. Abends um 21.00 Uhr werden wir schließlich abgeholt, zunächst zum Botschafter, um Mitternacht zum Flughafen. Nach zweieinhalb Stunden Flug landen wir in Manaus, Ortszeit 3.00 Uhr. Der Internationale Flughafen „Eduardo Gomes" ist vor einem Jahr, am 31. März 1976 eröffnet worden. Der Botschafter empfängt uns, aber unser Gepäck ist unauffindbar. Der Sohn des Botschafters ist Gepäck-Checker bei Air France. Dickfeld und ein Varig-Manager veranstalten einen heißen Tanz, was geschehen wird, falls Frau Schmidt ohne Gepäck bleibt. Sie lassen alle Gepäckcontainer ausladen und finden unsere Koffer in einem Container nach Paris. Die eine Stunde Aufenthalt der Maschine mit dem Aus- und Einladen der Gepäckcontainer kostet 12.000 DM. Um 5.00 Uhr werden wir endlich zum Tropical Hotel Manaus gefahren, einer Luxusanlage der Varig mit 16 Suiten und 342 Zimmern.

Manaus liegt am linken östlichen Ufer des Rio Negro, elf Kilometer entfernt von dessen Mündung in den Rio Solimões, der ab hier, wie schon vor der brasilianischen Grenze, wieder Amazonas genannt wird. Manaus kennt man heute eher wegen des Teatro Amazonas und als touristischen Ausgangspunkt für Ausflüge in den sehr artenreichen, die Stadt umgebenden Urwald.

Nach kurzer Erfrischung besuchen wir das INPA-Institut (*Instituto Nacional de Pesquisas da Amazônia*). Hier unterhält die Max-Planck-Gesellschaft eine Außenstelle für Tropenökologie des Instituts für Limnologie in Plön. Aufgebaut wurde sie von Harald Sioli, der 1938 für 18 Monate in Brasilien zu forschen beabsichtigte, in den Kriegswirren dort festgehalten wurde, 1956 Gründungsdirektor des Plöner Instituts wurde und 1969, als die Max-Planck-Gesellschaft und der brasilianische Nationale Forschungsrat eine Kooperation am Manaus-Institut beschlossen, mit aller Kraft die ökologische Erforschung der Hylaea, der Regenwaldlandschaft Amazoniens, vorantrieb. Vorher hatten sich westliche Naturkundler im weitgehend menschenleeren größten Regenwaldgebiet der Erde nur als Sammler und Beschreiber betätigt. Harald Sioloi verdanken wir das wissenschaftliche Klassifikationssystem für die Amazonasflüsse („Weißwasser", „Schwarzwasser" und „Klarwasser") und die Erkenntnis, dass der Regenwald keine „grüne Lunge" ist, da er im Gleichgewicht des Wachstums genauso viel Sauerstoff verbraucht, wie er produziert.

Die energisch-temperamentvoll nette Bibliothekarin erklärt stolz, wie das INPA in den letzten vier Jahren effektiv und geschickt ausgebaut worden ist. Sie verwaltet 2700 Bücher, darunter beeindruckend viele alte Werke über Amazonien, sowie auf 5600 Mikrofilmen komplett die wichtigsten Zeitschriften. Am Institut arbeiten 230 Wissenschaftler, Briten, Amerikaner, Kolumbianer und Deutsche; mehr Deutsche wären willkommen. Zwei Studenten aus Hamburg werkeln an einem groß angelegten Fischereiprojekt. In großen Hängemattenbecken aus Tuch ziehen sie wertvolle Salmler auf, mit künstlichem Pellet-Futter, das sie im Fleischwolf herstellen und in Trockenschränken aufbewahren. In Swimmingpools wachsen die Fische dann weiter und sollen Staudämme und Warmwasserbecken von Kernkraftwerken bevölkern. Mit Anleihen bei der Weltbank soll Manaus Zentrum für tropische Fischzucht werden. Aber für mich bedrückend ist das geringe Interesse von Jungforschern an der Fischfauna insgesamt. Noch sind zirka ein Drittel der vorhandenen Arten unbekannt. Nicht alle vom Menschen nutzbar, aber viele wegen ihrer Umweltanpassungen wissenschaftlich wichtig, vor allem die Welse, die etwa 43 % der Fischarten ausmachen. Sie bewohnen alle erreichbaren Gewässerzonen, mit Riesenformen das Tiefwasser der großen Flüsse und schließlich, was mich seit meiner Grundfischzeit besonders begeistert, mit ziemlich verrückt gebauten Zwergformen die Wasserfälle der Bergregionen im Oberlauf. Die Wassertemperatur hier vor der Haustür beträgt fast immer 29 °C, günstig für die Fluss-Manatis (*Trichechus inunguis*), die mindestens 23 °C benötigen. Ein freundiches Demonstrationsexemplar lässt sich in einem der Swimmingpools streicheln. Sein Kopf ist dem der angeblichen Puma-Stele in La Paz recht ähnlich. Die Seekühe haben außer dem Menschen keine natürlichen Feinde. Indianer speeren sie und treiben ihnen Pflöcke in die Nase, sodass sie ersticken, da sie nicht durch den Mund atmen können. Sie werden gegessen. Ihr sehr festes Leder eignet sich gut für Treibriemen und Lassos.

Vor allem Loki zuliebe wird ein Waldrundgang unternommen in den *Bosque da Ciência* (Wald der Wissenschaft), einen 130.000 m² großen, dem INPA angeschlossenen Lehrwald. Es riecht und schallt wie üblich im Tropenwald. Metergroße Baumblätter poltern herunter. Irgendwohin fliegen stachellose Bienen. Sie sind für 90 % der Bestäubungen im Primärwald zuständig, im Sekundärwald gibt es sie nicht. Größeres Getier ist kaum zu sehen. Zweitausend Jahre lang haben Pxiuna-Indianer wilde Bäume auf größere Früchte und Samen gezüchtet. Den Zapote-Großfruchtbaum (*Matisia cordata*) will nun das Institut vermehren und verbreiten, gemäß dem Indianergrundsatz: „Was gut ist, muss man schützen und mit anderen teilen". Hier gibt es allein 513 Arten hoher Bäume. Wie schon in den Wäldern Malaysias und Borneos wirkt diese Vielfalt auf jeden Uneingeweihten verwirrend. Vom täglichen Regen ist es feuchtheiß. Das Wasser verdunstet zu 70 % gleich zurück in die Atmosphäre; 10 % verschwinden in unterirdischem Abfluss, nur 20 % kommen in die Bäche. Organisches Material von Tieren aus den Baumkronen wird an Stämmen heruntergewaschen und vom horizontalen Wurzelgeflecht aufgenommen, das hier dreimal so dicht ist wie in Wäldern gemäßigter Zonen.

Viele an den Rändern der Gewässer stehende Bäume haben Stelzwurzeln. Die Ankerwurzeln reichen selten tiefer als drei Meter in den Boden. Sie breiten sich vorwiegend horizontal aus, manche bis zu 15 m weit. Zehn Zentimeter unter der Oberfläche bilden sie ein feines Wurzelwerk. Menschenfeindlich, erklärt Ernst Fittkau, ist nicht die „grüne Hölle", sondern die geochemische Verarmung der amazonischen Landschaft durch dauerhaft feuchttropisches Klima während langer geologischer Zeiträume. Der Wald hier lebt nicht aus dem Boden, sondern steht nur auf ihm. Der paradoxe üppigste Wald auf extrem nährstoffarmem Boden existiert durch einen geschlossenen, ständig wiederholten Kreislauf derselben Nährstoffe durch die unzähligen Mikroben, Pflanzen und Tiere. Was in den durch Laubkronen abgedunkelten Bächen fliesst, ist schwach angereichertes Regenwasser. Es gibt daher kaum Plankton für erwachsene Fische. Sie weiden in überschwemmten Wiesen und Wäldern und lutschen Pilzschleimschichten von Blättern ab. Viele fressen Früchte und verbreiten deren Samen, zum Beispiel der über einen Meter lange und 30 kg schwere Mühlsteinsalmler, der Schwarze Paku (*Colossoma macropum*). Er frisst vor allem die großen Früchte des *Hevea*-Kautschukbaumes, die ihn anlocken, wo sie ins Wasser platschen, und kann mit seinem Gebiss sogar deren hartschalige, fingerhutgroße Samen knacken. Viele unverdaute scheidet er nach 200 h irgendwo aus. Ebenso trägt ein Dornwels (*Ptedoras granulosus*) Samen über 100 h im Bauch und scheidet die unverdauten dann wieder aus. Nun schwimmen viele Fische zum Laichen weite Strecken stromaufwärts, sodass ihre Larven nicht Generation für Generation immer weiter meerwärts geschwemmt werden. Dasselbe gilt für Pflanzen, die von der stromaufwärts gerichteten Langstrecken-Samenverbreitung profitieren, etwa der Ymbahuba-Baum (*Cecropia*), der uns als Beispiel für ökologische Vernetzung vorgeführt wird. Er heißt auch Ameisenbaum, denn seine Blattansätze und hohlen Stängel sind von *Azteca*-Ameisen besiedelt. An der Unterseite der Blattansätze finden sie protein- und fetthaltige Fresskörperchen, die der Baum als Gegenleistung anbietet, da die *Azteca*-Ameisen ihn vor Kletterpflanzen und Epiphyten schützen und Blattschneider-Ameisen (*Atta*) vertreiben. Allerdings halten sich die *Azteca*-Ameisen am Baum Kolonien von saftsaugenden Napfschildläusen (Coccidae), deren Honigtau sie einsammeln. Die großen, handförmig gelappten Blätter des *Cecropia*-Baums sind derb, nährstoffarm und schwer verdaulich, werden aber dennoch von Raupen des schön gemusterten Riesenseidenspinners (*Hyalophora cecropia*) gefressen sowie von Dreizehenfaultieren, die wir noch besuchen werden. Müdigkeit hindert uns daran, uns noch weitere Einzelvorhaben dieser Landforschungsstelle erläutern zu lassen. Es soll in der Region um Manaus zwischen fünf und zehn Millionen Arten von Lebewesen geben.

Tagebuch: Rio Negro

Kaum dass wir am folgenden Morgen hinter dem Hotel einen Blick werfen können auf einige menschengewohnte Nasenbären, Affen und Papageien, da werden wir schon zum Hafen abgeholt. Nicht zum gut ausgebauten Hochseehafen, den Kreuzfahrtschiffe den Amazonas hinaufkommend erreichen können – der Fluss ist hier 100 m tief und bis drei Kilometer breit –, sondern zum kleinen Hafen für Amazonasboote. Zwischen zum Teil recht improvisiert wirkenden Anlegestellen liegt ziemlich viel Holz- und Plastikzeug. Über einen schmalen Steg balancieren wir auf ein vornehmes Boot der Varig. Es ist zwar recht geräumig, aber mit an Bord sind außer der Mannschaft ein Vertreter der Varig, ein Fremdenführer, zwei Köche, eine Stewardess und zwei Mann von der brasilianischen Sicherheit; somit wird es etwas eng. Neben den Kabinchen hängen überall Hängematten.

Herr Dickfeld hat mit der Varig ein ausgiebiges Reiseprogramm geplant, um Loki an zahlreiche Orchideenorte zu führen. Zunächst geht es etwa eine Stunde stromabwärts auf dem Solimões bis zur Einmündung des Rio Negro. Am Zusammenfluss ist das Wasser mehrere Kilometer breit und bietet ein ganz besonderes Schauspiel, das „Encontro das Águas". Die Wassermassen des Solimões sind von mitgeführten Tonen, Sanden und anderen Schwebstoffen milchig gelblich gefärbt. Das Wasser des Rio Negro ist durchsichtig, weil es kein Geschwebe enthält, und erscheint wegen seines hohen Gehaltes an Huminsäuren braunschwarz. Da sich die Temperatur der beiden Flüsse um fast 10 °C unterscheidet, vermischen sich Weißwasser und Schwarzwasser nur schwer und fließen vorerst bis zu 20 km im selben Flussbett nebeneinander her.

Wir biegen in den Rio Negro ein. Die Ufer sind dicht und dreißig Meter hoch bewaldet. Noch höher ragen die Kronen des Macucú (*Aldinia latifolia*), gestützt von riesigen Brettwurzeln. Im Uferbereich stehen schlanke, hohe Carana-Palmen (*Mauritia carana*). Der Wald auf den Várzea-Flächen am Unterlauf des Rio Negro ist ökologisch besonders spannend. Er wird vom jahreszeitlich schwankenden Wasserspiegel regelmäßig bis zu 250 Tage pro Jahr überflutet. Dann stehen die Bäume neun Meter tief im

Wasser, und zwischen ihren Stämmen schwimmen Fische und Flussdelphine. „Igapó" (Wald im stehenden Wasser) nennen die Tupi Guarani den Überschwemmungswald. Er formt entlang der nährstoffarmen Schwarzwasserflüsse so etwas wie riesige Auwälder. Infolge der lang anhaltenden Überschwemmungen fehlt hier eine Krautschicht; den Boden bedecken Gräser, Sauergräser und viele Farne. Im nährstoffarmen Wasser gibt es kaum Mückenlarven, also gibt es auch keine Mücken und praktisch keine Malaria. Ufernah ist das Wasser bedeckt von riesengroßen schwimmenden Blättern und mächtigen weißen, am Grunde rosa angehauchten Seerosenblüten (*Nymphaea rudgeana*).

Das Varig-Boot bietet Fußbodenteppich, ist aber seitlich geschlossen und hat nur Fenster zum Rausschauen. Solange, bis von draußen etwas gemeldet wird, spielen Loki, Dickfeld und Warnholz Skat und genießen Rotwein. Für ökologische Fragen an ausgesuchten Orten folgt uns ein kleines Fischerei- und Arbeitsboot vom INPA-Institut mit Harald Sioli und Wolfgang Junk. Uta und ich steigen bald zu ihnen um und beziehen eine kleine Kabine unter Deck. Das INPA-Boot ist seitlich offen, und wir sitzen tagsüber oben im Wind an einem großen Arbeitstisch als Ausguckplatz.

Grünrückige Amazonasfischer (*Chloroceryle amazona*) starren von überhängenen Ästen andächtig ins Wasser, stürzen sich hinein, sobald ein Beutefisch der Oberfläche zu nahe kommt, und tragen ihn zu ihren langen Niströhren in der Uferböschung. In größeren Böschungslöchern, jetzt ebenfalls über der Wasserlinie gelegen, haben Welse gehaust. Langsam fahren wir durch die Igapós. An toten Bäumen hängen fußballgroße Süßwasserschwämme mehrere Meter über dem Wasser. Der Wasserstand schwankt hier um 14 m; Ende Juni liegt er mindestens vier Meter höher als jetzt, Ende November fünf Meter tiefer. In Überschwemmungsbächen sehen wir ab und zu Grüppchen von Beilbauchsalmlern (*Gasteropelecus sternicla*) aus dem Wasser springen, mitunter meterhoch ohne Anlauf. Sie fressen nur von der Wasseroberfläche und werden dabei selber von drunten lauernden Räubern bedroht. Mehrere Piranha-Arten zum Beispiel sind spezialisiert aufs Abbeißen von Fischschwänzen.

Mittags beschließen wir ein Bad im 28 °C warmen Schwarzwasser. Es wird uns geraten, nicht ohne Badehose ins Wasser zu gehen; nicht weil es unschicklich wäre, sondern weil es gefährlich ist. Zwar sei die Wahrscheinlichkeit, dass etwas passiert, gering, die Folge aber wäre umso unangenehmer. Die Gefahr, vor der gewarnt wird, rührt her von kleinen, bleistiftdünnen, glasig-durchsichtigen Welsarten, die sich ufernah im Schlamm aufhalten. Von da aus schwimmen sie überfallartig große Fische an, dringen von außen unter deren Kiemendeckel in die Kiemenhöhle, zerbeißen zarte Kiemenblättchen, trinken Blut und verlassen nach wenigen Minuten das Opfer wieder. Diese kleinen Vampirwelse sind bekannt unter dem Namen „candiru". Am bekanntesten wurde die Art *Urinophilus diabolicus*, deren lateinischer Name die Gefahr beschreibt, die von ihr ausgeht. Diese Tierchen können nämlich unter Wasser auch in Körperöffnungen von Säugetieren und Menschen eindringen, am ehesten in die weibliche Vagina, weniger leicht in einen Penis. Immerhin heißt eine Art wohl nicht zu Unrecht „Harnröhrenwels" (*Tridensimilis brevis*). Drinnen verspreizen sie sich mit ihren Kiemendeckelstacheln und müssen chirurgisch entfernt werden. Ob sie durch Urinspuren angelockt werden, ist strittig. Angeblich fürchten sich die Eingeborenen mehr vor Candiru-Welsen als vor Piranhas.

Tagebuch: Zu den Faultieren

Um Tierstimmen zu hören oder die Stille zu genießen, entfernen wir uns vom Varig-Boot, das die ganze Nacht hindurch einen Generator laufen lässt. „Unser" Gewässer mäandert stark und gabelt sich ständig. Gut, dass der Bootsführer sich auskennt. Bugwellen, die wir durch den Wald vorausschicken, treffen wir nach einer Biegung wieder. Ibisreiher (*Mesembriculus cayennensis*) stehen auf untergetauchtem Gezweig. Von einem toten Baumstamm guckt uns ein herrlich rotschopfiger *Campephilus*-Specht nach. Ein Test-Tauchnetz fängt einen großen Süßwasser-Umberfisch (*Plagioscion squamosissimus*) und wenige zwanzig Zentimeter lange Dornwelse (*Platydoras armatulus*), die mit ihren hart gezähnten, starr aufgespreizten Brustflossenstacheln in den Netzmaschen verhakt sind und sich nur mühsam wieder befreien lassen. Man nennt sie auch sprechende Welse, weil ein vom Hinterkopf zur Schwimmblase ziehender Muskel durch rasche Kontraktionen knarrende Resonanzgeräusche in der gasgefüllten Blase erzeugt. Abends, als wir ankern, beobachten wir Nachtschwalben überm Wasser, während uns die Kollegen schildern, was passiert, wenn jährlich das Wasser steigt: Dann steigt auch alles wasserscheue Bodengetier – Ameisen, Termiten, Spinnen, Tausendfüßer, Asseln – hoch in die Bäume. Dort gibt es dann Mord und Totschlag. Die Überlebenden besiedeln, wenn das Wasser wieder abgesunken ist, den Boden neu. Faultiere andererseits, auf die ich besonders gespannt bin, nutzen das Wasser, um als gute Schwimmer von einer Baumkrone zur nächsten zu gelangen.

Am folgenden Morgen liegt malerischer Morgennebel über ganz ruhigem, spiegelndem Igapó-Wasser. Nachtschwalben jagen schon wieder (oder noch immer?) um das überschwemmte Gebüsch, meiden aber die großen, zwischen ihnen fliegenden Libellen. Ein Tukan hockt fast über uns. Im Wasser sind Flaggenbuntbarsche (*Cichlasoma festivum*) zu erkennen. Beim Weiterfahren kreuzen unsere Bahn mehrere grauweiße Flussdelphine (*Inia geoffroyensis*). „Butu" heißt das Tier mit der schnabelartig langen Schnauze. Der Volkslegende nach verwandelt es sich nachts in einen schönen Jüngling, besucht Indio-Feste und schwängert Mädchen – eine poetische Ausrede für manche Schwangerschaft.

Etwa alle halbe Stunde sieht man hoch oben am Ufer ein Haus. Dort auf der *terra firma* gibt es kaum tote Bäume, und auf dem bewachsenen Uferrand liegt stellenweise sogar trockenes Laub. Nach fünf Stunden Fahrt winkt vom Ufer einer Lichtung eine schlanke, blonde Europäerin, Heidi Mosbacher. Ihretwegen sind wir hier. Sie hat uns natürlich längst kommen gehört. Wir springen ans lehmige Ufer und folgen ihr nach herzlicher Begrüßung in ihr einfaches Holzhaus. Mit einer Indianerfamilie als Nachbarn hat die geborene Münchnerin sich hier am Rio Cuieiras, einem Nebenfluss des Rio Negro, etwa 100 km Luftlinie von Manaus entfernt, schlicht und wohnlich eingerichtet und lebt seit langem als Einsiedlerin mit einer Gruppe von Dreizehen-Faultieren (*Bradypus tridactylus*), an die sie wohl ihr Herz verloren hat. Jedenfalls hatten es ihr diese eigentümlichen Tiere besonders angetan, während sie drei Jahre lang, finanziert von der Deutschen Gesellschaft für Technische Zusammenarbeit (GTZ), als Technische Assistentin in Manaus bei der EMBRAPA (Empresa Brasileira de Pesquisa Agropecuária; The Brazilian Agricultural Research Corporation) angestellt war. Mit einem gefällten Baum landete immer wieder unversehens ein Ai auf dem Erdboden. Einige setzte Heidi anderswo wieder aus, andere nahm sie in ihre mütterliche Obhut und begann ihr Verhalten zu beobachten, mit wachsender Neugier und beachtlichem Erfolg.

Ihre Faultiere sind zwar völlig unängstlich, erklärt Heidi, erschrecken aber vor jedem unbekannten Geräusch; also schleichen wir ihr nach, an einigen Außengehegen vorbei ins Haus. Eins der Faultiere liegt bäuchlings mit ausgestreckten Armen und Beinen auf ihrem Bett. Abgeteilt hinter Zaungittern klettern weitere auf Zweigen oder hocken in einer Astgabelung, die Mütter Betula und Merita je mit ihren Töchtern Buriti und Miope. Susi und Urso sind miteinander beschäftigt, sie leckt seine Schnauze, vielleicht als Aufforderung zur Paarung. Seda und Pinho haben sich heut morgen gepaart und halten sich noch umarmt. Heidi hat in ihren Gehegen am und im Haus 70 Individuen beobachtet, einige mittlerweile sechs Jahre lang. In dieser Zeit wurden sieben Junge geboren, je nach einer Tragzeit von im Mittel 330 Tagen. Ihr Wachstum und das Mutter-Kind-Verhalten sind genau dokumentiert. Das Junge beginnt schon nach wenigen Tagen Fresssaft vom Mundumfeld der Mutter zu lecken und lernt dabei die übliche Nahrung kennen. Normalerweise sind das Blätter von bestimmten Bäumen, vor allem von *Cecropia*, auf den diese Tiere so stark spezialisiert sind, dass sie ohne ihn nicht überleben. Deshalb sieht man sie kaum je in einem Zoo. Heidi hat aber eine (an Baby-nahrung erinnernde) Ersatzkost erfunden, mit der sie Junge aufzieht und Erwachsene jahrelang gesund erhält, sofern sie ihnen pro Tag mindestens drei etwa 20 cm lange *Cecropia*-Blattteile bietet. Trotz der Tiere im Haus ist auch der Fuß-boden überall blitzsauber. Faultiere trinken nicht, erklärt Heidi, und koten nur etwa alle drei Tage, manche nur ein-mal pro Woche und nie auf Holzfußboden. Im Freien, statt die Exkremente einfach von oben fallen zu lassen, klettern die Tiere dazu wunderlicherweise herab auf den Boden, hal-ten sich mit den Armen an einem Stamm fest und schau-feln mit dem Stummelschwanz eine Grube in die Erde, in die hinein sie zuerst urinieren und dann die kleinen, har-ten Kotkügelchen absetzen. Im Freien würden bei der Ge-legenheit weibliche Zünslermotten (*Bradipodicola hahneli*) aus dem Faultierfell auf den Kot umsteigen und dort ihre Eier legen. Die Larven ernähren sich vom Kot, verpuppen sich dort, und die schlüpfenden Motten suchen sich wieder ein Faultier. Dort leben sie von Blaugrünalgen, die in den Haarzotteln des Faultieres gedeihen. Andere Zünslermot-ten kenne ich aus Afrika, wo sie an den Augen von Elefan-ten und Horntieren Tränenflüssigkeit aufnehmen.

Im Faultierfell hausen normalerweise neben Milben, Läusen, Zecken und Fliegen auch Mengen von Kleinstkä-fern, deren Larven sich auf die gleiche Weise im Faultierkot entwickeln. Es ist eine beachtliche Arthropoden-Gesell-schaft, die sich auf Faultiere und ihren Dung spezialisiert hat. Heidis Zimmertiere allerdings sind inzwischen frei von derlei Parasiten. Zu gegebenen Zeiten nimmt Heidi jedes einzelne Tier an den Händen, trägt es so hängend zum „Ab-halten" nach draußen und setzt es mit dem Hinterende auf weichen Boden oder in eine Wasserlache, wo es sich sofort entleert.

Ich hatte gehofft, von Heidi etwas über die Bedeutung der rätselhaften Rückenmarkierung erwachsener Männchen zu erfahren. Etwa in Schulterblatthöhe haben sie, wenn voll ausgebildet, zwei nierenähnliche, weiß umrandete Flecke in einem kräftig orangefarbenen Feld. In Größe und Form ist dieses „Wappenschild" individuell verschieden, wie auch die Gesichtszeichnung, aber noch nie hat jemand beobachtet, auch Heidi nicht, dass die allgemein schlecht sehenden Tiere irgendwie darauf Bezug nehmen. Sie sah, dass der Rückenfleck sich mit beginnender Geschlechtsreife im zweiten bis dritten Lebensjahr im Kurzhaar herausbildet; das überall am Körper darüberliegende Deckhaar fehlt an dieser Stelle. Die Orangefärbung, ein deutlich riechendes Drüsensekret, lässt sich zunächst noch abwaschen, später nicht mehr. Aber weder Männchen noch Weibchen scheinen darauf zu achten oder daran zu schnuppern. Paarungswillige Weibchen, die zwei bis drei Tage lang mit lauten Rufen Männchen anlocken, kümmern sich um deren Wappenschild ebenso wenig wie rivalisierende Männchen untereinander.

Etwas abseits im „Wohnraum" hängt auch ein Unau, ein Zweizehenfaultier (*Choloepus didactylus*), und ich sehe zum ersten Mal die beiden Arten, Ai und Unau, nebeneinander. Sie sind durchaus nicht so nahe verwandt, wie man meinen möchte. Außer in der Anatomie, etwa der namengebenden Fingerzahl und der Anzahl der Halswirbel, unterscheiden sie sich im Verhalten. Heidi zählt auf: Das Ai benutzt zum Fellkämmen nur die Vordergliedmaßen, das mehr als doppelt so große Unau kratzt sich auch mit der Hinterpfote. Das Ai klettert vor- und rückwärts an Ästen und am Stamm auf- und abwärts, das Unau bewegt sich nur kopfvoran, auch stammabwärts. Das Unau hat keinen weichen Unterpelz, liebt es, im Regen umherzuklettern und stellt, wenn wütend, die Haare auf; das Ai nicht. Bei Störung wird das Unau schnell aggressiv und kann mit seinen vier Eckzähnen (das Ai hat keine) böse Wunden hinterlassen. Bei großer Hitze ist die Schnauze des Ai trocken, die des Unau feucht mit Schweißperlen.

Ich möchte, dass Heidi ihre detaillierten Beobachtungen vervollständigt und veröffentlicht und bespreche mit ihr, dass wir sie über Wolfgang Junk am INPA-Institut mit einer Fotokamera versorgen, ein Stipendium beschaffen und sie zum Zusammenschreiben für eine Zeit nach Seewiesen holen. Das geschah auch: Im Winter 1980 hat sie bei uns einen ersten Teil ihrer Befunde ordentlich aufgeschrieben. Nach ihrer Rückkehr an den Cuieiras ist dann aber der Kontakt im August 1983 abgebrochen. Herr Junk meldet, dass sie sich etwas weltfremd nicht weiter um ihr längst verfallenes Visum gekümmert hat, vielleicht auch keinen gültigen Pass besitzt und für ihn verschwunden ist, unbekannt wohin.

Am Nachmittag dann verabschieden wir uns von Heidi Mosbacher und ihren Faultieren und fahren zum Treffpunkt, der mit dem Varig-Boot ausgemacht ist. Aber es taucht bis zur Dunkelheit nicht auf. Also bleiben wir auf dem INPA-Boot und erleben eine schwül-heiße Nacht im Kabinenbett. Kurz nach 6 Uhr am Morgen nähern sich Varigs vorsichtig; ihr Kapitän hatte irgendwo in der Nähe angehalten. Wir trennen uns erneut und starten zu einer zoologischen Igapós-Exkursion.

Tagebuch: Durch die Igapós

Es wird ein weitgehend ornithologischer Ausflug. Dicht am Ufer auf Schwimmblättern spazieren viele oberseits kastanienbraune Rotstirn-Blatthühnchen (*Jacana jacana*), deren gelber Schnabel in einen roten Kopfschild übergeht. Durch den Blatt-Teppich schwimmen Moschusenten (*Cairina moschata*) mit unbefiedertem Gesicht, die Stammform unserer Haustier-Türkenente. Über ihnen im Gezweig sitzt dunkel schiefergrau eine Hakenweihe (*Helicolestes hamatus*). Ihr dünner, sehr langer und sichelförmig gebogener Oberschnabel dient dazu, große Apfelschnecken (*Ampullaria*) aus ihren Gehäusen zu holen. Wie zum Beweis lässt der Vogel gerade ein solches Schneckenhaus herunterfallen. Mangrovereiher (*Butorides striata*) stehen einzeln, regungslos den Kopf zwischen die Schulter gezogen, lauern sie auf fressbares Wassergetier. Mit graugrünem Gefieder, heller Bauchseite und schwarzer Kopfkappe ähneln sie stark dem Lavareiher (*Butorides sundevalli*), den wir vor zwei Jahren auf Galápagos gesehen haben. Zwischen Baumkronen haben zwei Arten von Dornspinnen ihre Netze ausgespannt.

Wir kurven durch kanalartige Wasserarme. In einem dichten Gebüsch hängen die meterlangen Nester des gelbschwänzigen Streifentrupials (*Icterus mesomelas*). Und noch ein anderer Schneckenfrresser kommt in Sicht: Ein Schneckenmilan (*Rostrhamus sociabilis*) hält eine *Ampullaria*-Schnecke im Fuß und bearbeitet sie mit dem spitz zulaufenden, schmalen Oberschnabel, der sich sichelförmig über den Unterschnabel krümmt, ein noch deutlicherer Hakenschnabel als beim Hakenweih. Unter dem dunkel blaugrauen Federkleid leuchten lange, orangerote Beine. Ein Schneckenhaus-Haufen am Boden kennzeichnet seinen Fressplatz. Wieder sehen wir Amazonas-Eisvögel ins Wasser starren. Hoch über ihnen sitzt ein prächtiger weißköpfiger Fischbussard (*Busarellus nigricollis*); sein zimtbrauner Federmantel leuchtet in der Sonne.

Mittags schwimmen wir an einen nahen Strand mit Pseudomangroven-Bewuchs. Vor uns flüchten, von Baum zu Baum springend, einige Leguane. Ins schützende Geäst der Ufervegetation verschwindet flink ein schwarz-weiß-rotbraun gemusterter Vogelrücken, zwar nur ganz kurz sichtbar, aber unverkennbar zu einer Sonnenralle (*Eurypyga helias*) gehörend. Neugierig beschaut uns ein Paar Venezuela-Amazonen (*Amazona amazonica*), grün mit gelben Wangen. Im Schilfgraswald-Rand tummelt sich ein Trupp gelbbauchiger Fliegenschnäpper (*Myiozetetes similis*). Beim Schwimmen habe ich vor mir auf Augenhöhe lauter Aquarienpflanzen, *Azolla*-Algenfarne, *Marsilea*-Kleefarne, *Salvinia*-Schwimmfarne, *Ceratopteris*-Saumfarne mit besonders feingliedrigen dreilappigen Blättern, sehe Wassermimosen (*Neptunia oleracea*) und blaublühendes Hechtkraut (*Pontederia*) mit langen Unterwasser-Wurzelbärten. Ich erinnere mich plötzlich an den körpergewaltigen und gar nicht blassen Herrn Blass, von dem wir diese Wasserpflanzen in den Anfangsjahren Seewiesens für die Lorenz'schen Aquarien holten. Allerdings ein Sumpf-Heusenkraut (*Ludwigia*) mit geldstückgroßen, blaugrünen Schwimmblättern und, neben den kleinen Wurzeln, voll ausgebildeten styroporweißen Zäpfchen als Atemwurzel-Aerenchym habe ich so im Aquarium nie gesehen. Am Ufer fallen viele Löcher am Fuß großer Bäume auf, jedes bewohnt von einer dämmerungs- und nachtaktiven Geißelspinne (*Admetus pumilio*); zu sehen ist aber nur eine, die an einem Stamm sitzt und ihren vier Zentimeter langen Rumpf mit den gewaltig verlängerten vorderen Tastbeinen zur Schau stellt.

Mit dem Boot auf Seen durch überschwemmte Wälder und Wiesen zu fahren, ist auf besondere Weise faszinierend. Ziemlich versteckt zwischen Blättern ist ein Hoatzin oder Zigeunerhuhn (*Opisthocomus hoazin*) zu entdecken, ein Vogel der schon als Küken zum Klettern im Gezweig die merkwürdigen Krallen am zweiten und dritten Finger im Flügel benutzt. So stellt man sich die „Vierfüßigkeit" des Urvogels *Archaeopterix* vor. Auf einer Landinsel schreiten hochbeinig große Hornwehrvögel (*Anhima cornuta*) am Boden. Ihr Name bezieht sich auf den langen Hornsporn auf dem Kopf. Eine Baumkrone am Ende der Insel ist bevölkert von schwarzen, langschwänzigen Riefenschnabelanis (*Crotophaga sulcirostris*). Mehrere Flussdelphine schwimmen vorbei.

Im Überschwemmungsgebiet gibt es quadratkilometergroße Inseln, die mitsamt ihren Bewohnern ganz langsam stromabwärts treiben. Am Rand einer Insel stehen Hütten auf Pfählen, Kinder spielen, Frauen waschen am Ufer, in einigen Hütten brennt Herdfeuer. Es wird dunkel. Wir hören das gemischte Konzert von vielen Fröschen und Grillen. Ein ganzes Waldstück blinkt und funkelt in verschiedenen Glühwürmchen-Rhythmen, und statt der Vögel fliegen jetzt Hunderte von Fledermäusen übers Wasser. Unser Kapitän steuert mit der rechten Hand das Ruder, mit der linken einen Scheinwerfer auf dem Kajütendach. Wir fahren noch lange, leuchten und lauschen und schnuppern ins Dunkle. Streckenweise ist starker Pilzgeruch wahrnehmbar. Schließlich macht der Kapitän das Boot am Ufer fest.

Um vier Uhr in der Nacht tropft uns Wasser aufs Bett. Ein gewaltiger Sturm hat das Boot losgerissen und treibt es ab. Bäume fallen um. Regen fällt in Sturzbächen vom Himmel. Grelle Blitze folgen einander ohne Pause, untermalt von beständigem Krachen und Grollen des Tropengewitters. So geht es über eine Stunde lang. Selbst Sioli kann sich nicht erinnern, je ein solches Unwetter erlebt zu haben. Das Gewitter hört schließlich auf, der Regen nicht.

Wir beginnen die Heimfahrt und bestaunen entlang des Kanals eine wie vom Unwetter aktivierte Vogelwelt. Anhimas sitzen auf toten Bäumen oder zeigen im Flug ihre braunschwarz-weiße Zeichnung. Ein Hoatzin ist beim Blattfrühstück; auch er frisst *Cecropia*-Blätter, wie das Ai. Gruppen von Jacanas und Anis sind nahrungssuchend unterwegs. Überall stehen große und kleine Reiher im Flachwasser. Zwei Amazonen klettern im Ufergebüsch und schaukeln dabei vor und zurück wie beunruhigte Chamäleons. Stellenweise liegt schwerer Blütengeruch in der Luft. Delphine tauchen neben dem Boot auf und wieder ab. Fische sind im vom Regen lehmbraun gewordenen Wasser nicht zu sehen. Dennoch sturztauchen die gelbgeschnäbelten Amazonas-Seeschwalben (*Sterna superciliaris*) blind dort, wo sie eine Bewegung der Oberfläche erspähen. Genauso fangen die Indios auch den großen Pirarucú (*Arapaima gigas*): Das Männchen hält sich nämlich dicht hinter dem Schwarm seiner Jungen auf, und die kräuseln beim Fressen und Luftschnappen die Oberfläche.

Nach etwa 80 min kommen wir aus dem Kanal auf den Amazonas. Es regnet immer noch stark, ein Ufer ist kaum zu erkennen, das Wasser ist eine riesige braune Brühe. Wir holen ein Netz ein, das der Kapitän nachts ausgestellt hatte. Es enthält vornehmlich mittelgroße Welse und verschiedene Salmler, darunter einen räuberischen Säbelzahnsalmler

(*Hydrolycus*), dessen starke Unterkieferzähne schon die Taschen im Oberkiefer durchstoßen und oben außen sichtbar sind. Wir finden auch zwei Vertreter der Messerfische (Gymnotidae), die elektrische Signale aussenden und so vom gefräßigen Zitteraal besonders leicht zu orten sind. Nach insgesamt sechs Stunden Fahrt kommen wir im Hotel Tropical Manaus an.

Tagebuch: Noch einmal INPA

Der nächste Tag (1. April, ein Sonntag) gilt einem großen Primärwaldgelände im Inpa Reservat Ducke. Es ist im Innern unverändert belassen, muss aber an den Rändern ständig gegen Brandsiedler verteidigt werden. Am Boden gibt es, wie in Malaysia, viele Lehmtürmchen von ausschlüpfenden Zikaden; der Lehm ist sehr weich und zerfällt in der Hand. Wie im Wald üblich, sind viele Vögel zu hören, aber selbst große Anis sind kaum zu sehen. Handgroße *Morpho*-Schmetterlinge fliegen in ihrer typischen Weise wie zum Spaß in Schlangenlinien über Lichtungen. Ein blauer schimmert dabei je nach Lichteinfall abwechselnd dunkelblau, violett, hellblau – vermutlich eine besondere Form sozialen Signalisierens. In einer Regenpfütze tummeln sich Kaulquäppchen; die Pfütze ist schon recht klein, sie müssen sich mit der Entwicklung sputen. In einer Stromschnelle im Bach entdecke ich Harnischwelse (*Loricaria*), darunter einen Nadelwels (*Farlowella*). Ein umgestürzter Baum demonstriert seine dichten Flachwurzeln in der ganz dünnen Humusschicht über glitschigem Mergel-Lehm. Im Wurzelloch steht das Grundwasser. Wie für Loki vorbereitet, sind von den 2300 hier vorkommenden Orchideen wenigstens einige besondere zu sehen. Eine *Polyanthes*-Blüte zeigt ihre wassergefüllte „Taufbecken"-Lippe. Wir sehen Euglossinen-Männchen, die an der Blüte Duftgewebe abkratzen, es an den Hinterbeinen höseln, 20 bis 30 cm weit wegtragen und wiederkommen. Manchmal rutscht eins auf der glatten Lippe ins „Taufbecken" und kann nur an einer Stelle wieder herauskommen, an der ihm Pollinien aufgeladen werden. Ähnliches Duftgewebe gibt es auch an *Catasetum*-Blüten. Die Bienenmännchen markieren mit diesen Fremddüften ihre Reviere. Eine langgestielte *Oncidium*-Blüte sieht wie eine Wespe aus, wird von revierverteidigenden Wespen attackiert und hängt denen dabei die Pollinien an, die dann zur Bestäubung der nächsten, zum Angriff lockenden Blüte befördert werden. Man zeigt uns weiße, nachts von Nachtfaltern besuchte und bunte, tagsüber von Kolibris besuchte Orchideen.

Nach einem Mittagessen mit Arapaima-Braten folgen bis zum Abend wissenschaftliche und politische Besprechungen und Diskussionen mit Institutsmitarbeitern. Das wird mit Pläneschmieden am nächsten Vormittag fortgesetzt. Um 14.30 Uhr ist Abflug von Manaus mit der Varig nach Brasilia, wo wir zweieinhalb Stunden später an- und im Hotel National nahezu fürstlich unterkommen. Zum Abendessen lädt Botschafter Jörg Kastl ein.

6
Die Reise des Bundeskanzlers

Tagebuch: Brasilia

Aus der Luft, und eigentlich nur von dort erkennbar, hatten wir den Umriss Brasilias in Form eines Flugzeugs gesehen. Eine Rundfahrt am nächsten Morgen zeigt uns die von Oscar Niemayer architektonisch genialisch konzipierte Stadt aus der Nähe, ihre startbahnbreiten Straßen in der „monumentalen Achse", die gewaltigen Ministerienbauten mit scheußlich unordentlichen, grüngestreiften Fenstergardinen, die Kongresshalle. Und die berühmte kreisrunde Kathedrale: Über den Erdboden ragt nur die von einem Wasserring umgebene Dornenkronen-Kuppel aus Glas, gehalten von 16 identisch hyperbolisch geschwungenen Betonsäulen. Der halbe Bau mit einem Durchmesser von 70 m steckt in der Erde. Der Innenraum wirkt auf mich weniger harmonisch als die São Sebastião-Kathedrale in Rio, eher merkwürdig protzig-kahl. Der Innenfußboden aus fast weißem Marmor ist sehr hell, bestuhlt mit Gartenstühlchen. Er geht elegant als Hohlkehle in den Wandansatz über, aber dieser hochgerundete Bereich ist abgesperrt, weil er sich als zu gefährlich für Fußgänger erwiesen hat. Oben in der Kuppel „fliegen" drei Engel. Anstelle eines Seitenschiffes erhebt sich in Form einer senkrecht stehenden Käseschachtel ein marmorner Andenken-Verkaufsstand. Dieser ganze, sehr moderne Kirchenbau erinnert mich aus irgendeinem Grund an das vergleichsweise gemütliche Kirchlein von Le Corbusier in Ronchamp. Vor der Kathedrale liegt ein flach-runder Betonklotz von 20 m Durchmesser als Brotsymbol. Frei stehen der spitz zulaufende Glockenturm und Statuen der vier Evangelisten, Johannes neben der Dreierreihe der Synoptiker.

Ein kurzer Blick ist uns auch gestattet in die Don-Bosco-Kirche. Außen sieht man eine Reihe hoher, schmaler Fenster, ganz in Blau mit weißen Sternchenflecken – drinnen soll man sich wie im Himmel fühlen. Don Bosco, der 1815–1888 in Italien lebte und den Salesianer-Orden gründete, soll in einem seiner prophetischen Träume als Zahlenreihe die Koordinaten für Brasilia gesehen haben; aus wassertechnischen Gründen steht die Stadt aber 30 km neben dem Don-Bosco-Punkt.

Nach einem für 45 min geplanten, aber über 2 h dauernden Mittagessen in der Botschaft verabschiedet sich Herr Dickfeld von dieser Reise, und wir werden hastig zum Militärflugplatz befördert. Die Kanzlermaschine der Bundeswehr (Nr. 1001) ist zu früh und hat zu wenig Sprit zum Kreisen. Ab jetzt klinken wir ein in eine uns ungewohnte Form des Reisens, vollständig bestimmt von hochrangiger Politik.

Tagebuch: Politik

Rund 50 Personen gehören zur Delegation des Kanzlers, zwanzig Herren und eine Dame als Vertreter von Presse, Rundfunk und Fernsehen, dazu sechs deutsche Sicherheitsbeamte, unter ihnen Ernst-Otto Heuer, der mit uns auf Galápagos war. Um jedes Durcheinander zu vermeiden, hatte das Protokoll zusammen mit den deutschen Vertretungen vor Ort für jede offizielle Begrüßung und Verabschiedung und für die wichtigsten Empfänge den genauen Szenenaufbau und die Szenenabfolge ausgeklügelt. Wir haben, wie alle Delegationsmitglieder, eine Broschüre im Taschenformat bekommen, in der die peniblen Regieanweisungen verzeichnet sind. Lageplanskizzen zeigen, wer im Flughafengelände oder im Präsidentenpalast wo stehen und sich wohin weiterbegeben muss.

Nun also sind wir Vorgereisten, jeder versehen mit der offiziellen Sicherheitsplakette, am roten Teppich aufgereiht, neben brasilianischem und deutschem Botschaftspersonal. Loki gesellt sich zu ihrem Mann, und das Empfangszeremoniell mit Großem Protokoll hebt plangenau an: „Die Journalisten verlassen das Flugzeug als erste über die hintere Gangway. Sie werden um das Flugzeug herum zu dem für die Presse vorgesehenen Standplatz geführt. Der Herr Bundeskanzler wird am Fuß der vorderen Flugzeugtreppe (Position 1) begrüßt von: Außenminister und Frau Guerreiro, Brasilianischer Botschafter in Bonn und Frau Carvalho de Silva, Protokollchef Botschafter und Frau Fragoso, Flughafenkommandant Oberst Tabyra de Braz Cotinho. Die Delegation verlässt das Flugzeug nach dem Bundeskanzler. Der Herr Bundeskanzler begibt sich zur Pos. 2. Die Delegation steht dahinter. Nationalhymnen. Der Herr Bundeskanzler schreitet die Ehrenformation ab bis zur Pos. 3, die deutsche Delegation folgt parallel. Anschließend Vorstellung der auf Pos. 4 angetretenen Persönlichkeiten (Apostolischer Nuntius, Brasilianisches Kabinett, Gouverneur Bundesdestrikt, Generalsekretär Außenministerium, Militärbefehlshaber

Brasilia, Leiter Europaabteilung Außenministerium, Ehrenbegleiter, weitere Mitarbeiter des Außenministeriums, Angehörige der Deutschen Botschaft). Anschließend begibt man sich in die bereitstehenden Wagen; Delegation zuerst." In polizeibegleiteter Kolonne fahren wir wieder in die Stadt. Die namentliche Aufteilung der Personen auf die nummerierten Wagen der Autokolonnen während des ganzen Aufenthalts in Brasilien ist aus der Broschüre ersichtlich und ebenso die jedem zugeordnete Zimmernummer in den Hotels. Tag und Nacht überwachen brasilianische und deutsche Sicherheitsbeamte die drei Stockwerke mit den 70 Zimmern.

Zum großen Abendempfang bei Brasiliens Präsident General João Baptista de Oliveira Figueiredo und seiner Frau Dulce de Castro Figueiredo säumen bunte Gardisten den langen Eingangsbaldachin sowie die Gänge im Palácio Itamaraty. Wieder folgen wir einer genau geplanten Choreographie: „Der Herr Bundeskanzler und Frau Schmidt begeben sich gemeinsam mit Präsident und Frau Figueiredo in die Empfangshalle und nehmen auf Pos. 2 Aufstellung wie folgt: (von rechts) Bundeskanzler, Präsident Figueiredo, Frau Schmidt, Frau Figueiredo, Außenminister Guerreiro, Frau Guerreiro. Botschafter Shoeller steht hinter dem Herrn Bundeskanzler, der brasilianische Chef des Protokolls hinter dem brasilianischen Präsidenten. Die Gäste defilieren vorbei und begeben sich anschließend über die Treppe in das nächste Stockwerk. Keine förmliche Vorstellung der Gäste (die Namen werden von den Protokollchefs zugeflüstert). Anschließend begeben sich der Herr Bundeskanzler und Frau Schmidt, begleitet von dem Präsidenten und Frau Figueiredo, ebenfalls in das obere Stockwerk in den für die Einnahme der Apéritifs vorgesehenen Raum.

Für sie ist in der Mitte (auf einem Teppich) ein besonderer Platz reserviert (Pos. 3). Apéritifs eine halbe Stunde. Anschließend begibt man sich in den Speisesaal (Ehrenplätze Pos. 4). Reden vor dem Dessert (keine mündliche Übersetzung. Übersetzte Reden liegen auf den Plätzen). Nach dem Essen Mokka und Cognac in dem Raum, in dem zuvor der Apéritif eingenommen wurde (Pos. 3)."

Wie in allen noch kommenden beiderseitig freundlichen Tischreden werden soziale Gerechtigkeit, internationale Solidarität, Weltfrieden und Welthandel thematisiert. Zum Thema Export-Import lobt der Kanzler Brasilien als eine *potêncãia emergente*, eine aufsteigende Macht, und gesteht: „Der brasilianische Fußball macht uns mittlerweile neidisch, denn in letzter Zeit importieren wir Deutschen mehr Tore als wir exportieren."

Der nächste Tag ist angefüllt mit Gesprächen. Wir treffen Toni Schmücker, der als VW-Vorstandsvorsitzender seine 1953 bei Sáo Paulo gegründete Firmentochter VW do Brasil besuchen wird, und Berthold Beitz, Aufsichtsratsvorsitzender im Krupp-Konzern. Sie fragen uns neckend: „Na, was habt ihr Verhaltensforscher nun wieder an uns entdeckt?" Wir werden aufgeteilt: Der Kanzler besucht den Staatspräsidenten Figueiredo, den Kongress, den Obersten Gerichtshof und kommt nach einem Mittagessen zur Residenz des Botschafters. Loki besucht eine Kindertagesstätte und macht eine Stadtrundfahrt. Staatssekretär Dr. Hermes hat eine Unterredung mit Außenminister Guerreiro. Die Herren Beitz, Hoffmann, Roselius und Schmücker sprechen mit dem Finanz- und dem Industrieminister, die Herren Döding und Hauger mit dem Arbeits- und dem Sozialminister. Für Uta und mich und die Herren Leussink und Schubart steht das Erziehungsministerium auf dem Plan.

Der Minister für Erziehung ist allerdings erst 15 Tage im Amt; er wünscht sich das Fach Portugiesisch an deutschen Universitäten und Übersetzungen brasilianischer Literatur im Suhrkamp-Verlag, damit italienische und französische Verlage dem folgen. Anschließend beim Forschungsrat (CCT, Council for Science and Technology) geht es in lebhaftem Gespräch mit dem Präsidenten des Nationalen Wissenschaftsrates um alternative Energien, Metallurgie und Landwirtschaft und schließlich um den *Letter of understanding* zu bereits bestehenden Kooperationen mit dem Max-Planck-Institut für medizinische Forschung in Heidelberg und zum Ausbau des seit zehn Jahren bestehenden Regierungsabkommens zwischen Deutschland und Brasilien zwecks wissenschaftlich-technischer Zusammenarbeit.

Ein amerikanischer Satellit hat einen Brand in Süd Pará entdeckt, auf einer Fläche von der Größe Niedersachsens, die Volkswagen do Brasil gekauft und angezündet hat. „Brennen ist die einzige Methode, den Urwald zu beseitigen", behauptet Generaldirektor Wolfgang Sauer. Und was wird nebenbei sonst noch beseitigt? Wir Meckerer sollten Toni Schmücker dazu bewegen, unsere Kollegen vom INPA einzuladen, damit sie sich Pará ansehen und Alternativvorschläge machen. Abendessen erhalten wir und etwa 300 andere Gäste in einem riesigen Zelt im Garten der Residenz des Botschafters.

Tagebuch: São Paulo

Am 5. April fliegen wir nach São Paulo. Wieder werden auf dem Flug Mappen ausgehändigt, die Angaben über die nächsten vorgesehenen Gesprächspartner enthalten und Hinweise, welche Themen angesprochen und welche möglichst vermieden werden sollen. Die Mappen werden vor der Landung wieder eingesammelt. In São Paulo wird vor dem Palácio dos Bandeirantes des Gouverneurs Paulo Maluf eine Parade abgehalten, operettenhaft bunt und laut (Großes Protokoll). Nach dem langen Festessen folgen wie üblich protokollarisch festgelegt: Ansprache des Gastgebers – Beifall – Trinkspruch – Ansprache des Gastes – Beifall – Trinkspruch – kleine Pause – Kafesino im Vestibül. Heute hat Frau Eichhorn, die tüchtige Übersetzerin des Kanzlers, reichlich zu tun, denn Herr Schmidt meint, statt seiner vorgesehenen Rede, die ja jeder schon auf dem Tisch hat, könne er ein anderes ihm wichtiges Thema behandeln.

São Paulo war vor hundert Jahren eine kleine, vor sich hin dösende Provinzstadt mit 30.000 Einwohnern auf einem 800 m hoch gelegenen Plateau vor dem Atlantik. Heute ist die Stadt ums 500-Fache gewachsen und hat das Hochplateau mit Hochhäusern, Favelas und 40.000 Straßen zubetoniert.

Nachmittags, während der Kanzler vor Vertretern der Unternehmerschaft einen Vortrag hält, besuchen wir mit Loki (Kleines Protokoll) das recht betagte Butantan-Institut. Es ist spezialisiert auf die Herstellung von Impfstoffen (Antiseren) gegen Schlangengifte und andere tierische Gifte. Direktor Bruno Soerensen, die Biologinnen Silvia Lucas und Ingrid Ewert und der alt-urige Richard Hoge führen uns durch eine riesige Halle voller in Formol geglaster Schlangen und zeigen eine kurios wirkende Ansammmmlung lebender Gifttiere, als da sind Hunderte von Skorpionen in 40 cm langen Pappröhren, brasilianische Taranteln in 15 cm hohen, oben offenen Glasrohrstücken (einige Weibchen halten ihren großen grauen Eikokon am Hinterleib angesponnen, andere haben den Rücken voller Kinder) und zahlreiche Vogelspinnen, die zwar nicht giftig sind, aber den Leuten als giftig gelten. Zum Schluss erklärt Dr. Hoge seine lebenden Schlangen und führt vor, dass eine Mussurana (*Clelia clelia*) eine große Beuteschlange vom Kopf her fressen muss und sich, wenn sie diese seitlich gebissen hat, mit dem Maul schuppenaufwärts zum Kopf arbeitet. Kleine Beuteschlangen hingegen faltet sie in der Mitte und verschlingt sie so gegabelt.

Den Abend mit einem reichen Buffet verbringen wir auf einem Empfang des deutschen Botschafters Jörg Kastl im Hilton Hotel, in Gesellschaft von 1000 Geladenen, darunter vielen Deutschen. Anschließend hat der Kanzler noch ein Gespräch mit dem Gouvernuer Maluf und dem Präsidenten der nationalen brasilianischen Bischofskonferenz, Kardinal Alois Lorscheider. Wir finden derweil im Zimmer unser Reisegepäck vor, das mit einer Frachtmaschine nachgekommen ist.

Tagebuch: Rio, San Salvador

Der 6. April wird ein strapaziöser Tag: Wir sind zum Frühstück noch in São Paulo, zum Mittag 300 km zurück wieder mal in Rio de Janeiro, am Abend 1200 km weiter in San Salvador. Vor dem Abflug versammeln sich auf dem Flughafen Congonhas dieselben Personen wie bei Schmidts Ankunft. Der kurze Flug nach Rio reicht gerade, um die wilde Fahrt unter Polizeisirenen durch São Paulo zum Flughafen abklingen zu lassen.

Bei der Ankunft in Rio wird das Ehepaar Schmidt samt Gefolge begrüßt vom Gouverneur Antônio de Pádua Chagas Freitas und seiner Frau, von Vizegouverneur Xamilton Xavier und Frau sowie von 16 weiteren Honoratioren. Eine eilige Stadtfahrt vom Flugplatz Galeão führt zum kürzlich ausgebrannten Museum für moderne Kunst. In dessen ehemaliger Cafeteria sind von sechs- bis zehnjährigen Schülern Zeichenblockbilder zum Thema „Kinder sehen Deutschland" ausgestellt. Deutsche Berge erscheinen als steile Türme mit weißem Klecks oben drauf. Für München steht neben einem Haufen Brezeln ein dreieckiger Zelteingang mit zwei Gardinen und der Aufschrift „Bier". An einem anderen zeltförmigen Haus sitzt auf beiden Seiten ein als Strichumriss skizzierter Vogel „cu-cu-cu". Ein Blatt zeigt einfach einen deutschen weißen Abhang mit blauem Schneemann; als Schneeflocken sind Styroporkügelchen aufgeklebt.

Während der Kanzler sich für knapp zwei Stunden beim Gouverneur Chagas Freitas politisch betätigt, besuchen wir mit Loki das alte Tropeninstitut Oswaldo Cruz. In dem maurischen „Alhambra-Bau" arbeitet seit zwei Jahren ein deutsches Elektronenmikroskop-Zentrum und untersucht ein Trypanosom, das die millionenfach verbreitete Chagga-Krankheit verursacht, übertragen im Kot einer Raubwanze, der auf der Haut stark juckt und den Erreger durch Kratzwunden in den Körper gelangen lässt. Es folgt ein feines Mittagessen in einem Hotel an der Copacabana, gegeben vom Ehepaar Chagas Freitas. Wir machen im gesunden Meeresgischt eine kurze Strandwanderung zwischen den Badegästen und erreichen nach einer Rundfahrt um die Küste wieder den Flughafen Galeão zum Weiterflug nach

Salvador, verabschiedet von denselben Personen mit ähnlichem Zeremoniell wie bei unserer Ankunft.

In der Bundeswehrmaschine erkundigt sich der Kanzler bei uns über die bisher gesammelten Erfahrungen. Er amüsiert sich zuweilen über die Regieanweisungen zu jeder offiziellen Zeremonie, denen ja auch er unterliegt, und er freut sich andererseits, wenn „die vom Protokoll" ordentlich was zu tun kriegen. Als verwunderlich fiel mir auf, wie wenig die Botschafter über die Max-Planck-Gesellschaft wissen.

Nach der Landung (um 18.30 Uhr) auf dem internationalen Flughafen folgt die Begrüßung durch den Gouverneur des Staates Bahia, Antônio Carlos Magalhães und seine Frau, durch Kardinal Avelar Brandão Vilela, Vizegouverneur Luiz Barbosa Romeu und Frau sowie zehn weiteren Honoratioren. Dann bringt uns eine lange Fahrt, schon im Dunklen, zu einem der Steigenberger-Gruppe angeschlossenen Hotel am Strand. Von da geht es nach kurzer Pause in den Gouverneurspalast Palacete de Ondina zum Abendessen mit brasilianischer Folklore und Capueira-Tänzen. Leider sind trotz der Hitze Jackett und Krawatte vorgeschrieben.

Der Direktor des Goethe-Instituts erzählt mir, dass es selbst unter Stadtbewohnern noch 90 % Analphabeten gibt und dass er es als Erfolg verbucht, wenn täglich 25 Besucher kommen, die zu Lesen anfangen. Um Mitternacht im Hotel finden wir im Zimmer wieder frische Blumen, einen Früchtekorb und eine Flasche Rotwein; was tun damit bis zum Frühstück um sieben Uhr früh?

Wir machen am Morgen eine einstündige Rundfahrt durch das wunderschöne Salvador de Bahia, die einzige Stadt bisher, zu der ich freiwillig wiederkäme. Es ist eine „schwarze Stadt", ehemals Hauptzentrum des portugiesischen Sklavenhandels. Durch die berühmte, 1686–1732 nach einem portugiesischen Vorbild erbaute, kolonial-barock vergoldete St.-Franzisko-Kirche vom Konvent des 3. Ordens führt uns ein Prior aus Hagen in Westfalen. Der Kreuzgang ist geschmückt mit Bibelszenen in weißblauen Fayence-Kacheln aus Portugal. Eine vierbrüstige Frau unter der Inschrift *Natura Moderatrix Optima* symbolisiert die Natur als beste Mäßigerin.

Auf dem Flug mit einem Sonderflugzeug der brasilianischen Luftstreitkräfte nach Petrolina überqueren wir trockene Buschsteppe mit gelbroten Pfaden, wie in Afrika. Der Sobradinho-Damm staut einen riesigen See (den mit 4240 km² angeblich größten künstlichen See der Erde). In Petrolina warten der Gouverneur von Pernambuco, Marco Antonio Oliveira Marcel, mit seiner Frau und kleinem Gefolge. Wir besuchen das Bebedoura Versuchs-Bewässerungsgelände und hören beim Früchteessen einen Vortrag über den Anbau von Melonen, verschiedenen anderen Früchten und Mais. Und wir bewundern die Vorführung berittener Vaccheros, Kuhtreiber, in ihrem festen Lederdress, der vor Dornen schützt. Nach drei Stunden Aufenthalt bringen uns die brasilianischen Luftstreitkräfte zurück nach Salvador. Wir werden so verabschiedet wie empfangen und steigen um in ein Sonderflugzeug der Bundeswehr (Boeing 707) zum Flug nach Lima.

Tagebuch: Nach Peru

Auf dem Flug wünscht der Kanzler ein Rundgespräch mit den Reiseteilnehmern. Klaus Bölling, Chef des Presse- und Informationsdienstes, résumiert die Presseechos auf den bisherigen Teil der Reise; Staatssekretär Peter Hermes vom Auswärtigen Amt fasst die politischen Echos zusammen. Soweit klingt alles recht positiv. Der Kanzler meint, Brasilien habe, wenn der Aufschwung anhalte, noch mindestens ein Jahrzehnt lang enorme Probleme zu lösen, angestoßen durch demokratische Erneuerung und soziale Herausforderungen, zu denen die Wertschätzung der indigenen Kulturen gehört. Er betont, die katholische Kirche habe großen Einfluss in Brasilien, habe aber – mit Ausnahme des kompetenten Erzbischofs von Aparecida, *Kardinal Alois Lorscheider* OFM – lauter sozial-idealistische Kardinäle am Werk, die den gewaltigen wirtschaftlichen Möglichkeiten und Notwendigkeiten Brasiliens urteilslos gegenüberstehen und zudem Missbehagen an der deutschen Präsenz in Brasilien hegen. Aber, so der Kanzler, eine verdoppelte oder gar verdreifachte deutsche Entwicklungshilfe werde ineffektiv bleiben, wenn der deutsche Episkopat nicht die Wirklichkeit an Ort und Stelle kennenlerne. Bisher maßgebend sei stattdessen leider die von Rom gesteuerte Befürchtung, mit der christlichen Erlösung würden sozialrevolutionäre Bestrebungen vermengt. Auch die Gewerkschaften hätten zwar idealistischen Impetus, seien aber erfahrungslos naiv, weshalb bei Gewerkschaftsveranstaltungen in São Paulo und anderen Industriegebieten immer wieder Militärpolizei benötig werde. Der Kanzler sieht voraus, dass VW do Brasil der Hauptprügelknabe werden und sein derzeitiger Chef dafür nicht gewappnet sein wird. Unterdes hat Oberfeldwebel Karlheinz Kupke, der Radio-Operator, Ärger, weil er keine Verbindung zum Verteidigungsministerium in Deutschland bekommt; der Kanzler braucht von dort eine Auskunft („schlafen die denn nachts?").

Wir bekommen eine weitere Broschüre mit dem „Programm für den Besuch des Herrn Bundeskanzlers und von Frau Schmidt in der Republik Peru und der Dominikanischen Republik vom 7. bis 13. April 1979", wieder mit den Choreographien und Regieanweisungen für alle Begrüßungen und Empfänge, samt Lageplänen, Namenslisten und Zimmernummern für die Hotels in Lima (Sheraton) und Cuzco (Libertador). Zur offiziellen Delegation gehört ab jetzt auch Henning Bischof aus Mannheim, als Fachmann für die noch zu besuchenden Grabungsorte. Von ihm lernen wir weitere Gedanken, die sich Archäologen über die zahlreichen Funde aus vor-inkaischer Zeit machen.

Tagebuch: Cerro Sechin

Um 20.00 Uhr Ortszeit landen wir auf dem Jorge-Chávez-Flughafen von Lima und erleben eine neue Variante vom komplizierten Empfangsszenario. Zuerst kommt der peruanische Protokollchef mit Botschafter Loeck an Bord, begrüßt das Ehepaar Schmidt und geleitet beide nach draußen, wo Premierminister und Frau Richter Prada sie erwarten. Während der Kanzler eine Ehrenformation abschreitet, holen peruanische Protokollbeamte die Pressevertreter durch den hinteren und uns offizielle Delegationsmitglieder durch den vorderen Ausgang ins Freie. Eine peruanische Delegation begrüßt zunächst den Kanzler und Frau Schmidt an einer Ehrentribüne mit Handschlag und begrüßt dann die deutsche Delegation (die gebeten wurde, ihr Handgepäck derweil möglichst unsichtbar zu plazieren). Anschließend schreitet die offizielle deutsche Delegation am Ehrenpodest vorbei, begrüßt zuerst den peruanischen Premierminister und Frau Richter Prada mit Handschlag und dann die peruanische Delegation. Nach weiterer Begrüßung durch anwesende Botschaftsangehörige gehen alle zu den wartenden Fahrzeugen. Der Kanzler und Frau Schmidt fahren stets getrennt, je mit ihrer Ehrenbegleitung. Erst jetzt dürfen die nicht zur offiziellen Delegation zählenden Mitreisenden das Flugzeug verlassen.

Für die nächsten Tage sind wieder unterschiedliche Parallelprogramme für verschiedene Delegationsteilnehmer vorgesehen. Nach dem Abendessen im Sheraton passieren Uta und ich die „Palastwache" vor der Kanzler-Suite und klopfen an. Herr Schmidt öffnet, fragt scheinbar besorgt: „Na, habt Ihr kein Bett?" und bietet ein breites Chaiselongue an. Doch wir sind sogar sehr vornehm untergebracht, wollen uns aber erkundigen, ob es angebracht sei, dass wir uns morgen der Tour mit Loki nach Cerro Sechín anschließen. Ja, das geht gut und wird sogleich dem Protokoll mitgeteilt. Wir werden zu einem Glas Rotwein eingeladen, aber in Ermangelung eines Korkenziehers (im Sheraton!) gibt es dann Bier. Und dazu ein Fachgespräch über Verhaltensforschung. Der Kanzler hat die Bücher „Das sogenannte Böse" und „Die Rückseite des Spiegels" von Konrad Lorenz gelesen. Er hält ihm unzulässige bis falsche Vermenschlichungen vor und will meine Meinung dazu erfahren. Ich meine, dass Lorenz seine Hypothese über den Aggressionstrieb in Sorge um das Schicksal der Menschheit prophetisch als Tatsache hinstellt, erkläre aber, dass man nur Fragestellungen, aber eben keine Forschungsergebnisse vom Tier auf den Menschen übertragen darf. Wir erreichen sofort Einverständnis darüber, dass jede am Tier gewonnene Erkenntnis, sei es in

Medizin oder Verhaltensforschung, mit geeigneten Methoden am Menschen überprüft werden muss. Loki bringt den Plan auf, mit uns eine Sudanreise zu unternehmen. Nach einem gemütlichen Abend verkrümeln wir uns schließlich.

Am nächsten Morgen, es ist Palmsonntag, fliegen wir zusammen mit Loki, Professor Hans Leussink, Udo Oberem und Henning Bischof in einer gecharterten Maschine der Aero Peru von Lima nach Chimbote. Der Pilot erklärt uns das Gelände am Boden und zeigt auf die zahlreichen, von oben gut sichtbaren Grabräuber-Stellen im Wüstensand. Stellenweise ist der Boden fast völlig aufgewühlt und wirkt mit Hunderten von Kratern wie zerbombt. Seit der spanischen Eroberung werden Wüstengräber in Peru und Ecuador systematisch von Huaqueros („Schatzgräber") geplündert. Was sich von präkolumbischer Kunst bei den Toten in der extremen Trockenheit selbst an Flechtwerk, Holz, Textilien und Federschmuck nahezu unversehrt erhalten hatte, wird vorwiegend an Privatsammler vermarktet. Die Fundorte bleiben geheim und den Archäologen meist unbekannt. Daran verdient haben Räuber und Hehler.

Nach einer halben Stunde landen wir auf der von den peruanischen Fluggesellchaften bevorzugten ebenen und harten Landebahn von Chimbote und steigen um in den angeblich besten Bus der Stadt. Er steht sehr schräg geparkt, weil der Anlasser kaputt ist, und setzt sich erst nach langem Herumstochern im Getriebe in Bewegung. Auf der Panamerikana fahren wir nach Süden durch trockendste Küstenwüste, die wir eben noch aus der Luft gesehen haben. Die Landschaft bietet vorwiegend Sicheldünen. Dann kommt ein Flusstal, und sofort wird es grün mit weidendem Vieh und mit Bäumen, Mais, Bananen und Zuckerrohr. Kaum zwei Kilometer weiter sehen wir wieder nur Sand. An vereinzelten Gebäuden wandert die Wüste in die Haustüren hinein. Schließlich kommt, wieder grün, das Casma-Tal. Das Städtchen Casma am Südrand des Tals ist 1970 bei einem schweren Erdbeben in einem Erdrutsch völlig zerstört worden. Es soll im Umkreis 70.000 Tote gegeben haben.

Beschädigt hat das Erdbeben auch die fünf Kilometer neben Casma gelegenen Ausgrabungen von Cerro Sechín, das Ziel unseres Ausflugs. Hier war 1937 Julio Tello, ein eingeborener Wissenschaftler und Senior der Peruforschung, auf einen Steinblock mit menschlichem Kopfrelief aufmerksam gemacht worden. Er grub nach und entdeckte erst einen Steinbalken, dann eine ganze Reihe vier Meter hoher Steinpfeiler vor der Plattform eines alten Tempels. Auf der Plattform fand er ältere rechteckige, dicke Wände aus Lehmziegeln mit Resten farbiger Bemalung. Aus Geldmangel blieb alles bis 1969 so liegen. Dann kam das Erdbeben. Henning Bischof zeigt und erklärt uns nun voller Begeisterung den Teil der ganzen Anlage, der seither weiter ausgegraben und rekonstruiert wurde. Die abgestufte quadratische Lehmplattform mit 34 m Kantenlänge stammt aus der Zeit um 1800 v. Chr. und ist später durch Steinbauten ergänzt worden. Die Rückseite ist noch im dahinterliegenden Hügel verborgen. Zwischen den Steinpfeilern vor der Tempelplattform ist aus den Mauerblöcken die zwei bis vier Meter hohe Wand voller Reliefbilder, etwa aus dem Jahre 1400 v. Chr., wiederaufgestellt worden:

Zwei Pfeiler mit Flaggendekor stehen am Eingang. Dann folgt eine feierlich-makabre Szenerie. Der feierliche Teil zeigt eine Prozession männlicher Gestalten, die nur mit

Kopfschmuck und Lendenschurz bekleidet sind und in der Hand als Zepter oder Waffe einen mit Knauf verzierten Zeremonialstab tragen. Den makabren Teil bilden zwischen diesen Gestalten zerschnittene menschliche Körper, einzelne Arme, Beine, Wirbel, Beckenknochen und Köpfe, denen aus Hals und Mund Blut strömt. Der Oberkörper eines halben Opfers presst mit schmerzverzerrtem Gesicht die Hände auf den Leib, aus dem die Eingeweide hervorquellen. Schildert das eine Siegesszene nach einer Schlacht oder eher ein rituelles Menschenopfer? Vielleicht einen Regenritus, bei dem Menschenblut den ständig durstigen Boden fruchtbar machen soll?

Ich stutze vor einem Monolithen mitten in dieser Reihe, der ein auffälliges Ornament trägt. Aus der Ferne betrachtet, könnte es sich um Blütengirlanden handeln. Die Archäologen deuten das eingravierte Muster als aufgefädelte Augen (*rosario de ojos enucleados*; *disembodied eyes*), in Zeilen übereinander angeordnet, je vier bis sechs in einer Zeile. In der Reihe der Pfeiler auf der anderen Seite des Eingangs steht ein ebenso gemusterter Stein. Ich schaue näher hin. Zwar würden in das Gemetzel ringsum auch herausgerissene Augen passen, aber man kann sie nicht auffädeln; angestochen würde ihr flüssiger Inhalt auslaufen und sie würden schrumpfen. Außerdem sind an einigen Köpfen offene Augen deutlich mit Pupille und Iris gezeichnet, die aufgefädelten angeblichen Augen jedoch zeigen innen nur einen runden Kern. Sie sind auch nicht deutlich gefädelt, wie Perlen im Rosenkranz, sondern schließen unmittelbar aneinander. Das sind keine Augen. Für den Zoologen sind es deutlich erkennbar Amphibien-Eier, mit fester Dotterkugel in glasiger Hülle, und so aufgereiht, sind es die Laichschnüre von Kröten. (Ich habe später ohne Erklärung ein Foto davon Kollegen gezeigt: „Krötenlaich" war der einhellige Kommentar). Henning Bischof allerdings gefällt meine Umdeutung der Augen in Kröteneier nicht.

Sie macht aber Sinn, und zwar als Fruchtbarkeitssymbol. Hier an der Küste von Peru lebt die Aga-Kröte (*Bufo marinus*). Die minutenlangen tiefen Triller ihrer stimmgewaltigen Männchen sind zur Laichzeit weit zu hören. Die Weibchen legen lange Eischnüre mit 10.000 Eiern, bevorzugt in flaches, besonntes, leicht brackiges Wasser. Die Kaulquappen schlüpfen nach drei Tagen und entwickeln sich in sechs Wochen zu fertigen kleinen Kröten. Auch auf Tongefäßen der Moche- und Nazca-Kulturen sind Kröten, ihre Eier und Larven abgebildet. Schließlich weist hier in Sechín an einer Lehmwand innerhalb der Steinmauer auch eine über drei Meter lange, gut erhaltene Ritzzeichnung eines ebenso rätselhaften wie riesigen Fisches auf Wasser und den Regenkult als Fruchtbarkeitsspender hin.

Nahrung für die Küstenbewohner kam zwar hauptsächlich aus dem Meer, doch für die Hochkulturen, die um 2000 v. Chr. solche Tempelanlagen aufbauten, gewannen landwirtschaftliche Produkte und damit die Bewässerung zunehmend an Bedeutung. Im hinteren Bereich der Tempelplattform wurden die Abdrücke nackter Füße von erwachsenen Menschen und Kindern freigelegt. Sie waren hier vor 3000 Jahren, vielleicht nach einem sehr kräftigen Regen, auf feuchtem oder sogar schlammigem Untergrund gelaufen, an einer Stelle auch ausgerutscht. Menschenopfer als Regenzauber zur Sicherung von Ernten belegt Wolfgang Wurster (in seinem Prachtbuch „Die Schatzgräber") von vielen Stellen Alt-Perus. Die Steinmauer in Cerro Sechín aus der Zeit zwischen 1400–1300 v. Chr. ist die älteste monumentale Steinskulptur im alten Amerika. Sie dokumentiert offensichtlich einen Fruchtbarkeitsritus, der wohl hier auch stattgefunden hat.

Wir müssen uns vom Besichtigen losreißen. Im lockeren Schatten eines kleinen Baumes hält Herr Leussink in Vertretung des Kanzlers eine kurze Rede vor den Vertretern der örtlichen Behörde. Leussink verkündet dem archäologie-studierten einheimischen Peruaner, der hier die Ausgrabung leitet, als Gastgeschenk eine namhafte Spende der deutschen VW-Stiftung zugunsten der weiteren Grabung in Sechín und der Konservierung der Ausgrabung. Anschließend genießen wir ein ländliches Quechua-Essen, eine Pachamanca („Topf in der Erde"): Man gräbt ein Loch, bedeckt den Grund mit feuererhitzten Steinen, schichtet darauf gewürztes Fleisch, Kräuter, Gemüse, dazwischen Bananenblätter und schließt die Grube für ein bis zwei Stunden. Dann öffnet sie der Pachamanquero wieder und lädt zu Tisch (auf dem Sandboden). Es schmeckt vorzüglich, und es gibt – was wir beim Besichtigen ganz vergessen hatten – viel zu trinken. Während wir ruhig sitzen, sehe ich verschiedenen Echsen zu. Viele ihrer Laufspuren im staubigen Sand enden in ovalen Löchern am Hügel. Eine bunte walzenförmige Echse scharrt mit den Vorderbeinen im trockenen Pflanzenmulm und pickt rasch nacheinander wie ein fressendes Huhn in den Boden. Eine grazilere Echse eilt aufrecht auf den Hinterbeinen davon. Dann fahren wir zurück nach Chimbote. Am Flugzeug wartet ein Arzt mit einem Verunglückten am Tropf; wahrscheinlich muss ihm ein halbes Bein amputiert werden. Beide haben es sehr eilig und fliegen mit uns nach Lima.

Tagebuch: Pachacámac

Der frühe 9. April bringt uns eine Busfahrt mit Loki zum 40 km südöstlich von Lima gelegenen Ruinenfeld von Pachacámac, das ins 4.–8. Jahrhundert zurückreicht. Außer den Herren Warnholz, Leussink, Oberem und Bischof ist heute auch Wolfgang Wurster dabei. Nahe der Stadt führt die Panamericana durch eine Armensiedlung. Die Behausungen hier bestehen aus vier in den Sand gesteckten Pfosten, vier Schilfmatten als Wänden und einer Matte als Dach. Auf die Siedlung folgt wellige Wüstenlandschaft und schließlich eine langgezogene Anhöhe, vor der ein Steilhang zum Meer hinabfällt. Am obersten Rand der Anhöhe stehen die Reste einer Pyramide mit gestuften Lehmwänden, das ehemalige Orakelheiligtum des Weltenschöpfers Pacha kámaq, in der Quechua-Sprache „der die Welt geordnet hat" (*pacha* heißt „Welt" oder „Zeit", *kámaq* „Schöpfer").

Wolfgang Wurster zitiert aus der Handschrift des Miguel de Estete, der 1533 Augenzeuge war, als Hernando Pizarro die Götterfigur Pachakámaq gewaltsam besuchte: Missmutige Wachen führten ihn „durch viele Türen bis zur obersten Plattform, die von drei oder vier blinden Mauern geschützt war in der Art eines Schneckenhauses.... Auf der Höhe war ein kleiner Hof vor dem eigentlichen Gemach des Götzenbildes. Das Gemach war aus Flechtwerk und mit Gold und Silberblech beschlagenen Pfosten gebaut, auf dem Dach waren geflochtene Matten als Sonnenschutz. So sind in dieser Gegend alle Häuser, denn da es niemals regnet, brauchen sie keine andere Dachdeckung. Jenseits des Hofes war eine verschlossene Tür, von Wächtern behütet; keiner wagte, die Tür zu öffnen. In das Flechtwerk dieser

Tür war verschiedener Schmuck verwoben, Korallen, Türkise und andere Schätze. Schließlich wurde sie geöffnet.... Bei geöffneter Tür passte kaum ein Mann in das Gemach, das finster war und übel stank.... In seiner Mitte stand ein Holzbalken, der in der Erde verankert war und am oberen Ende eine grob geschnitzte menschliche Figur trug. Diese Holzfigur war umgeben von Weihgeschenken aus Gold und Silber, die seit langer Zeit dort ausgestreut waren".

Erhalten sind vom Zeremonienzentrum noch die 80 m hohe Stufenpyramide und Reste eines Hauses der Sonnenjungfrauen, das die Inka nebst einer Sonnenpyramide und einer Herberge für die Pilger hinzufügten. Denn obwohl die Inka vorgefundene Kulturen unterdrückten, verboten sie nicht den bei allen indigenen Völkern verbreiteten Glauben an einen über allen Dingen stehenden Schöpfergott, der auch die Sonne erschaffen hat; sie unterstützten vielmehr den Sonnenkult, von dem sie ihren eigenen Herrschaftsanspruch herleiteten. Sie adaptierten das uralte Heiligtum des Pacha kámaq und seiner Frau Pachamama – der Gottheit über Erde und das zum Ackerbau verwendete Land – und ließen hier weiterhin Orakelpriester wichtige Fragen in Staatsangelegenheiten beantworten. Heute heißt die Pachamama in der Bevölkerung auch „Santa Maria Mama Pacha", ein deutliches Anzeichen dafür, wie eine neue Religion zur nomenklatorischen Einkleidung des alten Glaubenskörpers dient. Speziell die Person der Gottesmutter Maria ist ja in vielen Teilen der Welt mit alten Muttergottheiten verschmolzen.

Von der ehedem weiten Pachacámac-Gesamtanlage sehen wir nur mehr Pyramidenstümpfe, Plattformen, Rampen, Treppen, Pfeiler und dicke Mauern, alles aus Stein-

und Lehmziegeln erbaut. Die Wände waren einmal rot verputzt und mit grünen und gelben Pflanzen- und Tiermotiven bemalt. Weil nach dem Freilegen dieser Schmuck abwitterte und von Besuchern zerstört wurde, werden jetzt solche Fundstellen nur dokumentiert und gleich wieder mit Sand zugeschüttet. Fast andächtig nehme ich mir Zeit für den weiten Blick nach links auf das Grün an der Mündung des Lurín-Tales, nach vorn und rechts auf die knapp zwei Kilometer entfernte Brandung des Pazifiks. Etwas verschwommen erscheinen in der Ferne die grauweißen felsigen Guanoinseln.

Den riesigen Ruinenbereich Pachacámac durch Grabungen untersucht und vorbildlich vermessen hat 1896 der deutsche Forscher Max Uhle; er gilt als Vater der Archäologie in Südamerika und Begründer der Andenarchäologie. Auf der Herfahrt haben wir seinen Gedenkstein besucht, den 1964 der damalige deutsche Bundespräsident Heinrich Lübke gestiftet und hier in der weiten Wüste eingeweiht hat. Die sehr hoch gewucherten Sanseverien um den Stein waren für uns vorn soweit abgeschnitten worden, dass man die weiße Aufschrift lesen konnte. Hans Leussink, ehemals Minister für Wissenschaft und Bildung, der sich selbst mit Ausgrabungen in Peru beschäftigt hat, legte einen Kranz nieder mit der schwarz-rot-goldenen Schleife „Der Bundeskanzler der Bundesrepublik Deutschland für Max Uhle". Als wir jetzt auf der Rückfahrt wieder dort vorbeikommen, sind Kranz und Schleife verschwunden.

Am Nachmittag führt uns Dr. Hernando Macedo Ruiz durch das einzige Naturhistorische Museum Perus. Es verfügt über einen Monatsetat von 200.- DM. Wie in einem riesigen Schuppen liegt vieles Material in Kisten oder einfach am Boden. In mehreren Räumen, in denen viel Wert auf Didaktik gelegt ist, sind Fische und Krebse gut ausgestellt, auch recht ordentlich präparierte Vögel, aber teils grässlich ausgestopfte Säugetiere. Dr. Macedo hat auch den *Telmatobius*-Frosch im Titicaca-See anatomisch untersucht, weiß aber leider nichts über sein Fortpflanzungsverhalten.

Der Kanzler spricht am Abend vor einer Sondersitzung der Verfassungsgebenden Versammlung in Lima. Er wird zuerst begrüßt durch Mitglieder eines besonders eingesetzten Ausschusses, in dem die verschiedenen Parteien vertreten sind, und dann, nach Passieren eines Ehrenspaliers, von Präsident Haya de la Torre. Beim Abendempfang zu Ehren des Herrn Bundeskanzlers und seiner Gattin, gegeben von Staatspräsident und Frau Morales Bermúdez, erwähnt der Staatspräsident lobend die deutschen Verdienste nach Alexander von Humboldt um die archäologische Erforschung Perus durch Archäologen und Sprachforscher wie Max Uhle und Ernst Wilhelm Middendorf. Nachdem die Nationalhymne Perus verklungen ist, hält der Kanzler eine glänzende Rede, die ihm zehnmal spontanen kräftigen Beifall einträgt. Es ist deutliche Politik mit großem Geschick vorgetragen. Eingeflochten ist sein Wunsch, die deutsche Archäologie möge sich wieder stärker um Südamerika kümmern. Auch das findet Zustimmung im Auditorium, ist aber hier gesagt, um daheim gehört zu werden. Nach der deutschen Nationalhymne und der Verabschiedung durch den Präsidenten werden wir alle mit dem Kanzler von Mitgliedern des besonderen Ausschusses wieder aus dem Plenarsaal hinausbegleitet. Im Glasdach der Kuppel des Plenarsaales lese ich: „*Jus, Lex, Ars, Pax*".

Während des späten Abendessens habe ich ein Tischgespräch mit Frau Groß, die seit sieben Jahren ein Lupinenprogramm leitet. Die Lupine ersetzt in großen Höhen die

Sojabohne und wurde schon vor den Inka auf Schotenfestigkeit gezüchtet. Das Wissen ging aber wieder fast völlig verloren. Weil Lehrer Respektspersonen sind, soll jetzt das Volk über die Schulen wieder instruiert werden; nur kommen die Lehrer nicht von selbst auf den Gedanken, einen Schulgarten anzulegen. In den Schulen kochen die Lehrer eine Schulspeisung aus dem, was die Kinder mitbringen. Zwar bietet sich Nahrung aus der gedeihenden Algenzucht an, vornehmlich aus *Scenedesmus*-Algen (*Spirulina* hat einen störenden Nebengeschmack); man kann *Scenedesmus* jeden dritten Tag ernten, nur leider trinkt bisher niemand gern grüne Milch oder isst grünes Brot.

Tagebuch: Santo Domingo

Der 11. April bringt am Morgen unseren Abschied von Präsident Morales Bermudez in seinem Palast und am Flughafen den Abschied von Peru. Eine Rot-weiße Garde steht salutierend stramm, mit Tschingbum erklingt wie eine Minioperette die peruanische Nationalhymne, danach einigermaßen kläglich intoniert die deutsche. Auf dem Flug hält der Kanzler mit seinen Begleitern wieder eine Rück- und Vorschau.

Nach viereinhalb Stunden landen wir in Santo Domingo. Auf dem Flugfeld ist eine kleine Armee angetreten, aber der Präsident ist nicht da. Wir warten eine Viertelstunde bis er kommt und wir aussteigen dürfen. Zum umfagreichen Zeremoniell erklingen 21 Salutschüsse. Diese Anzahl stammt aus einer Zeit, in der es auf den Schiffen 21 Kanonen gab, die vor jedem Einlaufen in einen Hafen leergeschossen werden mussten.

Eine lange Fahrt in Autokolonne entlang der Palmenküste und einer von Menschen leeren Promenade wird begleitet und behindert von kleinen Lastwagen, auf denen Menschen rufen und winken. Sie zeigen das Bild des Kanzlers und schwenken Fähnchen. Angekommen im Hotel Santo Domingo warten wir kurz auf unser Gepäck und können uns dann feierlich einkleiden fürs „Präsidenten-Essen". Quer über den langen Tisch entspinnt sich ein langes Gespräch mit Hans Leussink über die Max-Planck-Gesellschaft, über die fabelhaften Kunstgegenstände, die bei Ausgrabungen zutage kommen, und über mein Unbehagen angesichts der ziemlich sicher falschen heutigen Deutungen vieler Tierformen, die deren ursprüngliche Bedeutung verfälschen. Herr Leussink meint, das gäbe Stoff für einen neuen Forschungszweig in der Archäologie.

Am nächsten Morgen folgen wir dem Kanzler zu einer Kranzniederlegung am Altar des Vaterlandes. Zwei deutsche Marinesoldaten des Schulschiffes „Deutschland" warten mit dem Kranz an der Mausoleumanlage. Siebzig Marinesoldaten des Schulschiffes stehen Spalier am Weg ins Mausoleum. Wieder ertönen 21 Salutschüsse und beide Nationalhymnen. Später führt ein Besichtigungsrundgang durch die kleine Altstadt zum Palast des Columbus-Sohnes Diego Colon, der hier Vizekönig war, und weiter zur Grabeskirche, in der gerade Gründonnerstags-Gottesdienst ist. Den wollen wir nicht stören. Viele Leute laufen allerdings aus der Kirche weg und schließen sich der wachsenden Volksmenge an, die uns mit politischen Fahnen begleitet, durch die Calle las Damas (die Straße der Damen), die älteste Straße der Neuen Welt mit originalem Kopfsteinpflaster, vorbei an farbigen, fähnchengeschmückten Kanzlerplakaten. Wo der bunte Putz, den die Gebäude einmal trugen, jetzt abgeschlagen ist, wirken die Straßenfronten aus Korallengestein in der heißen Sonne seltsam tot.

Am Nachmittag sitze ich eine halbe Stunde am Meer und sehe dem starken Wellenschlag zu. Hier gibt es keinen Strand, und das Schwimmen an der Steilküste ist offensichtlich gefährlich. Die Stadt bemüht sich zwar um die Förderung des Fremdenverkehrs, aber die nächsten Strände Boca Chica, Playa Caribe und Villas del Mar sind leider 40, 50 und 60 km von hier entfernt – für Touristen nicht eben günstig.

Am Abend genießen wir ein Cocktail-Buffet an Bord des Schulschiffes „Deutschland". Es schult 80 Matrosen in Schiffssicherung, Navigation und Artillerie und erfüllt auch eine politische Aufgabe. Seine Zielorte unterstehen dem Auswärtigen Amt, denn der starke Zuspruch vieler Besucher während der drei bis vier Tage Liegezeit je Ort ist wichtig für die Reputation der Bundesrepublik. Zusammen mit dem Kommandanten des Schulschiffes, Kapitän zur See Krancke, empfängt der Kanzler den dominikanischen Staatspräsidenten und Frau Guzmán. „Es wird Seite gepfiffen" (ehrerbietig stramm stehen, Blick zum Gast). Dasselbe zum Abschied nach dem Essen, als der Staatspräsident und seine Frau unter kräftigen Matrosengesängen das Schiff wieder verlassen. Zum Flughafen begleiten uns der dominikanische Vizepräsident und Frau Majluta, und während die Ehrenwache salutiert, besteigen wir alle das „Kanzler-Flugzeug" zum Heimflug nach Deutschland.

Nachklänge

Die Reise mit Bundeskanzler Schmidt endete am Karfreitag 1979. Knapp ein Jahr danach, im Januar 1980, werden wir zu einem Nachtreffen in den Kanzlerbungalow eingeladen. Wir sitzen wieder zusammen mit unseren Reisegefährten Bischof, Dickfeld, Oberem, Oehm, Voswinkel, Warnholz und Wurster. Herr Voswinkel überreicht ein Album mit Reisefotos, weitere Bilder werden vorgeführt, Erlebnisse ins Gedächtnis geholt. Loki hat ein reiches Abendessen am riesigen, runden „Staats-Esstisch" arrangiert. Schließlich gegen 23 Uhr kommt auch der Hausherr. Für zwei Stunden spielt Politik die Hauptrolle: Wie viel Wissenschaft braucht die Politik?

Weitere zwei Jahre später, am 11. Mai 1982, vergleichen wir, wieder im Kanzleramt, mit Loki ihre botanischen Aktivitäten und unsere Arbeiten an dem Material, das wir auf der Archäologenfahrt vor drei Jahren aufgegriffen haben. Abends kommt der Kanzler dazu. Er braucht Erläuterungen zu einer isländischen Sage, denn er hat Gäste aus Island. Morgen wird er zur Max-Planck-Gesellschaft reden.

Vierzehn Jahre später, im November 1994, bittet Herr Voswinkel im Namen der Körber-Stiftung die Wissenschaftler der ehemaligen Kanzler-Delegation zu einer informativen Zusammenkunft nach Schleswig-Holstein, ins kleine, feine Hotel Töpferhaus. Herr Oberem ist leider inzwischen verstorben. Victor Oehm erläutert Methoden zur Altersbestimmung, Henning Bischof schildert sehr detailreich die Fortschritte der Grabung in Sechín, Wolfgang

Wurster gibt eine Übersicht über die Arbeiten seines Institutes für Vergleichende Archäologie, Uta und ich können einige biologisch-archäometrische Untersuchungen vorstellen (siehe weiter unten). Offensichtlich war die Reise auch für alle beteiligten Wissenschaftler ertragreich.

Nach einem exzellenten Mittagessen am folgenden Tag holt uns Herr Warnholz nach Hamburg zum Tee in die Privatwohnung des Ehepaars Schmidt. Es gibt ein lebhaftes Wiedersehen, vor allem mit Loki, während Helmut Schmidt die Gespräche von der reich bestückten Hausbar aus verfolgt und mit Getränken würzt. Deutlich spürbar sind auf der mehr als ein Jahrzehnt zurückliegenden Südamerikareise über die amtlichen Belange hinaus persönliche Beziehungen entstanden, die längeren Bestand haben. Aus der im April 1979 beim gemütlichen Abend im Sheraton-Hotel in Lima anvisierten Reise mit Loki in den Sudan ist wegen politischer Widrigkeiten nichts mehr geworden.

7
Biologische Archäometrie

In den wunderbaren Museen in Lima, Quito und La Paz hatten uns die deutschen und die einheimischen Archäologen darauf hingewiesen, wie genau die meisten natürlichen Objekte und Lebewesen von den bildenden Künstlern schon vor mehreren Tausend Jahren plastisch, gemalt oder in Wollstickerei auf Tüchern dargestellt sind. Ausnehmend zahlreiche Darstellungen entstammen der Paracas-Kultur von etwa 1000 bis 200 v. Chr., der im Süden Perus daran anschließenden Nazca-Kultur bis 800 n. Chr. sowie der Moche-Kultur im Norden von 100 vor bis 800 n. Chr.

Auch wir Biologen waren begeistert von den vollendeten Wiedergaben vieler Früchte und Tiere. Zweifel kamen mir jedoch an einigen vorgetragenen Interpretationen. Suspekt wie die Reihen angeblicher Augen auf der Mauer in Cerro Sechín schien mir eine immer wiederkehrende mythische Zackenschlange. Die Bilder passten einfach nicht zum wirklichen Aussehen einer Schlange. Ähnlich war es mit etlichen Puma-Darstellungen.

Insgesamt waren die Objekte klar erkennbar und vom Künstler offenbar genau getroffen. Die Archäologen meinten, dass es ja eben mythologische Darstellungen seien, zum Teil Phantasietiere, erfunden als Symbole für Denkinhalte,

Empfindungen oder religiöse Vorstellungen. Fraglich blieb allerdings nicht nur, um welche Mythen es sich handelt, sondern vor allem, warum kein Mythos bei den eindeutig „richtigen" Darstellungen bemüht wird. Schließlich hatte Herr Leussink, selbst an Ausgrabungen sehr interessiert, in mehreren Gesprächen im Jahre 1979 – beim Forschungsrat in Brasilia, bei der Pachamanca im Wüstensand von Sechin, beim „Präsidenten-Essen" in Santo Domingo – angeregt, mit den archäologisch angeblich falsch identifizierten Objekten einen neuen biologischen Zweig in der Archäometrie zu entwickeln. Archäometrie nennt man die Anwendung naturwissenschaftlicher Methoden zur Beantwortung archäologischer Fragen. Anlässlich eines Symposiums für Humboldt-Preisträger in Rottach-Egern im März 1986 habe ich das mit Herrn Leussink weiter erörtert.

In der Max-Planck-Gesellschaft hatte gerade Wolfgang Gentner vom Institut für Kernphysik in Heidelberg so etwas betrieben. Angeblich „zufällig" waren Arbeiter 1969 in Asyut, 300 km südlich von Kairo, auf einen Silberschatz gestoßen. Er enthielt auch bis dato unbekannte archaische Silbermünzen. Wie die jüngsten auswiesen, war er 475 v. Chr. vergraben worden, gerade mal 100 Jahre nach der Erfindung von Silbergeld. Zunächst aus Liebhaberei, dann unterstützt von der Stiftung Volkswagenwerk, machte sich Gentner daran, statt wie bisher Spurenelemente in Meteoriten und Mondgestein, jetzt solche in Silbermünzen zu analysieren. Er verglich diese Beimischungen im Münzsilber mit ortstypischen Beimischungen in antiken Silberminen im ägäischen Raum, bis in antike Bergwerke, die schon Herodot um 450 v. Chr. kannte. Mithilfe der modernsten Analysemethoden konnte er die Erzgruben identifizieren, aus denen das Silber für die Münzen stammte. Mit diesen waren Söldnerheere und Warenlieferungen bezahlt worden. Da man aus dem Münzbild die Prägungsorte erkennen kann, jetzt auch wusste, woher sie das Silber bezogen und sich aus den Münz-Fundorten Handelswege erschließen ließen, entstand ein wichtiger Beitrag zu Wirtschaftsgeschichte und Bündnispolitik im Altertum.

Der Vorschlag zu biologisch-archäometrischer Arbeit an den Tierdarstellungen auf alt-amerikanischen Grabbeigaben fand Unterstützung von unseren Archäologie-Kollegen. Wolfgang Wurster bot Hilfestellung an aus der soeben gegründeten Kommission für Allgemeine und Vergleichende Archäologie des Deutschen Archäologischen Instituts, und Ulrich Voswinkel stellte einen Startbetrag von der Körber-Stiftung in Aussicht.

Methodisches Interpretieren

Bei Zufallsformen wie beim Bleigießen oder beim Rorschach-Test ist die einzig mögliche Deutung diejenige, die der Betrachter hineinliest. Bei einer Abbildung oder Nachbildung hingegen hat man es mit zwei Interpretationen zu tun, nämlich mit der des Herstellers und der des Betrachters. Dem Hersteller kann es auf eine naturgetreue Wiedergabe ankommen; er kann aber ein natürliches Objekt selbstverständlich auch als Substrat für eine subjektive Aussage über Denkinhalte benutzen und auf Naturtreue mehr oder weniger verzichten, kann Details weglassen oder hinzufügen. Mangelnde handwerkliche Fähigkeit, das Vorbild korrekt wiederzugeben, ist angesichts sorgfältiger Ausführung meist auszuschließen.

Um zu verstehen, wie der Hersteller das abgebildete Objekt deutete, warum er es überhaupt dargestellt hat, muss der Betrachter davon ausgehen, der Künstler habe das Vorbild ganz natürlich wiedergegeben. Falls Stilisierungen und Abweichungen vom Vorbild Aufschluss über den Künstler geben sollen, dürfen sie nicht auf Missdeutungen des sekundären Betrachters beruhen. Man muss folglich zu jeder Abbildung dasjenige Vorbild suchen, von dem die Abbildung in möglichst wenigen Details abweicht, oder – gemäß der Informationstheorie formuliert – von dem aus die wenigsten Änderungsschritte zur gefundenen Nachbildung führen. (Entsprechend korrigiert man Druckfehler, indem man dasjenige sinnvolle Wort sucht, das dem fehlerhaften am ähnlichsten ist, zu dem die geringste Anzahl von Änderungsschritten führt). Man muss außerdem weitere Quellen suchen, die Informationen über das vermutete Vorbild und die Beziehung zwischen ihm und dem Hersteller der Nachbildung liefern.

Ein Borstenwurm als Grabbeigabe

Das merkwürdigste Lebewesen in den alt-südamerikanischen Bildbibliotheken ist ein geschlängeltes, borstiges Tier. Es kommt in außerordentlich vielfältigen Variationen vor, am häufigsten auf farbig bemalten Tongefäßen aus den Grabkammern der Nazca-Kultur (200 vor bis 600 n. Chr.) sowie als Bortenstickerei aus farbigen Wollfäden auf den großflächigen Totentüchern, den „Mantos", der davor liegenden Paracas-Kultur (900 bis 300 v. Chr.). Seit Eduard Seler 1923 gilt: „Das mythologische Tier, die Zackenschlange, ist von den alten Stämmen wohl als ein sehr besonderes und heiliges Wesen angesehen worden". – „Wesentlichste Merkmale sind die zwei Reihen starker Zacken an den Seiten des Leibes… Diese Schlangen der Nazca-Malereien haben einen dreieckigen Kopf, meist ziemlich stark an die Seite gerückte Augen und als eine merkwürdige Besonderheit eine lange, aber ungespaltene Zunge…. Der Mittelstreifen über die ganze Länge des Leibes, mit Mustern verschiedener Art gefüllt, ist offenbar die Wiedergabe von Rückenflecken einer bestimmten Schlangenart." Schon in Lima, beim Besuch im privaten Museo Rafael Larco Herrera, im Museo Amano und im Museo Nacional de Antropología y Arqueología hatte ich unseren Archäologie-Kollegen gegenüber behauptet, dass die Zackenschlange, spanisch „*Serpiente dentada*", sicher ein real existierendes Tier ist, aber bestimmt weder eine Schlange noch überhaupt ein Wirbeltier.

Obwohl in alten Dokumenten fast bis zur Unkenntlichkeit mit Vorderpfoten, einem Menschengesicht oder mit ornamentalen Attributen versehen, ist seine Grundgestalt stets gleich: langgestreckt, dünn und wohl in schlängelnder Bewegung; der Körper ist segmentiert und hat beiderseits an jedem Segment einen borstenartigen Anhang. Der Kopf trägt paarige, oft auffallend große Augen, ein Paar Tentakeln und eine lange ungespaltene „Zunge". Dieses Zungengebilde und die seitlichen Körperanhänge passen zu keiner Schlange. Alle Grundmerkmale zusammen aber sind charakteristisch für die Tierklasse der Polychaeten (Vielborster) innerhalb der Anneliden (Gliederwürmer). Deren „Zunge" ist ein spitzer, kräftiger Rüssel, und die Körpersegmentan-hänge (abgebildet als „Zacken", einfache Striche, Strahlen oder kleine Kämme) sind am Wurm mit Borstenbüscheln versehene seitliche Extremitäten, „Parapodien", mit denen er elegant im Meer schwimmen kann. Polychaeten sind Meeresbewohner. Karl Seler wunderte sich, denn oft ist „das ganze ins Marine verkehrt gezeigt, zusammen mit Ge-stalten, die sich vielleicht aus Seehunden entwickelt haben, mit Fischfiguren umgeben". Für die Zackenschlange als marinen Polychaeten ist die abgebildete Umgebung jedoch nicht verkehrt.

Auf einem Tongefäß (Nr. 52-17-2) aus Nazca in der völ-kerkundlichen Sammlung in München finden sich (wie eine Deutungshilfe) auf dem Boden fast naturgetreue Po-lychaetenbilder, auf den Seiten die „Zackenschlange" mit pfotenartigen Kopftentakeln und am Rand eine fast schon menschförmig reich ausgeschmückte Figur. 1962 hat Ju-nius Bird ein Textilfragment aus der Zeit von 2000 bis 1800 v. Chr. von der Nordküste Perus bei Huaca Prieta am Chicama-Fluss sorgfältig restauriert, das als Ornament eine doppelköpfige Zackenschlange mit zwei angehefteten Krabben, zeigt – für den Zoologen nicht ein religiös-my-thologisches Motiv, sondern die älteste bekannte Darstel-lung einer Symbiose zwischen Polychaeten und Krebsen. Denn „Zackenschlangen"-Polychaeten der Küstengewässer leben in einem U-förmigen Gang im Schlick zusammen mit einem Pärchen Porzellankrabben.

Wieso ein mariner Borstenwurm so wichtig war, dass er immer wieder dargestellt, ausgeschmückt und sogar den Toten mit ins Grab gegeben wurde, erklärt sich aus einem charakteristischen Verhalten dieser Würmer. Sie verlassen zur Fortpflanzung ihre Wohnungen am Boden, und zwar alle Individuen einer Art zur gleichen Zeit, und bilden dichte Schwärme an der Meeresoberfläche. Sie tun das ein- oder zweimal im Jahr, pünktlich zwei bis drei Tage nach einer bestimmten Mondphase. (Berühmtestes Beispiel ist der Palolowurm *Eunice viridis* der Südsee, der als Leckerbissen gilt.) Vielen Küstenvölkern sind diese Schwarmbildungen ebenso vertraut wie die Gezeiten, beides steuert der Mond. Für die Bewohner der peruanischen Küstentäler war der Mond wichtiger als die Sonne und obendrein mächtiger, da er sowohl bei Nacht als auch am Tag zu sehen ist, die Sonne aber nur am Tag scheint. Außerdem verfinstert der Mond oftmals die Sonne, aber niemals sie ihn. Offenbar bot den Fischervölkern des alten Peru das Schwärmen der Polychaeten ein markantes Ereignis im Jahr, das pünktlich zu fester Zeit im Mondzyklus auftrat. Die sogenannte Zackenschlange war demnach ein idealer Kalenderwurm. Das würde auch erklären, warum diese „Schlange" den Funden nach zu urteilen nur bei Küstenbewohnern, nicht aber anderswo im Land eine Rolle gespielt hat. Vermutlich gibt es den Zackenschlangen-Polychaeten heute noch an der peruanischen Küste, und vielleicht kennen ihn einheimische Fischer sogar.

Die Wildkatze mit Gemüse

Nach Aussage der Anthropo-Archäologen war in Alt-Amarika ein Felidenkult weit verbreitet. „Feliden" ist ein Sammelname für alle Arten von Katze (lateinisch *felis*). Einen „Katzendämon" erkennen Archäologen auf vielen Nazca-

Töpfereien. Karl Seler bestimmte es 1961 als „gefleckte Wildkatze", die „Bringerin der Lebensmittel", weil das Tier in den Abbildungen Früchte oder Grünzeug in der Vorderpfote trägt. Aber das macht keine Katze. Die abgebildete schwarze Augenmaske, der abgesetzt helle untere Gesichtsteil, die Form und weiße Randung der Ohren und das helldunkel geringelte Schwanzfell passen hingegen recht gut zu einem südamerikanischen Waschbären (*Procyon cancrivorus*). Dessen Nahrung besteht vorwiegend aus pflanzlichem Material, das er überdies tatsächlich in den Pfoten transportiert. Vorbild für diesen „Katzendämon" ist also wohl ein Waschbär. Welche gedanklichen Zusammenhänge gab es zu ihm?

Die Seekuh von La Paz

Die meterhohe blockförmige Stele aus Andesit auf dem großen Platz in Lapaz, die vom vor-inkaischen Kultzentrum Tiahuanaco stammt, soll nach Meinung der Archäologen (und im Einklang mit der Idee des Felidenkultes) einen Puma darstellen. Vom rechteckigen Sockel als stilisiertem Körper führt ein runder Rücken und Nacken zu einem eckigen Kopf, dessen Vorderseite großflächig beherrscht ist von einer senkrechten, weniger hohen als breiten Oberlippe. Darunter liegt eine ebenso breite, aber schmale Mundspalte. Das ist beileibe kein Pumakopf. Über der Oberlippe verläuft quer eine Nasenfalte. Ohren fehlen, Augen sind nicht zu erkennen. Genau so sieht der Kopf einer Seekuh aus. Ich bin sicher, dass die Stele eine Seekuh zeigt.

Dieses Tier kommt am östlichen Abhang der Anden bis in die Oberläufe der Flüsse unterhalb von La Paz vor. Trotz fehlender Ohrmuscheln haben Manatis ein sehr feines Gehör, das ihr bester Schutz ist. Der Maya-Archäologe Eric Thompson fand Ohrknochen der Seekuh auf einer Pyramide in San José, ein Kollege von ihm fand sie bei Maya-Nachfahren als magischen Schutz an einer Schnur um den Hals getragen. War die Seekuh im Tempelvorhof ein Symbol der Wachsamkeit? Es würde sich lohnen, dieser Spur weiter nachzugehen.

Die Zwergbinsenralle

In einem Magazin im Münchener Museum für Völkerkunde steht ein Tongefäß aus dem küstennahen Gräberfeld von Ancón, 40 km nördlich von Lima. Es stammt aus der Zeit um 1000 v. Chr. und zeigt einen Wasservogel mit jederseits einem kleinen Vogel. Der aber sitzt nicht auf dem großen, sondern ist eher unter dem Flügel steckend zu denken.

Tatsächlich ist von Mexiko bis Argentinien ein Wasservogel verbreitet, der ähnlich wie das Jacana-Blatthühnchen vom Naivasha-See seine Jungen unter den Flügeln trägt, aber als einziger Vogel auf der Welt nicht „lose", wie Jacana, sondern in einer Hauttasche. Es ist die Zwergbinsenralle *Heliornis fulica*. Nur das Männchen hat diese Hauttaschen, und da hinein verstaut es seine zwei Küken und trägt sie, auf jeder Seite eins, so auch im Flug mit sich.

Einer der ersten Naturforscher Brasiliens, Prinz Maximilian zu Neuwied, hatte das bereits 1833 beschrieben. Es war dann wieder in Vergessenheit geraten, bis der mexikanische

Ornithologe Miguel Alvarez del Toro diese „Beutelküken"
1971 neu entdeckte. Die Lage der Küken unter dem väter-
lichen Flügel entspricht sehr genau der Darstellung auf dem
Tongefäß. Auch die Schnabelfärbung, der Augenstreif und
der Farbring ums Auge auf dem Gefäß passen zur Binsen-
ralle. Ich halte es für eine 2000 Jahre alte Urkunde dieses
einmaligen Brutpflegeverhaltens.

Ein Rauschgiftkaktus

Verschiedentlich begegneten wir schwer erkennbaren Darstellungen des San-Pedro Kaktus (*Echinopsis pachanoi*).
Sein schlanker, deutlich gerippter Stamm wird bis fünf
Meter hoch und enthält das Alkaloid Mescalin. Wie uns
Fernando Cabieses erklärte, schneidet man den Stamm in
Scheiben, entfernt aus diesen den Holzkern und kocht sie
dann zur Rauschgiftgewinnung. Die Stammscheiben, gerade oder schräg geschnitten, mit einem Loch in der Mitte,
sehen für europäische Augen wie runde oder ovale, fünf- bis
siebenlappige Blüten aus. Entsprechend sind sie in archäologischen Abhandlungen als Blüten-Ornament bezeichnet.

Tönerne Miniaturen

Im Museo del Banco Central del Ecuador in Quito hatte
man uns kleine, runde Gegenstände aus gebranntem Ton
gezeigt, mit einem Loch in der Mitte. Es sind Spinnwir-
tel. Sie stammten aus Gräbern an der Südküste Ecuadors
von Manabi, der Guangala-Region und von der Insel Puna.

Aus manchen Gräbern hat man Handarbeitskörbchen mit kompletten Spinnutensilien geborgen, darunter zum Verzwirnen und Aufrollen des Fadens kleine Spindeln: Auf einem dünnem Holzstab steckt ein kugeliger oder scheibenförmiger Wirtel, der den Fadenanfang am Spindelstab festhält und als Wickelkern dient. Das Werkzeug war erforderlich für die feinst gewebten Textilien, die bis zur Ankunft der Spanier im Süden Perus hergestellt wurden. Auf manchen Spindeln waren noch Reste davon aufgewickelt. Die Wirtel, fast ausschließlich von *Huaqueros* eingesammelt, finden sich vorwiegend in Privatsammlungen. Wir konnten über 900 Wirtel ausleihen und näher untersuchen. Professor Wagner vom Max-Planck-Institut für Kernphysik in Heidelberg bestimmte ihr Alter auf etwa 1800 Jahre, was übereinstimmt mit den Daten zur Guangala-Kultur ab 500 v. Chr. und Manteño-Kultur ab 500 n. Chr.

Die unscheinbar rotbraunen, grauen oder schwarzen Wirtel sind ein bis zwei Zentimeter hoch und breit, zwei bis vier Gramm schwer und haben eine dünne Bohrung für den Spindelstab. Ob hoch und schmal, tönnchen-, kegel- oder kugelförmig, sie alle tragen auf ihrer Seitenfläche Bildmotive, vor dem Brennen ähnlich wie beim Linolschnitt eingeschnitzt. Werden die Wirtel mit heller Kreide eingeschlämmt und dann außen sorgfältig abgewischt, treten die Ornamente klar zutage.

An den kleinsten Wirteln sind sie besonders fein und sorgfältig ausgeführt: Geometrische Ornamente, allerlei Tiere und menschenähnliche Gestalten mit Kopfschmuck, Halsschmuck, Schulterumhängen, Schärpen und großen Gegenständen in den Händen. Die weitaus meisten Wirtel tragen zweimal, manche dreimal dasselbe Bild, mit Trennstrichen dazwischen, genau dem Wirtelumfang angepasst. Unbeantwortet bleibt die Frage, wie diese kleinstformatigen Bildchen ohne optische Hilfsmittel angefertigt wurden und was die dargestellten Motive zu bedeuten hatten. Auf manchern Wirteln sind Bilder zu Szenerien kombiniert. Woran der Betrachter beim Anblick des einen oder anderen solchen Piktogramms zu denken gewohnt war, ist uns freilich unbekannt.

Erstaunlicherweise sind auf mehreren Wirteln, durch einen senkrechten Doppelstrich getrennt, zwei menschliche Gestalten abgebildet, deren eine am indianischen Trageband ein amphorenartiges Gefäß auf dem Rücken trägt, während auf den Schultern der anderen eine jochartige Stange liegt, an deren einem Ende ein großer Fisch, am anderen ein rundlicher Sack hängt. Dieses „Kuli-Joch" aber ist für Asien typisch und soll laut Literatur in der Neuen Welt nicht vorkommen und hier auch nie übernommen worden sein. Der Wirtelkünstler an der Küste Ecuadors muss aber ein Vorbild gehabt haben. Woher kam es?

Manche Wirtel präsentieren erotische Szenen, sei es eine einfache Fellatio oder einen stehenden Mann, dessen Phallus in den offenen Mund einer liegenden, bekleideten Frau ragt. Sie greift mit einer Hand an den Phallus, neben oder über ihr sitzt ein großer Vogel, der mit dem Schnabel eine Decke von ihr abhebt. Das ist, so sagt der Archäo-Anthropologe Emilio Estrada aus Quito, kein zoologisch bestimmter, sondern ein legendärer Pachota-Vogel, der Mädchen beim Eintritt der Reife entjungfert.

Menschliche Figuren, die einen Zeremonialstab oder eine Standarte tragen, entsprechen denen auf den Reliefbildern der steinernen Mauer von Cerro Sechín. Die erotischen Darstellungen auf den Wirteln finden ihre Entsprechung auf den Keramiktöpfen der Moche-Kultur. Offenbar könnten die ecuadorianischen Wirtel und die peruanischen Topfkeramiken über weitgehend vergleichbare kulturelle Gepflogenheiten Auskunft geben, wenn sie sorgfältig archäologisch und humanethologisch analysiert würden. Dazu müssten selbstverständlich Motivvergleiche auf alle Bildträger der benachbarten Kulturen ausgedehnt werden, seien es Wirtel, Topfkeramiken, Malereien, Mauerreliefs oder Gewebestickereien. Von einem Markt in Quito 1980 stammt ein Indianerteppich, der drei exakt gleich stilisierte Tiermotive aufweist wie auf 1000 Jahre alten Manteño-Wirteln. Vielleicht könnten sogar noch heutige Teppichweber überlieferte Erläuterungen zu den Bildern geben?

Es bleibt noch viel zu tun!